生态与人译丛

ECOLOGICAL IMPERIALISM

The Biological Expansion of Europe，900—1900

Alfred W. Crosby

生态与人译丛

顾　问：唐纳德·沃斯特

主　编：夏明方　梅雪芹

编　委（按汉语拼音音序排列）：

　　　　包茂红　钞晓鸿　邓海伦　高国荣　侯　深

　　　　克里斯多夫·毛赫　王建革　王利华

生态帝国主义

欧洲的生物扩张，900–1900

〔美〕阿尔弗雷德·克罗斯比 著

商务印书馆
The Commercial Press
创于1897

2017年·北京

Alfred W. Crosby

ECOLOGICAL IMPERIALISM

The Biological Expansion of Europe, 900—1900

丛书总序

生态与人类历史

收入本丛书的各种译著是从生态角度考察人类历史的基础性的、极富影响力的、里程碑式的著作。同历史学家们惯常所做的一样,这些作品深入探讨政治与社会、文化、经济的基础,与此同时,它们更加关注充满变数的自然力量如何在各种社会留下它们的印记,社会又是如何使用与掌控自然环境等问题。

这些著作揭示了自然资源的充裕与匮乏对工作、生产、革新与财富产生了怎样的影响,以及从古老王朝到今天的主权国家的公共政策又是如何在围绕这些资源所进行的合作与冲突中生成;它们探讨了人类社会如何尝试管理或者回应自然界——无论是森林还是江河,无论是气候还是病菌——的强大力量,这些尝试的成败又产生了怎样的结果;它们讲述了人类如何改变对环境的理解与观念,如何深入了解关于某一具体地方的知识,以及人类的社会价值与冲突又是如何在从地区到全球的各个层面影响生态系统的新故事。

1866年,即达尔文的《物种起源》出版七年之后,德国科学家恩斯特·赫克尔创造了生态学(ecology)一词。他将该词定义为对"自然的经济体系——即对动物同其无机与有机环境的整体关系所做的科学探察。……一言以蔽之,生态学即是对达尔文所指的作为生存竞争条件的复杂内在联系的研究。"以"动物"代之以"社会",赫克尔的这段文字恰可为本丛书提供一个适用的中心。

在本丛书中,并非所有的著作都旗帜鲜明地使用"生态"一词,或直接从达尔文、赫克尔、抑或现代科学以及生态学那里获取灵感。很多著作的"生态性"表现在更为宽泛的层面,从严格的意义来说,它们或许不是对当前科学范式的运用,更多的是阐明人类在自然世界中所扮演的角色。"生存竞争"适用于所有的时代与国家的人类历史。我们假定,在人类与非人类之间并不存在泾渭分明的界限;与任何其他物种的历史一样,人类的历史同样是在学习如何在森林、草原、河谷,或者最为综合地说,在这个行星上生存的故事。寻觅食物是这一历史的关键所在。与此同样重要的,则是促使人类传递基因,获取自然资源以期延续文明,以及对我们所造成的这片土地的变化进行适应的驱动力。但就人类而言,生存竞争从未止于物质生存——即食求果腹,片瓦遮头的斗争,它也是一种力图在自然世界中理解与创造价值的竞争,一种其他任何物种都无法为之的活动。

生态史要求我们在研究人类社会发展时,对自然进行认真的思考,因此,它要求我们理解自然的运行及其对人类生活的冲击。关于"自然的经济体系"的知识大多来自自然科学,特别是生态学,也包括地质学、海洋学、气候学以及其他学科。我们都明白,科学无法为我们提供纯而又纯、毫无瑕疵的"真理",如同那些万无一失、洞察秋毫的圣人们所书写的"圣语"。相反,科学研究基于一种较少权威主义的目的,是一项尽我们所能地去探索、理解、进行永无终结、且总是倾向于修正的工作。本丛书的各位学者普遍认为科学是人类历史研究中不断变化的向导与伴侣。

毋庸置疑，我们也可以从非科学的源头那里了解自然，例如，农夫在日间劳作中获取的经验，或者是画家对于艺术的追求。然而现代社会已然明智地决定它们了解自然的最可信赖的途径是缜密的科学考察，人类经历了漫长的时间始获得这一认知，而我们历史学家则必须与科学家共同守护这一成就，使其免遭诸如宗教、意识形态、解构主义或者蒙昧主义中的反科学力量的非难。

这些著作中所研究的自然可能曾因人类的意志或无知而改变，然而在某种程度上，自然总是一种我们无法忽视的自主的力量。这便是这些著作所蕴涵的内在联系。我们期待包括历史学家在内的各个不同领域的学者及读者阅读这些著作，从而发展出探讨历史的全新视野，而这一视野，正在迅速地成为指引我们走过 21 世纪的必要航标。

唐纳德·沃斯特　文

侯　深　译

献给

朱莉娅·特拉乌和詹姆斯·特拉乌,
以及新西兰惠灵顿亚历山大·特恩布尔图书馆的员工们。

美洲的发现和经由好望角抵达东印度群岛航线的开辟，是人类历史上所记载最伟大、最重要的两件事。

——亚当·斯密:《国富论》(1776年)

然而,如果我们在前进时挥舞灭绝之剑,我们就没有理由对所造成的严重破坏心存不满。

——查尔斯·莱尔:《地质学原理》(1832年)

欧洲人走到哪里,死亡似乎便在哪里追随着土著居民。放眼望去,南北美洲、波利尼西亚、好望角和澳大利亚无一例外。

——查尔斯·达尔文:《贝格尔号航行日记》(1839年)

美洲的发现、绕过好望角的航行,给新兴的资产阶级开辟了新天地。东印度和中国市场的开辟、美洲的殖民化、对殖民地的贸易、交换手段和一般商品的增加,使商业、航海业和工业空前高涨,因而使正在崩溃的封建社会内部的革命因素迅速发展。

——卡尔·马克思与弗雷德里希·恩格斯:《共产党宣言》(1848年)

目　　录

图　目　录

新版前言

尽管没有通用的方法适合于每一代的历史学者，但至少有一种带有共同特征的看待历史的方式，那就是范式（paradigm），如果你愿意那样说的话。但我觉得"范式"一词太沉重，还是称它为"脚本"（scenario）好些。

一个世纪前的历史学家，几乎全是欧洲人或欧裔美洲人，他们的有关现代帝国主义和工业革命的脚本过于简单化了。欧洲人自认为是世界上最优越的民族，已经征服了或至少威胁过世界上所有其他人。在我称为新欧洲的地区——美国、阿根廷、澳大利亚等地，这种现象尤其明显。那时候的历史学家们坚信，那些地方从来不曾有过大量的人类，那里生存的极少数土著人，显然是早该被淘汰的人种。

工业革命首先发生在欧洲，每一件重大的事情都从欧洲开始，就像自古以来所发生的那样。自亚里士多德的时代以来，白人就在机械、管理、经商等 方面优越于其他民族。

批评维多利亚时代的历史学者很容易——甚至很有趣，但他们只不过是从手里仅有的证据得出他们的结论而已，没有什么可鄙的。从北极地区到火地岛的美洲印第安人、澳大利亚土著人和新西兰毛利人，都似乎濒临绝迹，而欧洲和新欧洲的人口正处于急速膨胀中。他们的工厂正在曼彻斯特、鲁尔和匹兹堡冒着烟。他们的铁路横贯北美洲，还计划建起跨越西伯利亚的以及从开普敦到开罗的铁路。太阳不能在大英帝国落下，不管需要付出多少努力。

然后迎来两次世界大战，涌现了甘地、列宁、毛泽东和马克思主义的信徒，发生过数不清的反殖民起义，这些都需要一种新的历史"脚本"。这个新"脚本"在 20 世纪 60 年代的艰难时期变得臭名昭著，然而不久却获得了"政治正确"的地位。它的核心观点是，欧洲的帝国主义之所以得逞，在于欧洲人的野蛮统治、优越的军事技术，以及资本主义压榨。是的，工业革命是资本主义的阴谋和一场生态灾难。

在这个脚本的引导下我们对过去有了更多了解，而以前，我们对此从来不知道或至少没有有意识地承认过。我了解到，正如我从芝加哥菲尔德博物馆购买的一件 T 恤衫上读到的，"哥伦布从来没有发现美洲，他只是侵略了美洲。"我了解到，在后哥伦布时代历经的三个世纪里，来到新大陆的非洲人比欧洲人多。我了解到，工业革命对据说它惠及的大多数人非常不健康，所以在几代人之后，那里的人们实际上比他们的农民祖先个子更矮了。

如此等等。所以，对历史学者来说，20 世纪末的几十年寒意袭人。而我们发现，获得温暖的最好方式就是继续发表激烈的长篇檄文，来声讨我们社会的和史学界的父辈奠基者们（当然，没有母辈奠基者）。

然而，包括这个脚本在内的所有脚本各有其缺陷与漏洞。没错，欧洲帝国主义者对他们自己、他们的宗教和风俗都极端自负和偏执，他们的脾气暴躁且长剑在手。但为什么他们在美洲和太平洋比在亚洲和非洲更成功？为什么美洲土著人的抵抗如此不堪一击？

是的，欧洲人拥有与国际接轨的股份公司和银行，但是他们也拥有数不清的互相伤害的战争。新教教徒仇视天主教徒，天主教徒憎恨新教教徒，两者却一起痛打犹太人。有谁在看到克伦威尔统治下的英国或"三十年战争"末期的德国时会预测到它们的工业化？

是的，欧洲人有特定优势，但是其他民族也有自己的优势。为什么欧洲人的优势能让他们成为世界霸权？为什么他们的优势导致了工业革命，而此前的帝国主义侵略却从来没有产生这样的革命，相反，产生的只是更多的帝国？

我们的历史学者一直没有停下自己的手，他们夜以继日地坐在电脑桌前构建脚本——一种适用于 21 世纪的新脚本，以便回答或者至少面对这些问题。①

在 1492 年以及至少在接下来的两个世纪，也可能是三个世纪里，人类的 xviii 几个文明社会从物质上都还没有能力实现世界霸权。它们没有资本或市场去驱动和支持一个真正的、永久的工业革命，也没有足够的非农业人口为工厂提供劳动力，就算它真的出现了。除了少数人，大多数人都在为生活必需品，如食物、燃料、居所等而忙碌。如果他们去做其他事情，赤贫和饥荒就会接踵而至。

至少以上提到的任何一个社会，要实现这种飞跃都不得不极大地提高生产力，这个飞跃也必须出现在飞跃后的世界所依赖的各种科学的、技术的、农业的和工业的革命发生之前。因此，这个巨大的飞跃只能通过剥夺飞跃社会之外的世界各大洲的生态资源、矿物资源和人力资源而实现。

依仗残暴和枪炮，更重要的是凭借地理和生态好运，西欧做到了这一点。

---

① 我看到的对此新脚本最清楚的阐释是肯尼斯·彭慕兰（Kenneth Pomeranz）的《大分流：中国、欧洲及现代世界经济》（*The Great Divergence：China，Europe，and the Modern World Economy*）一书（普林斯顿：普林斯顿大学出版社，2000 年）。

欧洲人通过先进的航海技术把大洋变成了高速路,到达美洲,带着枪炮去征服,携带传染性疾病减少了那里的土著人口,从而打开了整个美洲地区移民、殖民和开发的大门,也就是说,把新大陆变成了欧洲社会和经济的一个巨大而异样的附属体。

几年前,作为富布赖特研究员,我在新西兰度过了几个月的幸福时光。在那里,我听到新西兰人给自己的国家所起的带有自贬意味的绰号(今天已经过时):"大不列颠的海外农场"。欧洲的第一个海外农场就是整个新大陆。

欧洲人带着已经适应了美洲环境的作物和牲畜到达新大陆。巴西和西印度群岛的甘蔗种植园变成了帝国主义公共的以及私人机构的赚钱机器和欧洲人口重要的卡路里来源。欧洲人返回时带着美洲作物,如玉米、土豆等。这些作物在欧洲的土地上生长得很好,还带着美洲的金银财宝,尤其是银币,来刺激经济,也为全球贸易提供资本。

xix

其他社会已经站在了工业化的起跑线上,但被生态因素牵制了。社会条件促进了资本积累,但也提高了人口增长,让社会与以前相比,没有更多的剩余用于投资。随着工业的增长,他们把森林夷为平地以获取建筑材料和燃料;与此同时,农夫为生产更多的粮食正在破坏他们土壤的肥力。还没有一个社会,其国内有足够的生态资产足以支撑那个巨大的飞跃。

西欧利用新大陆实现了这样的飞跃,就像撑杆跳运动员利用他的杆子一样。例如,大不列颠在很早的工业化以后,越来越多的木材、粮食和几乎所有用来制造廉价衣服的棉花,都来自新大陆。几乎所有的英国公民不再需要仅从他们自己的土地上来寻求生活必需品。越来越多的人可以在新工厂工作,剩余的人可以移民到新大陆,不久后也可以移民到太平洋殖民地。在殖民地,这些多余的人生活富裕,成为欧洲商品的市场。

大不列颠的巨大飞跃不晚于 1850 年左右。其他国家纷纷效仿,以美国、德国和日本最为成功。美国本身有一个内陆地区可以开发。德国和日本比大不列颠帝国起步晚,试图占领已经被具有广泛免疫力和军事经验的民族所占领的内陆地区,下场可想而知。

今天的第三世界国家,大多数做的是给第一世界国家提供原材料的没有前途的工作。它们也想实现工业化,但是起步太晚、人口太多,生态已被过度开发,多数并没有一个像美国那样的内陆地区。它们不得不依赖外国资本注入和农业科学的生产力,而它们是否能够、什么时候能够,以及在哪个领域能够获得成功,我们不得而知。我祝它们好运。

我认为,这就是新脚本,我为构建了它而感到自豪。我很好奇,这个脚本能管用多久。

xx

致　谢

　　本书的写作得到了许多人的重要帮助,我却难以对他们一一表示感谢:众多的图书馆管理员,特别是那些默默无闻地从事馆际互借业务的人员;那些提出认真批评的同事们;以及那些难以记住却十分重要的做出即时点评的人;没有他们的帮助我可能至今都不得要领。我要特别感谢得克萨斯大学图书馆积累了如此丰富的馆藏资料,感谢得克萨斯大学为我的研究慷慨地提供时间和资金。我在新西兰亚历山大·特恩布尔图书馆作为富布赖特研究员的经历、在康涅狄格州纽黑文国家人文科学研究所一年半的时间,以及担任

耶鲁大学"威廉·卡多佐演讲人"的角色,都对我的工作极其重要。我还要感谢《环境评论》(*The Environmental Review*)和《得克萨斯季刊》(*Texas Quarterly*),他们同意首次发表在两份杂志上的《生态帝国主义》的部分章节重新发表。

　　我尤其感谢那些当我疲惫时直接鼓励我,甚至对我施以援手的人,其中当然包括我的编辑弗兰克·史密斯。还有更早以前的威尔伯里·A.克罗克特,他是世界上最伟大的英语教师,他第一个告诉我精神生活是值得尊敬的;

杰瑞·高夫，他在几十年之后重申了这一观点。埃德蒙·摩根与霍华德·拉马尔，他们的关心让我觉得我应该坚持下去。唐纳德·沃斯特和威廉·麦克尼尔，他们对我的信心是对我最大的褒奖。特别要感谢丹尼尔·H.诺里斯和利奈特·M.麦克马纳蒙，他们为我校对本书的部分章节，还有威廉·麦克尼尔，他仔细阅读了整本书的初稿。

最后，我要感谢得克萨斯大学奥斯汀分校的电脑专家们给予我的具体帮助：摩根·沃特金斯准备了最后的录音带；克莱夫·道森在一个星期六的深夜将丢失的第十章重新找了回来；弗朗西斯·卡尔图宁一开始就对我说："阿尔，这是一台电脑，现在放心使用吧。"他还在英语和西班牙语方面给我提出了许多宝贵意见。

第一章

序言

> 给我一根神鹰的翮羽！以维苏威火山口为墨台！朋友，请托住我的手臂！
>
> ——赫尔曼·梅尔维尔（Herman Melville）:《白鲸》（*Moby Dick*）

欧洲移民和他们的后裔遍布世界各地，这一点需要特别说明。

要想解释清楚欧洲人种的分布，比解释其他任何人种都要难一些。其他人种的分布情况显而易见。除了极少部分外，亚洲人都居住在亚洲。非洲黑人虽然遍布三大洲，但他们大多数集中在他们最初居住的纬度上，即热带地区，与其他两个洲隔海相望。美洲印第安人鲜有例外，都居住在美洲。几乎所有的澳大利亚土著人都居住在澳大利亚。爱斯基摩人居住在极地附近。美拉尼西亚人、波利尼西亚人和密克罗尼西亚人仅分布在一个大洋的诸岛上，尽管这个洋很大。从地理的角度讲，这些种族也扩大过居住地，你也可以说他们犯过帝国主义罪行，但他们只不过把地盘扩大到与他们原住地毗邻或至少很接近的地区。就太平洋上的种族来说，他们不过是先扩大到邻岛，然后再到下一个岛，无论岛与岛之间水域间隔多少公里。不同的是，欧洲人似乎是蛙跳式地扩张到了全球。

欧洲人是高加索人种的一个分支，有其鲜明的政治和技术特点，而不是说有与众不同的体格特征。他们大量地、几乎总是集中地居住在从大西洋到太平洋的欧亚大陆北部。今天他们占据了比五百年前或一千年前所居住的更大的地盘，但那只是有史记载以来他们一直居住的世界的一部分。他们在这个地区以传统的方式扩张到邻近地区。他们构成了我将称之为新欧洲的人口主体。新欧洲所有地区都远离欧洲本土数千公里，不同地区之间也可能远隔千山万水。如今的澳大利亚人几乎全是欧洲人的后裔，而新西兰大约十分之九的人口是欧洲人。美洲墨西哥以北地区有很多少数民族，3 如美洲黑人和梅斯蒂索人（mestizos，这是一个美洲西班牙裔人的很贴切的词语，我用它来指美洲印第安人和白人的混血儿），但这个地区80%以上的居民是欧洲人的后裔。在美洲的南回归线以南，白人更是占绝大多数。巴西"南方腹地"（巴拉那州、圣卡塔琳娜州和南里奥格兰德州）的居民，85%—95%是欧洲人后裔；其邻国乌拉圭，90%以上是白人。据估计，阿根廷的欧洲人占90%以上，还有些估计说接近100%。而智利只有三分之一的欧洲人，其余几乎全是梅斯蒂索人。但如果我们把这个楔形大陆从南回归线到靠近极地的所有人考虑在内的话，我们可以看到其中绝大多数是欧洲人后裔。即使我们接受对梅斯蒂索人、美洲黑人和美洲印第安人的最高人口估计，在南部温带地区仍然有超过四分之三的美洲人，其祖先是欧洲人。[1]借用一个养蜂业术语，欧洲人像蜜蜂一样，不断地成群飞离蜂巢，选择新的家园，而似乎每一次分群都是受到了其他蜂群的排挤。

新欧洲（指上述被欧洲人新占领的地区）之所以非常具有吸引力，不仅因为它们在地理位置上的差异性，以及大部分人在种族和文化上的一致性。这些地区之所以吸引很多人的注意力，甚至目不转睛地羡慕凝视，还因为那里的粮食盈余。它们占了世界上为数极少的能几十年来不断向外出口大量食物的国家中的大多数。1982 年，世界上所有过境农产品出口总值为 2 100 亿美元，而加拿大、美国、阿根廷、乌拉圭、澳大利亚和新西兰就占了 640 亿，高于 30%。如果把巴西南部的出口也计算在内的话，总价值和所占百分比会更高。小麦是国际贸易中最重要的农产品，新欧洲地区占有的小麦出口份额甚至更大。1982 年，价值 180 亿美元的小麦出口中，新欧洲出口就占了约 130 亿美元。同年，二战以来国际粮食贸易中最重要的新项目——富含高蛋白质的黄豆，其全世界出口量达到 70 亿美元，仅美国和加拿大就占了其中的 63 亿美元。除此之外，在新鲜、冷藏和冷冻的牛羊肉出口方面，新欧洲也独占鳌头。它们在国际上最重要的食品贸易中所占的份额，远远超过了中东地区在石油出口中所占的国际份额。[2]

新欧洲在国际粮食贸易中的霸主地位不能简单地归结为其本身的生产力。苏联在小麦、燕麦、大麦、黑麦、土豆、牛奶、羊肉、白糖和其他若干食品的产量上居世界首位。中国的大米和小米生产量超过其他任何一个国家，猪的饲养量也是世界第一。就单位土地的生产力来讲，很多国家都超过新欧洲国家。新欧洲的农民虽然数量不多，但机械技术领先，擅长粗放耕作而不是精耕细作。就人头平均而言，每个农民的生产力惊人，但就每公顷而言，却是生产力平平。但相对当地的消费总量而言，或说在生产出口盈余方面，这些地区的粮食生产处于领先地位。举一个极端的例子，1982 年美国生产的大米只占世界总量的很小一部分，却占大米出口总量的五分之一，比其他任何国家都要多。[3]

　　在本书的最后一章，我们将会再次讨论新欧洲生产力的问题，但现在让我们把话题转向欧洲人喜欢移居海外这一癖好。这是他们最鲜明的特点之一，也和新欧洲的农业生产力有很大关系。欧洲人并不急于离开他们的国家，这不难理解。在卡伯特（Cabot）、麦哲伦和其他欧洲航海家发现这块新大陆之后，甚至在第一批白人在那里定居很长一段时间后，新欧洲的人口才形成了像今天一样的白人一统天下的局面。1800 年，虽然在很多方面北美洲[4]被认为是新欧洲地区对旧大陆移民最有吸引力的地方，但在欧洲成功殖民几乎两个世纪之后，那里的白人人口还不到 500 万，[5]外加 100 万黑人。南美洲的南部更落后，在欧洲人占领两个世纪之后，白人还不到 50 万。澳大利亚当时只有 1 万白人，而新西兰仍然是一个毛利人的国家。

　　然后移民潮开始。1820—1930 年，五千多万欧洲人移民到了海外新欧洲的各个地区。移民人数在这一时期的开始阶段就几乎达到了欧洲当时总人口的五分之一。[6]为什么这么多人愿意跋山涉水移居他乡？欧洲当时的社会环境为此提供了一个巨大的推动力，如人口爆炸以及由此导致的耕地减少、民族间的敌对、少数民族遭受迫害等。蒸汽动力在海陆交通上的应用无疑使长途迁徙变得更加便捷。但新欧洲自身的吸引力到底在哪里？当然，这些新发现的大陆有很多吸引力，也因地而异。但让一个理性的人去投资并且搭上全家性命去新欧洲冒险的根本原因，也许可以很贴切地认为与生物地理因素有关。

　　让我们使用"杜平技巧"来解释这个问题。它是用埃德加·爱伦·坡（Edgar Allan Poe）作品中的侦探 C. 奥古斯特·杜平（C. Auguste Dupin）的名字来命名的。杜平发现了无价之宝："失窃的信"。它不是藏匿在精装书或椅子腿的一眼钻孔里，而是被放在所有人都可以看得到的信架上。这个技巧也是奥卡姆剃刀定律（Ockhaam's razor）的一个推理：问简单的问题，因为复杂问题的答案很可能太复杂而无法得到验证，而且更糟糕的是，它们会太令人着迷而欲罢不能。

那么新欧洲在哪儿呢？从地理上来说，它们分布广泛，但都位于相似的纬度。它们几乎全部或至少有三分之二集中在南北温带地区，也就是说，它们有大致相似的气候。欧洲人自古以来赖以获取食物和纤维的植物，以及获取食物、纤维、动力、皮革、骨制品和肥料的动物，都易于在年降雨量为50—150厘米的冬暖夏凉的气候里生长繁衍。这些条件是所有新欧洲地区的主要特点，或至少是欧洲人聚居的那些肥沃地区的共同特点。人们会认为，英国人、西班牙人或德国人主要被那些盛产小麦和牲畜的地方所吸引，事实证明确实如此。

尽管新欧洲地区主要集中在温带地区，但各个地区的生物群落却大不相同，也和欧亚大陆北部的不一样。比如说，回顾一千多年前的食草动物，我们可以看出对比非常明显。欧洲的家牛、北美的野牛[7]、南美的羊驼、澳大利亚的袋鼠和新西兰3米高的恐鸟（可惜现在已经灭绝）本质上并非近亲。关系最近的欧洲家牛和北美野牛也不过是远房的亲戚。甚至北美野牛和它的欧洲旧大陆上关系最近的稀有的野牛也完全不同种。欧洲殖民者有时发现，新欧洲的动植物奇特得令人恼火。澳大利亚的马丁（J. Martin）先生在19世纪30年代曾抱怨说：

> 树叶不落，树皮却掉了。天鹅是黑色的，而鹰是白色的。蜂不叮 [7]
> 人，有些哺乳动物有口袋且其中一些产蛋。山上最暖和，而山谷最凉
> 爽。黑莓竟然是红色的。[8]

　　这里显然存在着自相矛盾的现象。今天世界上的很多地方就人口和文化而言很像欧洲，却远离欧洲，实际上和欧洲远隔重洋。它们虽然在气候上和欧洲很接近，但当地的动植物种群却和欧洲完全不同。这些地区今天出口的源于欧洲的食物比世界上其他任何地方都要多，如谷物和肉类，但在五百多年前那里却根本没有小麦、大麦、黑麦、牛、猪、绵羊或山羊等作物或牲畜。

　　这种现象说起来容易，解释起来却很难。北美洲、南美洲南部、澳大利亚和新西兰在地理上离欧洲很远，但在气候上很相近。只要竞争不那么激烈，欧洲的动植物群落，包括人类在内，都能在这些地区生息繁衍。总的来说，这里的竞争是轻易的。在南美大草原，伊比利亚的牛和马赶走了美洲的羊驼和鸵鸟。在北美洲，讲印欧语系语言的人数远远超过了讲阿尔冈昆语、马斯科吉语和其他美洲印第安人语言的人。在澳大利亚和新西兰地区，旧大陆的蒲公英和家猫长驱直入，袋鼠草和几维鸟节节败退。为什么？欧洲人最终取得胜利可能因为他们在武器、组织和狂热上占据优势。但是，看在上帝的份上，为什么太阳在蒲公英帝国也永远不落呢？欧洲帝国主义之所以成功，或许既有生物因素，也有生态因素的影响。

第二章

重游泛古陆，再议新石器时代

神说："天下的水要聚在一处，使旱地露出来。"事就这样成了。神称旱地为地，称水的聚处为海。神看着是好的。

——《创世记》第一章第9—10节

支撑这个世界最佳的三样细长的东西是：从奶牛的乳头流进桶里的细长牛奶；地面上嫩玉米的细长叶子和一个熟练女人手里的细长纺线。

——《爱尔兰三题诗》（*The Triads of Ireland*）（9世纪）

在思考新欧洲时，有必要追根溯源，这就意味着不是从1492或1788年开始，而是要回到大约2亿年前。当时发生的一系列地质运动，把这些陆地推到了它们现在的位置。2亿年前，恐龙还在四处随意走动，所有的大陆挤在一块，形成一个巨大的超级大陆，地质学家称它为泛古陆。[1]它跨越了几十个纬度，我们有理由相信气候会因此而有所不同。但由于只有一块大陆，生活型不会太丰富。一块大陆意味着只有一个竞技场，所以根据达尔文物竞天择的生存和繁殖理论，这里也只能有一组获胜者。爬行动物，包括所有恐龙在内，是泛古陆也是当时地球上的陆地主宰。虽然它们主宰地球的时间长度是哺乳动物的三倍，但它们的物种数量只达到哺乳动物数量的三分之二。

大约在 1.8 亿年前，像一块巨大的平顶冰山在墨西哥暖流中融化一样，泛古陆开始瓦解。它先分裂成了两个超级大陆，然后再分裂成更小的版块，后来就形成了我们今天所了解的大陆框架。这个过程远比我们在这里描述的要复杂（实际上，比地质学家至今所理解的还要复杂）。但从广义上说，泛古陆是沿强地震带断裂的，尔后形成海下中脊。其中被研究的最透彻的是大西洋中脊。这是一座地热活动强烈的海底山脉，北起格陵兰海，南至南非安普顿西南的施皮斯海山，总共跨越 20 个纬度和经度。熔岩从这个中脊和其他被淹没的古代山脉地壳下不断喷发（其中很多今天还在喷发），形成了新的洋底，把中脊两侧的板块反向推离。这些新洋底离开了促成它们的中脊，又和以前的洋底交错，卷曲着向下进入地幔，不断摩擦挤压，有时把陆地上的山脉推入云霄，有时形成海沟，构成地球表面最显著的地貌特征。地质学家有时对细微的差别反应迟钝，他们把这种巨大的、令人敬畏的、历时亿万年的地质活动称为"大陆漂移。"[2]

当哺乳动物取代恐龙成为地球上的主宰陆地动物后，它们在过去的几千万年里进化成很多不同的种群。当时大陆的分离活动似乎最为剧烈，至少比今天要剧烈，很大的内陆海把南美洲和欧亚大陆分隔成两个次大陆。在这些泛古陆分离的板块上，生活型各自独立演化，而且在很多情况下，

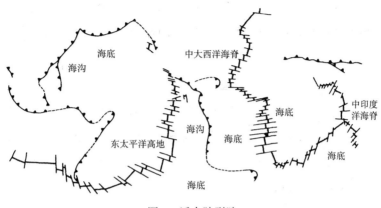

图 1　泛古陆裂隙

资料来源：W. Kenneth Hamblin, *The Earth's Dynamic Systems*（Minneapolis：Burgesss Publishing Co. , 1982）, 23.

它们的进化是独一无二的。这有助于解释哺乳动物的进化为什么如此多种多样，而且速度惊人。[3]

　　大陆漂移是欧洲和新欧洲的动植物群之间存在差异且常常差异很大的主要原因。一位欧洲旅行者如果乘船去新欧洲，必定会经过一处或多处这样的海底山脉和壕沟。几千万年来，欧洲和新欧洲除了以前北美洲和欧亚大陆在北极地区有短暂的连接外，一直处在不同的大陆板块上。美洲野牛、欧亚大陆的牛和澳大利亚袋鼠的祖先，均沿着不同的生物进化路线蹒跚或跳跃前行。越过这些海下裂缝就会从一条进化路线跨入另一条，几乎是走进了另一个世界[4]（有些裂缝不在海下，也没有把大陆分开。为了化繁就简，我们在这里对它们忽略不计）。

　　当泛古陆第一次分裂成南北两个超级大陆板块的时候，新欧洲中只有北美洲和欧洲处在同一块超级大陆板块上，所以两者纬度相同，也有相似的演化历史。因此，两者之间的动植物种群的差异，没有二者中任何一个与新欧洲其他地区之间的差异大。即便如此，这种差异还是足以让1748年刚刚乘船从欧洲抵达费城的芬兰博物学家彼得·卡尔姆（Peter Kalm）震惊：

> 我发现我来到了一个新的世界。无论我何时留意地面，都可以看到以前从未见过的植物。每当我看到一棵树，我就禁不住停下来，向陪同我的人询问它的名字……一想到发现了博物学领域这么多新的、未知的东西，我的心里就惊恐不已。[5]

生物地理学家已经把北美洲和包括欧洲在内的欧亚大陆恰当地划分为不同的生物区域或子区域。毕竟，尼禄皇帝把基督徒扔向了狮子而不是美洲狮。[6]至于其他的新欧洲地区，毫无疑问，它们的生物地理归类理应和欧洲是分开的。例如这三个地区（指南北美洲和澳洲）都有不能飞翔的大型鸟类，有些甚至和人一样大。

泛古陆的分裂和分离的演化过程始于1.8亿或2亿年前。从那以后的几乎所有时间里，除了少数情况与主流趋势背道而驰外（如北美洲和欧亚大陆因为白令陆桥的出现不时重新连接在一起，因此造成了这个地区动植物的混杂），离心运动在生活型的演化过程中占主导地位。这一趋势从我们远古的哺乳祖先为了谋生偷恐龙蛋就开始了，在大约五百多年前停止（这在地质学的时钟上只不过是滴答的一瞬间）。此后，向心运动开始发挥主导作用。泛古陆的分离是一个地质问题，也是一个大陆缓慢漂移的问题。我们现在通过船只和飞机重构泛古陆既是一个人类文化问题，也是一个科技疾驰、加速和超速的问题。为了说明这个问题，我们有幸只需要回到100万或300万年前，而不是2亿年前。

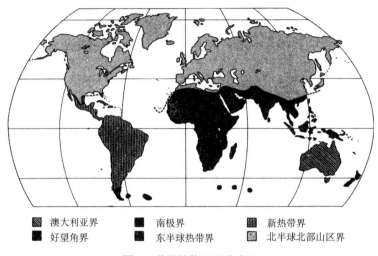

▨ 澳大利亚界	■ 南极界	▦ 新热带界
■ 好望角界	■ 东半球热带界	▦ 北半球北部山区界

图 2　世界植物区系分布图

资料来源：Wilfred T. Neil, *The Geography of Life*（New York：Columbia University Press, 1970），98，99.

　　今天，人类是陆地上适应性最强且分布最广泛的大型动物。对智人和　13
他们的人类鼻祖来说，在很长的一段时间里也是如此——从他们的角度来
看，时间是很长的。其他的动物需要等待具体的基因变化才能让它们迁徙
到与它们祖先的居住地完全不同的地方——在南非草原上，想要能够和鬣
狗竞争，须等到切牙进化成剑齿；或要能在北方居住，得等到体毛变成厚
厚的皮毛——但现代人类或原始人类不需要这样。人类经历的不是一个特
别的而是一般的基因进化：他们有了更大、更好的大脑，能够使用语言和
工具。

　　人类的脑袋像一个百宝箱，填满它的脑神经组织从几百万年前就开始
演化。这样，古人类变得越来越有“文化”。文化是一个存储和改变行为　14
模式的系统，它并不存在于基因密码的分子内，而是存在于脑细胞里。这

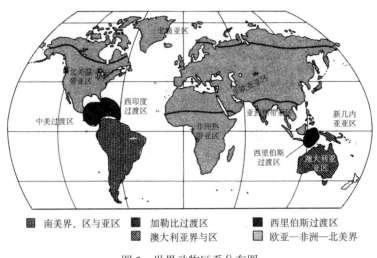

图 3　世界动物区系分布图

资料来源：Wilfred T. Neil，*The Geography of Life*（New York：Columbia University Press，1970），98，99.

种变化让早期人类成为适应自然界的一流高手。就像神话故事里的渔夫，在慷慨的比目鱼答应满足他的三个愿望时，他首先要求的是使他想要的一切愿望都得以实现。[7]

　　这些大脑饱满的类人猿凭借适应性强的新本领迁移出他们的祖先所在地（很可能是非洲），穿过干旱的泛古陆裂隙来到欧亚大陆。从那以后，类人动物和人类一直在迁徙，似乎试图占领低潮线以上的每一个角落。比我们脑容量平均要小几百毫升的我们的祖先（直立人），数量不断增加，他们穿过旧大陆的热带地区，在75万年前来到了北部温带地区，在欧洲和中国居住下来。[8]到大约10万年前，人类的大脑已像今天的一样大了，很可能未来也不会变得更大。[9]从那时起，我们的大脑也许就已经固定在几个脑回里，也许没有。但无疑，我们人类大脑的物质进化实际在4万年前就完成了。此时，人类（智人！）出现了，脸上涂抹着周围自然界提供的天然颜料，手里紧握着一根削尖了的或绑有石头尖的棍棒。

当时人类居住在旧大陆，分布在从欧洲和西伯利亚直到非洲南端和东印度群岛的广大地区。然而，还有很多整片大陆和数不清的岛屿我们尚未探索或居住。我们还没有越过任何一个泛古陆不断扩大的深水裂隙。[10]

这些早期人类马上要去做某种类似于从地球迁徙到别的星球上去一样重大的事情。他们将要离开其祖先已经在这里生活了几百万年的一个生活型世界——泛古陆四分五裂的核心，即欧亚大陆和非洲——前往很多尚无人类，也没有类人动物或任何猿类生活过的新世界去。这些地方被动物、植物和微生物主宰，与旧大陆的生活型截然不同。

这些新的迁徙地包括南北美洲和澳大利亚（能到达新西兰的陆地哺乳动物，要么是一只蝙蝠，要么是一名优秀的水手。智人到达那里的时间很晚）。早期人类大多数时间呆在其种属生存过的东印度群岛地区，那些岛屿间的海水温暖，海峡不宽。在冰河世纪，新几内亚和澳大利亚之间的浅水海峡变成了干枯的陆地。4万年前，我们的人类祖先向南走进澳大利亚，这块大陆才有了它第一批大型胎盘哺乳动物。大约8 000年前或更晚些时候，第二批移民即澳洲野狗来到了这里（这些日期和本章引用的其他日期尚有争议，我们不必参与其中。我们关注的不是绝对的日期，而是历史的前后顺序）。

有证据表明，有很多比其历史上的同类大得多的物种，包括一些澳大利亚有袋类动物和爬行动物，却大约在人类扩张到这块大陆的同时消失了。这很容易让人把这种时间上的巧合作为证据，将物种灭绝的灾难归咎于入侵者，尽管把澳大利亚大型动物的灭绝归咎于石器时代的狩猎者这一说法有些牵强。欧洲人从东印度群岛南下携带的疾病倒有可能是一个因素。另

15

外一个因素和火有关。在历史上，澳大利亚土著人每年都要大面积地烧荒垦地。可以想见，这种做法在古代足以改变大型动物的栖息地，让它们无法繁衍生息。[11]

16 　　从东印度群岛到澳大利亚只需要穿过几个温暖狭窄的海峡，而到美洲则要更难一些。让人望而却步的不是白令海峡冰冷、多雾和险恶的水域，而是恶劣的高纬度气候。实际上，自从早期的人类来到西伯利亚以来，那个海峡大多数时候是一条宽阔的冰原陆桥。没有多少西伯利亚人会追随驯鹿群越过白令海峡来到阿拉斯加。一旦到了阿拉斯加，早期迁徙至此的人类需要面对墨西哥以北的美洲大部分地区被大陆冰帽所覆盖的严酷现实。不过，温暖期冰雪融化，会打开一条向南的通道。它北起阿拉斯加，南至艾伯塔以及更远的地方。但总的来说，从亚洲步行到草木茂盛的北美洲是一段极其艰难的旅程。

　　人类也许在踏上澳大利亚很久以后才到达北美冰帽以南的地区。但在新大陆，如同在澳大利亚一样，当地很多大型哺乳动物，例如猛犸象、乳齿象、巨型地懒、巨型野牛以及马的灭绝，看起来与人类猎手的到达之间有一个时间上的巧合。这些大型动物中有些被人类捕杀，这一点是无可争议的，因为在猛犸象化石的肋骨里我们发现了石矛的尖头。但大多数专家不愿意把全部物种的灭绝归咎于人类猎手。另外，人类也许只是攻击当地动物群的众多物种（包括寄生虫和病原菌）之一。但为什么后者要专门攻击大型哺乳动物呢？除了人类之外，为什么其他物种也要杀死那些能够为它们提供丰盛美餐的动物，它们又是怎样做到这一点的呢？[12]智人在澳大利亚和美洲发现了一个打猎的天堂。这三块大陆上全是美味的食草动物，似

17 乎给新来的人类提供了取之不尽的蛋白质、脂肪、兽皮和骨头。但面对人类入侵者，这些动物却根本没有经验去自卫。智人扩张到澳大利亚和美洲

一定会促使地球上人口数量有很大的增长。美洲和澳大利亚就是人类的伊甸园，上帝后来才把亚当和夏娃添了上去。弗朗索瓦·博尔德（Francois Bordes）在其名著《旧石器时代》（*The Old Stone Age*）中写道："人类登上另外一个星系中很适合人类居住的星球，这种现象绝无仅有。"[13]

大约 1 万年前，除了南极洲和格陵兰岛的冰帽之外，所有巨大的冰帽都融化了，海平面升到了大致和今天差不多的高度，淹没了连接澳大利亚和新几内亚、阿拉斯加和西伯利亚的平原，把这些早期人类的先驱孤立在他们的新家园。从那时起，直到航海变得对欧洲人来说稀松平常，可以随意穿过泛古陆的裂隙之前，这些人类一直居住在那里，在完全或几乎完全与外界隔绝的状态下发展。自从泛古陆分裂以来，趋异进化的短暂停歇结束了。在接下来的几千年里，基因漂移和文化漂移首次同大陆漂移完全一致起来。

接下来，人类要进行下一个巨大的冲刺，不是地理上的迁徙，而是文化上的突变：新石器革命，或更准确地说，以新石器为代表的种种革命。根据传统的定义，新石器革命是从人类开始打磨抛光而不是削尖他们的石器开始，直到他们学会把金属熔化，做成比以前的石器更锋利、更经久耐用的工具时结束。在这期间，传说人类发明了农业，驯养了我们仓院和牧场里所有的动物、学会写字、建立城市和创造了文明。历史可能比这个传说要复杂得多，但这个界定足以为我们所用。[14]

人类技术上的先驱，即站在旧大陆十字路口和中东地区的民族，沿着变成我们今天这个模样的大道走来，速度比其他地方的人要快一些。而人类地理上的先驱，即被隔绝在澳大利亚和美洲的拓荒者，却有着不同的历史。澳大利亚土著人[15]保持自身旧石器时代的方式，不把金属熔化，也不建造城市。当库克船长和植物湾的澳大利亚人在 18 世纪对视的时候，他们是从新石器革命不同的两边互相注视着对方。

18

新大陆的人有他们自己的新石器革命，其中以中美洲和安第斯美洲的最引人瞩目。但与旧大陆相比，他们的革命起步晚、加速慢、推广难，好像西半球对文明技术和艺术的追求不及东半球。当西班牙征服者携带钢铁器具到来时，有着高度美洲印第安文化的民族仍处在冶金术的早期阶段。他们用金属做装饰品和神像，而不是制作工具。

为什么新大陆的文明进程如此缓慢？也许是因为美洲长长的地理中轴线是南北走向，从而新大陆所有文明所依赖的美洲印第安粮食作物不得不分布在气候差异很大的地区。不像旧大陆，主要的农作物大体上东西分布，气候大致相似。也许是因为美洲的农夫需要很长时间才把他们最重要的作物玉米从最初低产量转化成非常高产的食物来源。欧洲人在 15 世纪 90 年代也遇到了这样的难题。而小麦这种旧大陆最初最重要的栽培作物首次种植时产量就已经很高了。早期的玉米养活不了庞大的城市人口，而早期的小麦却可以。所以，旧大陆的文明比新大陆的文明提前了 1 000 年。

19　　　这种推测即使是成立的，也不能解释美洲新石器革命在驯养动物上为什么与旧大陆相距甚远。在这一点上，美洲印第安人比澳大利亚土著人在行，澳大利亚土著人只驯化了狗。但和东半球的人比起来，美洲印第安人也只是业余选手。把美洲的家畜和旧大陆的比较一下就一目了然：美洲只有狗、美洲驼、豚鼠和一些家禽，而旧大陆有狗、猫、牛、马、猪、绵羊、山羊、驯鹿、水牛、鸡、鹅、鸭和蜜蜂等。为什么差距如此悬殊？东半球的野生动物不可能天生比西半球的更易驯化。实际上，我们的家牛祖先，也就是旧大陆的欧洲野牛，看起来就像新大陆的野牛一样不可能成为驯养的候选动物。[16]一些学者相信美洲印第安人特别看重动物，把它们看作人类的朋友而不是潜在的奴仆，认为它们和人类是平等的甚至比人类要高级。和旧大陆的神（至少和被广泛宣传的那位神）不同的是，新大陆的神没有赋予人类"主宰海里的鱼、空中的飞禽和地上的走兽"的特权。[17]

抑或新旧大陆新石器革命的差异只是一个时机不同的问题。马克·内森·科恩（Mark Nathan Cohen）在他的名著《史前粮食危机：人口过剩和农业的起源》（*The Food Crisisin Prehistory，Overpopulation and the Origins of Agriculture*）里断定，人口压力是旧石器时代人类离开非洲、迁徙到其他适宜居住的大陆的真正驱动力。他认为这也是农业发展的起源。他的论点简单概括起来就是：当澳大利亚和美洲的开拓者到达了最终的边疆，面朝通向南极洲的水域时，他们身后的世界挤满了狩猎者和采集者。剩余的人无处可去，地球上的人口已经饱和，达到了旧石器时代技术能够养活的极限。在物种进化的历史上，这不是唯一的一次：直立人要么独身，要么变得更聪明。不出所料，直立人选择了后者。

无论是在西方还是在东方，全世界开始从依赖大型动物群（很多在锐减）转向开发利用较小的动植物。采集者变得更重要，狩猎者的地位下降了。出于需要，人类造就了一批史上最伟大、最务实的植物学家和动物学家。在条件特别适合的地方——例如在野生小麦生长茂密、用火石镰刀收割时不会穗落粒撒的地方——驯化的时机成熟了，采集者变成了农夫。这看起来完全是有可能的，即人口压力（原动力）在远古人类集中居住地区（如旧大陆）比在边远地区更大。这也许可以说明为什么旧大陆新石器革命的加速比新大陆更快。[18]

但在相当长的一段时间里，人们只是做无根据或至少无法论证的推断。因为种种原因，美洲印第安人和澳大利亚土著人晚些时候才进入新石器时代，为此吃了不少苦头。家禽饲养员在召唤家禽时，通常会用棍子抽打落在最后的那一个，以催促它们快点。历史对那些旧大陆式新石器革命的迟到者，也采取了类似的严惩。

20

我们将会看到，欧洲之所以能够成功入侵美洲和澳大拉西亚（一个不明确的地理名词，一般指澳大利亚、新西兰以及附近的南太平洋诸岛。有时也泛指大洋洲和太平洋岛屿。——译者注），既得益于欧洲从亚伯拉罕在新月沃地牧羊到哥伦布、麦哲伦和库克穿越泛古陆裂缝期间的发展，也得益于旧大陆新石器革命的因素，但后者的功劳更大。所以，如果我们要寻找欧洲帝国主义的成功根源，必须启程去中东地区，去亚伯拉罕、吉尔伽美什，以及我们那些吃小麦面包、熔炼铁或用字母记录思想的所有文化祖先那里去寻找。

旧大陆的新石器革命，尽管在冶金、艺术、文字、政治和城市生活方面取得了令人瞩目的成就，但从根本上来说，这一切无非是为了智人能对许多物种直接控制和利用。对生拇指让原始人类能够抓握并熟练使用工具。在新石器时代，这些人类常常伸出手，把周围所有的动植物操纵于股掌之间。大约 9000 年前，旧大陆的人类栽培了小麦、大麦、豌豆和小扁豆，驯化了驴子、绵羊、猪和山羊（狗很早就被驯化了。事实上，它是旧石器时代唯一被驯养的动物）。[19]野牛继续自由了几千年，骆驼和马则自由得更久。到了 4000 年或 5000 年前，亚洲西南部及其附近地区的人类已经完成了几乎所有作物和牲畜的驯化。无论过去或现在，这些动植物对旧大陆的文明都至关重要。[20]

作为人类第一个真正意义上的文明，苏美尔文明大约 5000 年前出现在美索不达米亚南部底格里斯河和幼发拉底河下游的平坦地带。那里出现了有书面记载的人类编年史，先是写在泥板上，后来依次是纸莎草纸、犊皮纸、布匹以及纸张上，它们体现了旧大陆文明令人敬畏的延续性。咱们——读这个（英语）句子的你和写这个（英语）句子的我——是这种文明延续的一部分。这些词是用字母拼写的。这是中东地区非常具有创造性的

（页边标注）21

一项发明。这种文字的发明者是一些比我们更直接受到苏美尔榜样影响的人。无论我们的基因如何不同，苏美尔人和文字的发明者，你和我，都属于同一类人，即后新石器时代旧大陆文化的后裔。而所有石器时代的人，包括少数延续下来的和前哥伦布时代的所有美洲印第安人，无论他们的大脑多么复杂，都属于另外一类人。在欧洲人越过泛古陆裂隙到来之前，新欧洲的土著人都属于第二类。从一种文化过渡到另一种文化是一个痛苦的蜕变，很多个体和群体在这个过程中走向衰落和失败。

不管我们是谁，如果我们比较一下苏美尔人和以前的狩猎者和采集者以及之后延续下来的人，就会发现，这些处于文明开端的人与石器时代的人之间的差别，比苏美尔人与我们之间的差别更大。在审视狩猎者和采集者时，我们如同打量完全"另类"的人，而在审视苏美尔人和中东地区其他早期文明的人类（如阿卡得人、埃及人、犹太人、巴比伦人等）时，我们如同是在照一面非常古老、积满尘土的镜子。让我们从那里开始来探究哥伦布是何许人，我们又是何许人。

苏美尔人既伟大又强大，他们知道自身伟大和强大之处在于他们会种植大麦、豌豆和小扁豆等作物，能驯化牛、绵羊、猪和山羊等牲畜。苏美尔人因为比我们更倾向于谦卑地认识到为人类所用的物种的重要性，所以对自己的生存心存感恩。他们感谢众神和诸位半神半人的恩赐；他们赞美埃利斯、恩奇、拉哈尔、阿什南以及其他神所赐予的家庭富足。而在此之前，他们过着"茹毛饮血"[21]的生活。当众神赐福给中东地区的人们时，狩猎者和采集者被淘汰出局了，新大陆的农耕文化也日趋消亡。

总之，根据所有的文献资料，苏美尔人比世界上其他任何人拥有数量更多更稳定的食物、纤维、皮革、骨头、肥料和役畜。狩猎者和采集者通常比中东地区的农夫拥有的食物营养更丰富，种类更多；但除了有幸居住在像北美西北太平洋这样天堂般地区的少数人以外，他们的食物供应量不是很充裕。超过狩猎者、采集者以及他们家人直接需求的盈余食物通常很难获得，也很难存储。新大陆农夫的作物和苏美尔人的一样有保障、有营养，如玉米和马铃薯，但他们的牲畜无论在数量还是质量上都差得很远。

苏美尔人及其后裔与其他地方的人类之间最大的区别，在于对牲畜的役使上。例如在新欧洲（或在热带美洲，或苏丹以南的非洲），没有什么动物可以像马那样极大地加强人类的机动性、力量、军事实力和整体威风。写《约伯记》这本书的诗人对马的印象非常深刻：

> 它发猛烈的怒气将地吞下。一听角声就不耐站立。角每发声，它说"呵哈!"它从远处闻着战气。

耶和华将马的功劳据为己有，他问可怜的约伯："马的大力是你所赐的吗？它颈项上摩挲的鬃是你给它披上的吗？"约伯什么也没有说，知道这样的反问不需要回答。但他原本可以说是人类驯化了马，这件事几乎和上帝创造了马一样重要。1000年之后，索福克勒斯（Sophocles）不是生活在只有一个全能上帝的时代，所以他可以更自由地赞美人类。他曾经说过，人类最伟大的成就之一就是驯化了"鬃毛飘飘性情桀骜的野马"。[22]

相对那些只能依靠自身体力的人来说，对马、牛和其他旧大陆牲畜的驯化，给了苏美尔人以及他们从欧洲到中国的后裔们极大的优势。比如用新大陆新石器革命者的标准来衡量，约伯就是一位亿万富翁。在苦难降临、失去所有财产并患上严重的皮肤病之前，他拥有7 000只绵羊、3 000峰骆驼、50对同轭牛和500头驴子。相比之下，蒙特祖玛（Moctezuma）尽管拥有为数不少的兵团，但就蛋白质、脂肪、纤维、皮革，特别是力量和机动性来讲，他十分匮乏。新欧洲土著人当时仍然过着"茹毛饮血"的生活。[23]

　　然而，一个社会真正的力量不在于亿万富翁身上，而在于普通民众及其力量上。就这一点来讲，苏美尔人的后裔又胜过了其他文化的后代。他们视家畜如盟友，亦如大家庭里善良的表亲，是小家庭劳力和运气不济时可以仰仗的帮手。总的来说，猪、羔羊和牛这些动物亲戚一边自己觅食，一边听候主人的差遣。现在的动物可能会站在食槽边等候喂养，如果槽里是空的就要挨饿。但在刚开始被驯养的几千年里，多数牲畜都是自己觅食，挤在一起群居，大多数时间需要靠自己的獠牙、抵角和速度来自卫，主人给不了它们多少帮助。

　　驯化了的牲畜对苏美尔人及其后裔非常重要，可以引用的例子数不胜数，有些则让人觉得很温馨，有些会让人觉得匪夷所思。有多少逆来顺受的小孩子被刚出生的弟妹们从母亲乳房边赶走，在他们能咀嚼固体食物之前要靠羊奶或牛奶喂养？（可怕的营养不良病即夸休可尔症，实际上意为"下一个婴儿出生时前一个孩子断奶后所患的疾病"。这个词源于加纳语，在那儿由于采采蝇和锥虫病肆虐，产奶动物无法生存）[24]多少彪悍和威猛的蒙古骑士靠有限地饮用马血——足以使他们不至于饿死，又不至于使他们的坐骑伤元气——挨过为大可汗南征北战时最饥饿难耐的时候？[25]

　　比利牛斯山脉和阿尔卑斯山脉以北地区的西欧农夫，常因维持和加强其土地肥力的技术而备受称道。最受称赞的是他们提高土壤肥力的方法：认真轮作、培育和翻耕下层堆肥以及种植能特别提高土壤营养的植物（"绿肥"），最重要的是，给土壤加施牲畜粪便。这些家畜不仅给农夫提供肉、奶、皮革和畜力，也让它们在远祖耕作的同一块土地上生产出大量的谷物、蔬菜和纤维。在古代的播种、收割和再种植的仪式中，西欧农夫是牧师，他们的家畜是助手。[26]

25

苏美尔人、欧洲人或其他任何社会的成功农夫，如果他/她想要一直成功的话，通常需要一个配偶。这几乎是个一成不变的规律。他们相互依赖，同时也依赖周围可以供其役使的生物。如果这个物种的大家庭损失了一个主要成员——母猪、一种燕麦作物或是族长本人，其他家庭成员的生存便岌岌可危了。在前工业化社会，体力比脑力重要，一个寡妇更多需要的是钱。如果有几个未成年的孩子，她不仅需要很多钱，还需要一点土地，除非死去的丈夫给她留下了一些牲畜。她也许有，也许没有能力亲自耕作，但有了前面提到的牲畜，大家庭里不可或缺的表亲，基本能够靠公共土地或荒地独自生存。

26   在杰弗里·乔叟（Geoffrey Chaucer）所著《尼姑的教士的故事》（*The Nun's Priest's Tale*）里，寡妇的丈夫死了，只留给他可怜的妻子一块地、一份微薄的收入和两个女儿。这无疑是一剂苦难甚至悲剧的处方。但这三个女人却过得很好，因为她们继承了一只大公鸡（"它的嗓音比风琴的琴声还美妙……"）、一些母鸡、三头母猪、三头奶牛和一只名叫莫利的绵羊。这些牲畜给她们提供日常饮食，即使不能让她们长出乔叟笔下男修士一样肥胖的面颊，却也营养充裕。这位母亲和她的女儿们用多余的食物和羊毛换取一些她们所需要的其他东西。自然，她们没有酒，"既无红酒也无白酒"，可是有很多面包、熏猪肉，有时也会有一两个鸡蛋和足够的牛奶。这些食物和其他很容易获得的谷物和蔬菜构成了营养丰富的日常饮食，这对那些不得已吃素的人来说已经十分奢侈了。[27]

被驯化的动物从人类不能直接食用的东西里创造出食物来的能力是一种可再生资源，在苏美尔人和乔叟做梦也想不到的行业里为欧洲人服务。1771年，库克船长首次太平洋之旅中的一位幸存者特别感谢一只奶羊。这只羊在西印度群岛为欧洲人忠诚地服务了三年，曾经在皇家军舰"海豚"

号上与约翰·拜伦（John Byron）船长一起环游世界，后来又在"奋进"号上随库克船长闯天下，"从来没有断过奶"。那些受益于它的人（这好处可能是生命本身，因为在这样的航海中很多人死于营养不良）发誓，"为了感谢它的救命之恩，终生用最好的英国牧草喂养它"。[28]

驯化了的牲畜和人类同属一个大家庭成员这个比喻，对欧洲西北部的人们来说特别贴切。《尼姑的教士的故事》里的三个女人与英国"海豚"号和"奋进"号上的不列颠海员都属于人类和哺乳类动物中的少数，他们能将婴儿消化大量乳汁的能力维持到成年期。没有多少非洲成年黑人或东亚人在婴儿期后能消化得了大量的牛奶，澳大拉西亚和美洲这样的土著成人就更少。事实上，乳汁使他们感到恶心，他们必须首先把牛奶转化成乳酪或酸奶才能消化。这肯定至少让他们中的一些人放弃了从事牧业的打算。[29]能够消化牛奶的优点在今天看起来微不足道，但在过去，当很多人处于饥饿的边缘时，这件事就非同小可。被驯化的产奶家畜对一片未开垦的土地来说非常重要。例如，当尤利乌斯·恺撒（Julius Caesar）入侵英国时，他发现内陆住了很多人——也许是乔叟书中人物以及"海豚"号和"奋进"号上海员的祖先们。这些人既不打猎，也不种地，而是以放牧为生，"肉和奶构成主要的饮食……"[30]

《尼姑的教士的故事》里的寡妇，在其所有最令人敬佩的特征中，没有什么能比得上她的生育能力和把孩子养大成人的诀窍。在乔叟时代，那是一个黑死病肆虐的时代，能养大两个健康的女儿是一项值得称赞的成就。能够生儿育女是大多数苏美尔人后裔的一个主要特点。上帝应许亚伯拉罕（早期后裔中一个重要的人物）："我必叫你的子孙多起来，如同天上的星，海边的沙，不可胜数。你的子孙必得仇敌的城市。"作为牧羊人，亚伯拉罕有机会开创这样一种未来必要的氨基酸（含有氨基和羧基的一类有机化合物的通称。——译者注）。约伯是亚伯拉罕的后裔，在灾难降临前，不仅牛羊成群非常富有，而且生了七个儿子和三个女儿。[31]

28   那些继承了西南亚先进文化地区作物和牲畜的人们（欧洲人、印度人、中国人等）生活富裕，人口不断增加。他们做到了这一点，既得益于文明化了的生物、制度和生活方式所带来的好处，也克服了其所具有的弊端。农夫和牧人发现他们开发自然的新方法是一把双刃剑。他们虽然不是世界上第一批栽培作物的人，却是第一批实践粗放农业的人。依靠像犁这样一些工具和利用畜力，他们很可能生产了比以前每个劳力（不是每单位土地面积）所生产的更多的粮食。他们栽培的小谷物最适合密集地种植在一起，而不能像其他作物那样混种，如玉米、豆子和南瓜，无论是在过去还是在今天，在印第安人的美洲都是混种在一起的。这种中东技术生产了大量的大麦和小麦，但它却让土地一年两次摞荒，一次是播种前，一次是收割后，因为所有的种子都是同时播种，又同时成熟的。[32]任何耕作方法，特别是这种方法，无意中会驯化一些杂草植物，像农夫的粮食作物一样多。

　　"草"不是一个科学术语。它不是指任何具体的种、属或任何一种被认可的有明确科学分类的植物，而是指有碍人类生存和侵入活动场地的一切植物。它们多半是些在大火、山体滑坡、洪水等灾害发生后出现在光秃秃的地面上充当小角色的移生植物，在新石器时代的农夫用犁具或镰刀清理干净的土地上很容易蔓延，适应性极强。杂草已经受够了直射的阳光和扰动土壤，现在又要忍受便鞋、靴子和马蹄的践踏。它们在灾难之后随时准备破土重生，在食草性牲畜的猛拽、踩踏和咀嚼之后随即又复苏发芽。农夫们称其为命中灾星，它们确实是这样，但它们也为牲畜提供了饲料，帮助人类抵御侵蚀。

29   新石器时代的农夫简化了他们的生态系统，以便种植大量能在裸露的土地上快速生长且不怕食草性动物啃食的植物。他们得到了希望的东西，但也出现了一些他们诅咒的植物：马蹄野豌豆、黑麦草、猪殃殃、蓟、芫荽和其他杂草。[33]《旧约》的《箴言书》里描述了让农夫头疼的问题，告诉我们有关"一个懒人的田地"的故事：

> 荆棘长满了地皮，
>
> 刺草遮盖了田面，
>
> 石墙也坍塌了。
>
> 我看见就留心思想，我看着就领了训诲。
>
> 再睡片时，打盹片时，
>
> 抱着手躺卧片时，
>
> 你的贫穷，就必如强盗速来；你的缺乏，仿佛暴徒来到。[34]

　　中东地区的农夫和村民们无意之中也培养了动物世界里的一些恶棍。它们以人类的垃圾为食物和居所，与人类直接竞争，获取人类种植和储存的食物。狩猎者和采集者有他们的害虫，如虱子、跳蚤和体内寄生虫，但那时没有多少游牧人群会集中居住在一个地方很长时间，以至于累积足够多的垃圾使家鼠、田鼠、蟑螂、家蝇和寄生虫繁殖成灾。然而农夫们却需要在一个地方长期集中居住，这样就培养了同杂草一样受人诅咒的动物害虫。为了适应这个新世界，苏美尔人不得已创造了田鼠和害虫的女神——尼克林姆（Ninkilim），向她祈祷，以保佑正在发芽的谷物的安全。[35]

　　这些害虫不仅是强盗，还是疾病的携带者。例如我们今天知道，老鼠是鼠疫、斑疹伤寒、回归热和其他一些传染病的携带者。我们可以肯定的是，老鼠和其他动物害虫在过去扮演过类似的角色。《旧约》中的《撒母　　30

耳记（上）》告诉我们，有一种与大小老鼠有关的瘟疫袭击了非利士人和希伯来人，引起古闪族语学者所说的"肿瘤"类疾病。当今的流行病学家也许会建议使用"腹股沟淋巴结炎"来称呼它，即淋巴腺鼠疫引起的淋巴结肿大。[36]

人类文明的害虫并非都可以看得见。实际上，危害最大的往往是用肉眼看不到的。中东地区的农夫和牧民最先把有限的几种作物和牲畜大量推广和繁殖。他们善于集中种植庄稼和饲养动物。由于他们能够生产出剩余的粮食，所以能够养殖自己的物种。与此同时，他们也制造了数量众多的害虫。有些是看得见的，如蠕虫和蚊子，但很多依附寄生物是看不见的，如真菌、细菌和病毒。农夫和牧民可以赶走狼群、拔掉杂草，但要阻止传染病在田间、禽畜和城市间传播，却几乎束手无策。

一些被称为群体性疾病的人类传染病如天花和麻疹，要么置人于死地，要么让人产生永久的免疫力。它们的唯一发病者是人类，并且它们不会在小群体人群中长久驻留，就如同森林大火不会在稀疏的小树林里持续太久一样。这两种疾病都发病快，迅速消耗一切可以利用的营养资源，然后逐渐变弱而退去。至于由不洁引起的疾病如伤寒，狩猎者和采集者由于经常居无定所所以不会把家里弄得太脏，自然也很少患上这些疾病。[37]首次真正的人类聚集和垃圾堆积的地点出现在中东地区。在那里，考古学家从几十代人居住后留下的如山的垃圾堆里，挖掘出了我们的第一座城市遗址。

狩猎者和采集者最多只拥有一种驯化了的动物即狗。新大陆的农夫和牧民驯化了不过三四个物种。旧大陆的文明人则拥有牛、绵羊、山羊、马等很多畜群。他们和他们的家畜生活在一起，共享同样的水、空气和环境，所以患有很多相同的疾病。人类、四足动物、家禽和彼此携带的寄生虫紧密生活在一起，这种协同效应引起新旧疾病新变体的产生。痘病毒在人和牛之间传播，产生了天花和牛痘。狗、牛和人类的疾病相互传染或结合产生三种新的疾病：犬瘟热、牛瘟和麻疹。人类、猪、马和家禽与野禽接触，无论是在过去还是在今天都会患上同样的流感，周期性地、永远地给彼此制造新的病株。当人类驯化动物，把它们揽进怀里时——有些人类妈妈有时亲自为失去母亲的动物幼崽哺乳——就会滋生他们的狩猎者和采集者祖先很少或闻所未闻的疾病。[38]

当苏美尔人及其后代发明了诸如长距离贸易和侵略这样的文明的衍生物时，当人们历经穿越沙漠、高山、大洋和长途跋涉这些对狩猎者和采集者来说难以想象的壮举时，也同样把自己置身于陌生微生物的危险境地，把只有稠密人口和动物才会携带的细菌群传染给没有免疫力的人。以前，个体免疫系统受遗传和经历的调节以适应某个特定环境，但自此以后，这种模式开始逐渐过时了。一般个人的免疫体系转向和他所生活的那个世界相适应。但人类的贪婪、侵略、好奇心和技术不断地把人推向同世界其他地区的接触之中。[39]

中东古代的文学作品有很多提及瘟疫的地方。前面我也提到，例如《撒母耳记（上）》告诉我们，有种疾病曾困扰非利士人和希伯来人。在摩西时代，使埃及陷入水深火热之中的一些瘟疫看起来很可能是微生物引起的。"摩西五书"里有对流行病学起源的暗示，这是凭经验对周围引发传染病环境的一种认识。希伯来人从法老那里逃出来以后，在西奈山脚下，上帝晓谕摩西说："你要按以色列人被数的计算总数。你数的时候，他们各人要为自己的生命把赎价奉给耶和华，免得数的时候在他们中间有灾殃。"[40]似乎上帝知道，或者至少是《圣经》的作者知道，以色列人或任何一个分散居住的群体（这里指在野外寻觅食物和水的分散人群），一旦他们聚集在一起就会加大流行病的风险，因而必须采取相应的措施。

32

后来，耶和华告诉以色列人，当他们到达物产丰饶的蜜乳之地后，如果能遵从戒律，他就会赐福给他们，并发誓："耶和华必使一切的病症离开你。你所知道埃及各样的恶疾，他不加在你身上，只加在一切恨你的人身上。"[41]人们离开当时可能是世界上人口最稠密的地方即尼罗河流域，迁徙到气候相对干燥、人口比较稀少的邻近地区。这些地区传染病传播的几率较小。同时他们也带来了对分散居住的当地人群来说未知且可能很致命的传染病。以色列人携带着传染病开始了自己的征程。传染病是他们的一个巨大优势，可以用来解释"文明"人是如何轻易地征服了相对落后地区的人们的。这一过程被威廉·H. 麦克尼尔（William H. McNeil）详细地阐述过，并作为人类历史上一种可预测的因素被命名为"麦克尼尔定律"。[42]

33   在所有从古代中东地区传来的向上天祈求将人类从瘟疫中解脱出来的哭喊中，公元前十四世纪在穆尔西里统治下的赫梯国，有一位牧师的哭喊声最凄厉。他悲叹道："二十年来，人们在我父亲的年代死去，在我兄长的年代死去，自从我成为神的牧师以来，在我的同年代死去……我再也无法承受这种内心的痛楚和心灵的煎熬。"

为了从神灵那里找到对付这些肉眼看不到的小不点（寄生微生物）的灵丹妙药，他见庙就拜，但毫无效果。当瘟疫开始爆发时，他仔细询问以确定是否发生了新的或反常的事情。当发现牧师已停止向马拉河神献祭时，他马上赔罪，恢复祭祀，但瘟疫仍在蔓延。

在他父亲的时代，在与埃及的一次战争中，赫梯人曾向雷雨神许过愿，但获胜之后，他们没有还愿。当胜利者驱赶俘虏回赫梯国时（即从一个人口稠密、陌生的疾病环境，到一个人口稀少但可能不是很混杂的疾病环境），新疾病在营养不良、精疲力竭和过度紧张的俘虏中间爆发了，其统治者也未能幸免于难，"从那时起，赫梯国的人不断死亡。"我们的牧师向雷雨神赔罪祭祀二十多次，但瘟疫仍在肆虐。

唯一能做的就是祈祷再祈祷，向神恭敬地指出，众神这样做也有悖自身的利益：

> 赫梯国到处有人在死亡，所以没有人给你准备祭祀的面包和酒。过去耕作神赐的田地的农夫死了，所以没有人耕种或收获神的田地。过去做祭祀面包的磨面粉女人死了，所以不再有人给你做面包。从畜栏和羊圈挑选祭祀羊和牛的牧人死了，所以畜栏和羊圈都空了。所以祭祀的面包、酒和动物祭品就没有了……人们失魂落魄，事事做错。神啊，要么让先知出现，告知我们到底是哪里做错，要么让女巫和牧师认识到它，要么托梦给人……神啊，请发慈悲，怜悯怜悯赫梯国吧！[43]

34

到 3000 年前，增加或减少一千年也无妨，"超人"，即旧大陆的文明人类，已经在地球上出现。他们没有隆起的肌肉，也未必有凸出的前额。但他们知道如何生产剩余的粮食和纤维。他们知道如何驯化和利用好几种牲畜。他们知道如何使用转轮纺线、做盆罐或移动笨重的物体。他们的地里长满了荆棘，他们的谷仓鼠害成灾。他们的鼻窦炎在雨天会加重，痢疾反复发作，蠕虫让他们不堪忍受。他们有很多天生和后天掌握的应对疾病的方法，这是旧大陆文明所特有的。这种基于经验和基因进化的免疫系统让他们成为所有人类的先驱，后来的人们将被吸引或被迫去沿着他们在 8000 年到 1 万年前开辟的道路继续前进。

旧大陆的新石器革命、疾病和一切，从人口密集的中心出发，偶尔会培育出一个新作物或杂草，驯化几种牲畜和害兽，引发几种新疾病如疟疾

35　等。[44]很多文献记载提到这场革命首次到达美洲和澳大利亚的情形，因为它就发生在过去的 500 年里，但它首次在旧大陆的大部分飞地粉墨登场，却是在几千年前。大多数情况下，这些后来的参与者没有书面语言。有哪一个史官看到过 6000 年前第一批农夫和牧民在不列颠群岛登陆，或第一批放羊牧牛的人在 2000 年前穿过南非林波波河？[45]无论什么样的史官，通常都是在文明的疾病到达之后才去记录它们，也许这些疾病是新石器革命演化的最后一些影响因素。它们依赖稠密的人口而爆发，进化得极慢。第一批群体性疾病很可能直到公元 664 年才越过英吉利海峡来到不列颠群岛，"当时突然爆发的瘟疫首次让英国南部地区的人口锐减，后来又蔓延到诺森伯利亚王国，肆虐横行，死了很多人"。可能直到 1713 年瘟疫才来到非洲南端。这一年天花在开普敦上岸，夺去了当地很多科伊科伊人的性命。当地人迁怒于外国人，就像当年英国人在瘟疫发生时所做的那样，只要是外国人，哪怕是同一血脉，也不能免于责难。科伊科伊人"横七竖八地躺在马路上……诅咒荷兰人，说他们被荷兰人施了魔法"。[46]

　　新石器革命对旧大陆很多地区的影响是难以描述的，因为影响是多方面而非单一的，就如同这个集合现象的不同元素是一个接一个产生的。不管怎样，我们只知道最后的影响。然而，这些结果足以给我们这样一种

36　印象——这一总体累积的结果延续了几千年，它的影响力可想而知。西伯利亚是一个很好的例证。欧洲人在征服它的同时，侵略了新欧洲，所以今天西伯利亚的绝大多数人是欧洲人。

　　西伯利亚是一个不成功的新欧洲。它过于像旧欧洲以至于无法成为新欧洲。它离欧洲不远，近在咫尺。它的生物群落和欧洲北部的生物群落不是不像而是几乎一样。它的当地居民不是旧石器时代人类开拓者的后裔，而几乎全是蒙古人或其他欧亚大陆人的近亲，在血型分布上和这些人一样[47]

（后面我会再讲到这一点）。西伯利亚土著人的文化很像其他欧亚大陆的其他人，与新欧洲的土著人完全不一样，因为他们在几千年前就已接受旧大陆新石器革命的一些要素：金属、农业和畜牧业。虽然主要是驯鹿而非温带的动物，但还是放牧生活。[48]

　　西伯利亚和新欧洲今天最大的不同在于，前者没有生产大量的剩余粮食可供出口，尽管也一直在非常努力地这样做（这一努力的失败促使赫鲁晓夫下台），但后者做到了这一点。造成这一区别的主要原因是西伯利亚不利的气候。这片大陆太靠北部，在气候上大陆性极强，因此难以成为粮仓。西伯利亚中部的冬天比北极还要寒冷，降雨量没有保证。[49]如果西伯利亚的气候温和一些，有充足、可预测的降雨量，大量的农夫和牧民也许早在几千年前就占据它了。那时候，新石器的最终影响可能已经显现，只是很可能没有被记载。

　　这种气候有助于驱逐入侵者，让他们望而却步。南部的戈壁滩和干旱的大草原以及西部的沼泽地、山脉和广袤的区域把它们与外界隔开，而北部和东部是冰天雪地和一望无际的海洋。罗马帝国和汉帝国兴盛衰落。孔子周游列国讲学，释迦牟尼、耶稣基督和穆罕默德四处布道传教。指南针和火药发明了。而西伯利亚在新石器的第一阶段仍然天寒地冻。然后，到了16世纪，来自西方的人——根据脸部扁平的亚洲人描述，"鹰钩鼻从前面伸出来"[50]——越过乌拉尔山脉，猎取上层社会和新兴的资产阶级所需要的皮毛。

　　1580年，大批西方人第一次穿越乌拉尔山脉，在1640年到达太平洋——在60年的时间里前进了5000公里。[51]到大约1700年，白人已经遍布西伯利亚的大部分地区。[52]欧洲人能很快占据这个地区的一些原因是显而易见的。西伯利亚恶劣的气候决定了大部分地区人烟稀少，比那些相似但更宜人、人口更密集的地区（如加拿大）更容易通过。侵略者有武器，而土著人没有。前者在征服方面比后者在防御方面组织得更好，他们只为单一的目标而来，那就是获取动物的皮毛，而后者拥有家室和神圣的传统，要应对正常生活所涉及的方方面面的事。但最初，西方人寡，而当地人众。人口比例的逆转不是武装的欧洲商人的到来和没有武装的土著人在他们面前倒下那么简单一回事。

西方人——让我们称他们为俄罗斯人吧，虽然他们中很多人是乌克兰人等——是旧大陆新石器时代一整群人的旗手。虽然适合西伯利亚的主要谷物已经存在，但他们肯定还携带了一些新的作物。虽然和主要谷物相生的一些杂草早已经存在，他们也肯定引入了一些新草种。他们没有引入第一批马和牛，也很有可能没有引入第一批山羊和绵羊，但他们确实首次引入了驯化的猫，后来引入了第一批棕鼠，它们偷吃和污染食物供应。博物学家彼得·西蒙·帕拉斯（Peter Simon Pallas）发现，18 世纪那里没有老鼠，但现在肯定有。[53]他们带来了蜜蜂，[54]蜜蜂的好处太多了：提供蜂蜡、蜂蜜，很可能给西伯利亚南部的庄稼提供了比以前更好的一种授粉方式。然而，俄罗斯在新石器时代贡献给西伯利亚的可看得见的生物总数并不多。

这些入侵者给人口稀少地区带来了从未听说过的疾病病原菌：天花、一种或多种性病、麻疹、猩红热、斑疹伤寒等。[55]其中危害最大的是性病和呼吸道传染病。第一种疾病使很多人丧生，因为部落中的很多人以性款待陌生人，表达他们的好客——"女人不是食物，她不会因性而有所损失"[56]——并且准许年轻人的婚前性行为。第二种疾病传播很快是因为寒冷的气候迫使西伯利亚人很多时间呆在室内，吸入彼此呼出的空气。性病有时干脆被称为"俄罗斯病"，传播得很快，断送了不少成年人、胎儿和幼儿的性命，摧残生育力，使人口急剧减少。[57]呼吸道传染病有很多，其中有几种如麻疹，对欧洲人和中国人来说是很轻微的幼儿疾病，但对以前从未接触过的人来说则非常致命。在所有疾病中，最致命、也是大家最害怕的新疾病是天花，因为它传播快、死亡率高，即使患者幸存下来也会造成永久性毁容。1630年，它首次出现在西伯利亚，从俄国穿越乌拉尔山脉，依次蔓延到奥斯蒂亚克人、通古斯人、雅库特人和萨莫耶德人中间，一切像是用大镰刀收割庄稼一样容易。仅在一次瘟疫中，死亡率就超过了50%。1768—1769年，瘟疫第一次在堪察加半岛爆发，土著人的死亡率高达三分之二到四分之三。因为西伯利亚人口稀少，这个疾病在那里属于流行病，而不像在欧洲和中国，只是个地方病。这种情况是两种可能性中最糟糕的一种。因为当天花每10年、20年或30年周期性地爆发时，年轻人最易感染，整个一代人有可能在几个星期之内死光。18世纪晚期，一位研究俄罗斯帝国的学生说："在这些疾病发作的间歇期增长的人口，可能当传染病再次爆发时将被夺走一半。"[58]尤卡吉尔人在17世纪30年代占领了西伯利亚勒拿河流域以东大片的土地，他们到19世纪末却只有1500人。传说俄罗斯人怎么也征服不了他们，直到入侵者在此打开了一个装满了天花的盒子，于是这片土地上弥漫了烟雾，人口大批死亡。[59]

　　不论人口是减少还是增加，俄罗斯人并不急于迁移到西伯利亚去。1724年，那儿的俄罗斯人最多只有40万，而在一个多世纪以后的1858年，人口总数只增加到230万人。直到1880年，由于人口迅速增长对土地的需求压力加大，俄罗斯的广大农民才认识到乌拉尔山脉以东地区的机会比家乡要更多。1880—1913年，有五百多万人移入西伯利亚，并在那儿大量繁衍生息，新家园很快像老家园一样，白人居多。1911年，西伯利亚85%的人口是俄罗斯人，从那时起，这个百分比一直在大幅度增加。[60]

　　西伯利亚的当地人口并没有屈服和灭绝。事实上，直到今天他们的人

39

数还在增长。[61] 但当时他们濒临灭亡，所以不难理解为什么凯·唐纳（Kai Donner）——他在第一次世界大战前不久去西伯利亚旅行时，曾在一个部落呆了很长一段时间——会联想到詹姆斯·费尼莫尔·库柏（James Fenimore Cooper）最著名的小说，把他的东道主称作"萨莫耶德的莫希干人。"[62]

40　　　西伯利亚在欧洲人到达时已具备了旧大陆新石器革命的若干重要元素。如果说这样一个地区尚且能够被带来新石器革命其他要素的入侵者深刻地改变的话，那么对这场攸关人类生活方式和能力的特殊革命一无所知的地区又该如何？对那里的人民来说，如果这场革命在瞬间（相对而言）全部展开，他们的命运又会发生怎样的改变？会像世界末日吗？

古斯堪的纳维亚人和十字军

> 他们上岸，环顾四周。天气不错。草上挂满露珠，他们做的第一
> 件事就是捧一些露珠在手心，放到唇边。对他们而言，这好像是曾经
> 品尝过的最甘甜的汁液。
>
> ——《文兰萨迦》（*Vinland Saga*）

> 他（狮心王理查德）紧追着撒拉逊人越过无数高山，直到跟踪他
> 们中的一位进入一个山谷，他刺穿对手，使之跌落马背而死。在这个
> 撒拉逊人摔下的瞬间，狮心王抬头远眺，看到了远方的耶路撒冷城。
>
> ——《狮心王理查德东征记》（*Itinerarium Ricardi*）

在旧大陆新石器革命的发源地，我们该选择什么日期作为它完成的时　42

间呢？我们试着将它定在整整 5000 年前，以马被驯化的时间为终点——这个选择很主观，但应该比较接近事实。从那时到推动哥伦布等航海家远渡重洋的社会大发展时代，其间大约过去了 4000 年。与以前相比，这期间发生的事件乏善可陈。

让我们穿越到旧大陆新石器革命后的 4000 年里，以半个世纪左右为一个镜头，当我们以常速观看这部历史片时，似乎没有多少重大事件发生。例如，在这 4000 年里，没有什么比马的驯化更重要的事情了。事实上，没有多少新鲜的事发生——只不过多了一些同样的事。新石器划时代的创举，例如小麦的培育、猪的驯化和车轮的发明，让接下来几十代人类所取得的成就相形见绌。虽然也不乏创新——其中有弓的发明和骆驼的驯化——但和以前发生的相比，都有些微不足道。旧大陆文明没有继续广泛地推陈出新，也没有获得更高级的能源，而只不过是继续推广而已。帝国兴衰更迭，除了埃及法老的帝国、罗马帝国和汉帝国外，几乎没有几个画面能在我们的回放中持续足够长的时间而且被清楚地辨认出来。更高级的文化在尼日尔河中游发展起来。随着新的影响浪潮从大陆席卷印度尼西亚群岛，爪哇人把他们以前的神抛在脑后，建起庙宇改信克利须那神，后来又皈依真主阿拉。在欧亚大陆的另一端，英国人不再把他们的臀部涂成蓝色，开始探讨起基督三位一体的性质。旧大陆发展的主要模式是效仿而非革新。

43　　　　西半球的历史异彩纷呈。新大陆的新石器革命终于站稳了脚跟。城市或至少崇拜中心出现在中美洲墨西哥湾沿岸，以及从安第斯山脉到秘鲁干旱地区再到东太平洋这一斜坡走向的河谷上。可能是受了这些榜样的带动，其他高级文化出现了。从俄亥俄山谷到阿塔卡马沙漠，美洲印第安人开始聚居起来，形成了越来越庞大的社会群体，其中包括精英群体，比如牧师、政治家和勇士。他们开始建造庙宇，建立国家，发明了一些记事的方法，用石头、兽皮、草绳和类似纸一样的材料记载所发生的大事，创造了一些至少表面上很像苏美尔人及其直系后裔的文明。不过，没有哥伦布到达美洲之前美洲印第安人帝王骑马的雕像，尽管美洲人和旧大陆的人一样发明了轮子，但只把它用在了几种玩具上，然后便把注意力转到其他方面。[1] 如果我们穿越时空回到从前的澳大利亚，我们看不到突然映入眼帘的帝国，没有金字塔，没有不断扩张的耕地——只有石器时代缓慢起伏的大地的画面。大约公元 1000 年，袋狼（即有袋的狼）从澳大利亚消失了（但没有从塔斯马尼亚岛消失，那里至今还有袋狼），它可能是土著人和澳洲野狗竞争的牺牲品。否则的话，石器时代的黄金时期还将持续下去。[2]

4000 年一晃而过。吉尔伽美什周游四方寻找长生不老之药，羽蛇神克萨尔科亚特尔（Quetzalcoatl）消失在东边的大海，但丁在人类跃入下一个完全不可测的时代之前也经历了地狱、炼狱和天堂的磨难。后来，在第二个基督千年里，物种进化活跃起来，彻底改变了它的文化和整个生物圈。最近的这场近乎革命的进化——我们依然沉迷于它所产生的动荡之中，不能给它冠以合适的名字——最初是西欧的事情（这里我们说的是罗马帝国衰落后的西欧。罗马的臣民更像是古代中东社会的成员，而非罗马溃退后留下的不毛之地上迅速发展起来的主要由野蛮贵族构成的新社会成员）。新石器革命后的下一个巨大突破很容易被看成科学和技术上的事情，某种程度上说，确实如此，但也涉及很多其他事情。其中最重大的莫过于 16 世纪的航海事件。人类穿越被淹没了的泛古陆裂隙，直接导致了澳大利亚和美洲的被重新发现，最终导致了新欧洲的诞生，即我们本书的主题。但在思考这一点之前，至少先让我们简单回顾一下欧洲早期的帝国主义冒险活动；他们的第一批殖民地是成功还是失败了，为什么。对他们首次海外定居的尝试进行审视可能提升我们有关后来类似努力的洞察力，或至少有助于提

44

出一些关于他们的有价值的问题。

当然，人们无法确定人类社会诞生的确切日期，不过进行大致估算是有可能的，历史学家常常发现这一点很有必要。公元 1000 年（或至少在千年到来的那个世纪前后），西欧不再是罗马帝国衰退后留下的废墟，而开始成为某种新的重要力量。漂泊不定的荒蛮时代、法兰克加洛林王朝的错误起步以及文化贫瘠的黑暗世纪结束了。人口、城镇和贸易开始复苏，艺术、哲学和工程紧随其后。这不仅是一个简单的复兴。哥特式教堂是 12 世纪的一项杰作，而不只是一种复兴的预兆。它标志着一个充满活力、辉煌和骄傲的社会的诞生。这样的社会常常具有扩张性。

在中世纪，欧洲人先后两次尝试在他们的大陆之外建立永久拓居地。第一次，他们向西航行，发现了北大西洋的一些荒岛，在这个新世界建立了殖民开拓的立足之地。第二次，他们向东挺进，在地中海东部的古代文明社会里建立了一些西欧国家。在这些东西方的殖民地里，有些只维持了一个季节，有些则维持了几代人，还有一些例如冰岛，却至今和我们在一起。

在第一个基督千禧年的最后几个世纪，当一些古斯堪的纳维亚人穿越他们故土、不列颠群岛和欧洲大陆间的狭窄海峡四处侵略和殖民的时候，另有一些人的目光越过欧亚大陆，向北大西洋进发。开始是在法罗群岛，后来在大约公元 870 年，在冰岛建立了殖民地。冰岛离其母国挪威 1 000 公里。冰岛横跨泛古陆裂隙，即我们所称的大西洋中脊，事实上，它是这个裂隙的一个产物，热气蒸腾，地热活动频繁。因此，冰岛和大陆性是不沾边的。冰岛是欧洲人海外第一个大殖民地，同时也是历史最悠久的殖民地，比其他殖民地早 500 年或 600 年。如果我们认为古斯堪的纳维亚人发现稀稀拉拉的爱尔兰圣徒的地方也构成一块真正的拓居地的话，冰岛被殖民的时间就更早了。

接着在 10 世纪晚期，红发埃里克（Erik the Red）带领一支舰队从冰岛出发，抵达格陵兰南部，建立了大西洋中脊以外欧洲的第一个殖民地。[3]格陵兰稀疏的草地介于冰帽和寒冷的海洋之间，而殖民者在那里放牧牛羊、建立家园和教堂（甚至及时地从欧洲为加达尔的教堂带来一口大钟），并在那里生活了 500 年，与欧洲人及其后裔自哥伦布发现新大陆后在美洲居住的时间几乎一样久远。[4]

大约公元 1000 年，红发埃里克的儿子莱夫·埃里克森（Leif Eriksson），进行了一次沿格陵兰西部和南部的探索之旅。随着航行越来越远，他给沿途经过的地方分别命名为：赫卢兰、马克兰和文兰。几年之后，索芬·卡尔塞夫尼（Thorffinn Karlsefni）带着活家畜、5 名女人、60 名抑或 160 名男人——取决于你读的是北欧萨迦的哪个版本——从格陵兰出发来到文兰。这次殖民尝试虽然比 600 年后在弗吉尼亚詹姆斯敦的殖民地领导和筹划得更好，却以失败告终。古斯堪的纳维亚人还进行过几次美洲探险，例如，1172 年，名气不亚于埃里克·厄普西（Erik Upsi）主教的某个名人"去寻找文兰"，结果一无所获；1347 年，格陵兰人可能是为了木材航行到马克兰；无疑还有很多航行没有被记录在案。但古斯堪的纳维亚人从来没有在美洲建立一个据点。[5]事实上，欧洲人在大西洋中脊以外的这一系列短暂航行，包括在格陵兰的新拓居地，除了激发考古学家和学者们对古老传说的兴趣之外，也不妨说就像什么也没有发生过一样。古斯堪的纳维亚人在北大西洋西部地区的殖民尝试彻底失败了。为什么？为什么欧洲在大西洋中脊以外存在的连续性不是始于 10 世纪末而是 15 世纪末？

在我们探讨古斯堪的纳维亚人失败原因之前，让我们先来了解一下他们能够取得一些成就的原因。首先是他们的性格、他们令人惊异的勇气和航海技术。我们很容易想象这样一幅画面，就在他们准备扬帆起航时，他们回过头来叫道："尽管你们永远不会做这件事，但我们会!"他们的确做了。古斯堪的纳维亚人没有太平洋群岛上的居民航行得远。后者借助风力，在一个温暖的大洋里创造了他们的奇迹。不过，古斯堪的纳维亚海员却在世界上最寒冷、最险恶的海域之一展示了他们的英雄壮举。除了令人惊异的能力之外，古斯堪的纳维亚人在大西洋上最大的优势是他们的航海船只。维京海盗的长船太小，不适合在开阔的海洋上行驶。因此需要一艘真正的帆船。不是那种具有补充航行能力的单层甲板大帆船，而是横梁很宽的，既能减少在惊浪骇涛中的颠簸，又能运载比长船更多货物的帆船。古斯堪的纳维亚克诺尔商船正是这样一艘船舶之王。它像长船一样轻便灵活，但船身更宽，能装载 20 吨货物，搭乘 15—20 个人。如果顺风且海况良好，它每小时可以行驶 6 海里，这个速度即使对一艘在拿破仑战争时期的商船来说，也已经相当不错了。[6]

古斯堪的纳维亚人的造船技艺天下无双，但作为农夫和牧人，他们则只是单纯地继承了旧大陆新石器革命的创新成果。如果没有这些成果，他们不可能在北大西洋岛屿上幸存下来。冰岛人不可能只以鱼为食。这些岛屿多岩石，北方生长季很短，极大地制约了农业生产力，所以人们不得不以放牧为生。从挪威到冰岛再到格陵兰，成群的牛羊是他们最重要的食物来源。[7]这些牲畜可能比亚当夏娃的儿子，即苏美尔人的后裔亚伯放牧的牛羊更矮小，更多毛，但它们属于同一物种，在一些情况下，可能就是亚伯牲口的直系后代。

古斯堪的纳维亚人的牲畜在冰岛和格陵兰生活得悠然自得，既能自足，也能满足他们主人的需要，这种潜力在它们初来文兰的几个季节里就表现出来了。美洲的草充足茂盛，而气候也许比这些牲畜习惯的更加温和。它们的犄角和蹄子显然足以保护它们不受新大陆食肉动物的伤害，或者也可能是因为狼和美洲狮需要一些时间来克服对新来者的胆怯心理。

　　值得供后面参考的是，这些旧大陆的动物虽然已经被驯化了很多世纪，但在文兰的荒野上却又开始变野了。北欧萨迦写到："很快，雄性动物就变得桀骜不驯。"

　　这些半野化的动物给古斯堪的纳维亚人提供了一个战胜斯克瑞林人（Skraelings，古斯堪的纳维亚语，指爱斯基摩人和美洲印第安人）的特殊优势。土住人惧怕这些和它们的主人来往密切、有时很温驯的大型动物，这一点不难理解。一天，卡尔塞夫尼从格陵兰带回来的一头公牛开始咆哮，前来做生意的美洲印第安人闻声拔腿就跑。后来，当这些金发蓝眼的新来者不得不和人数明显占优势的美洲印第安人打仗时，狡猾的卡尔塞夫尼乘机利用了斯克瑞林人的畏惧心理。他派出 10 个人诱敌进攻，当土著人上钩时，他让牛"打头阵"冲锋在前。这个计谋奏效了。后来，卡尔塞夫尼回到冰岛，以农夫的身份终了一生。[8]

　　人们不禁要问，马这种西班牙人在几百年后用来对付阿兹特克人和印加人时发挥巨大作用的动物，会对古斯堪的纳维亚人在文兰的命运产生什么样的影响呢？格陵兰人确实有马——红发埃里克跌落马背时伤了一条腿——但根据北欧萨迦记载，没有一匹马曾经陪伴古斯堪的纳维亚人到过文兰。[9]

　　古斯堪的纳维亚人胜于斯克瑞林人、爱斯基摩人或美洲印第安人的一个很特别的法宝，就是从新鲜牛奶中汲取营养的能力。斯堪的纳维亚人，像其他欧洲西北部的人一样，是世界上消化牛奶的冠军人群之一，这种能力的影响可能并非立竿见影。[10]有一天，公牛咆哮，当斯克瑞林人要求用毛皮换取古斯堪的纳维亚人的武器时，后者拒绝了，但拿出一个新奇的东西：

48

牛奶。很快，斯克瑞林人妥协了。当天交易的结果是，古斯堪的纳维亚人满载毛皮而归，"斯克瑞林人把购买的东西装进肚囊。"[11]我们可以肯定的是，后者的肚子在刚开始的几个小时里一定很难受。那么牛奶和公牛在古斯堪的纳维亚人和斯克瑞林人的关系中产生过什么样的影响？它导致战斗的胜利了吗？

49 古斯堪的纳维亚人在那场战斗中需要公牛，因为他们比起当地文兰人只是在一些技术上略占优势。古斯堪的纳维亚人有轮车，斯克瑞林人没有。古斯堪的纳维亚人有金属，斯克瑞林人也没有。从侵略者的视角看，这些都是优势，但在实践中，与其说会起决定作用，不如说与胜负没有关系。一辆轮车在格陵兰的农场可能有用，但埃里克森和卡尔塞夫尼有没有携带这么笨重的奢侈装备穿越大西洋来到文兰还是一个问号。就算到了那里，它又有何用？格陵兰人可能会用滚筒把原木从马克兰的海滩运到装载地，但在短期内，车轮、杠杆、弓以及其他所有旧大陆的智慧发明如文字和毕达哥拉斯定律，在大西洋中脊以外几乎没有产生任何影响。

文兰的古斯堪的纳维亚人有金属。考古学家在纽芬兰的古斯堪的纳维亚人居住点，发掘出了一座原始炼铁厂，也是美洲大陆的第一座炼铁厂。[12]古斯堪的纳维亚人的剑和斧头没有斯克瑞林人的笨重，却更耐用、更持久。这势必会给侵略者带来一定优势，但显然不足以保证胜利。金属对火器而言是必不可少的，虽然粗糙但很实用的棍棒、斧头和抛射物的尖头也能用石头制作。例如，莱夫·埃里克森的兄弟索瓦尔德·埃里克森（Thorvald Eriksson）被斯克瑞林人的石制尖箭射中，受了致命伤（与古斯堪的纳维亚人坦然面对死亡的传统契合，他在文兰给自己选择墓地时平静地死去。临死前他说到："我说过要在那里住上一阵子，看来我说的一点没错"[13]）。

燧石的尖头也能像金属一样轻而易举地刺穿肋骨，一把石斧也能像钢铁制造的武器一样干净利落地击碎一只肩膀或是让一颗脑袋开花。金属武器比石头更好，但在两个亡命之徒的肉搏中，这也许就是人们常说的虽有区别但无实质差别的一个例子。同斯克瑞林人相比，古斯堪的纳维亚人的优势也就有这些，但他们的劣势清单更长。

　　古斯堪的纳维亚人不具备多次进行美洲远航或大规模远航的能力。根据我们仅有的记载，赴文兰最大的一次航行只包括三艘船，65人或165人。哥伦布以后从欧洲到美洲的远航规模比这也大不了多少，但次数很多。尽管失败了，但它们似乎激发了人们进行新尝试的兴趣。哥伦布时代以后，一些重要的远航规模相当大。1493年，由哥伦布率领到达东印度群岛的舰队由17艘船和1200—1500人组成。1788年，英国开往澳大利亚的第一舰队包括11艘船和大约1500名成人和儿童。这样大规模的探险是中世纪北大西洋的古斯堪的纳维亚人力所不能及的。格陵兰在它的人口高峰期最多也不超过3500人。冰岛大约最多只有10万人，挪威也许只有40万人。[14]

　　北大西洋诸岛上的古斯堪的纳维亚人这么稀少是因为那些地方太贫瘠，不能吸引或养活更多的人口。挪威本身也没法和拜占庭帝国，甚至加洛林王朝的法兰西相提并论。那是一个相当寒冷和贫穷的国家，远离旧大陆的人口和文明中心。从11世纪到13世纪，它偏安一隅，保持统一，有着较大的影响力，但却缺少建立帝国所必需的农业盈余、众多人口、资本以及其他要素。对大多数冰岛人和格陵兰人来说，挪威不是一个大西洋帝国的避风港，而是一个遥远的贸易伙伴和一个祖辈记忆中冰霜覆盖的险峻海滩，勇敢的男人和女人从那里出发去追求更美好的生活。

　　无论如何，文兰的母国不是挪威而是格陵兰，古斯堪的纳维亚人在美洲的殖民地是永远不可能实现的，除非格陵兰的殖民地首先持续稳定下去。这一点他们从来没有做到，尽管古斯堪的纳维亚人在格陵兰生活了很多世

纪。谷物在那里几乎不生长，多数格陵兰人也从来没有见过谷物。岛上除
了浮木根本没有木材和铁。岛上居民没有任何像是加利福尼亚的烟草或西
印度的糖这样欧洲大陆永远需要的物产，所以很难保证联系不会中断。这
件事奇怪的真相是，一个有实力的文兰殖民地有可能维持一个格陵兰殖民
地，但反过来就不行。[15]

　　在格陵兰，直到爱斯基摩人南下来到这里，和当地人的冲突才成为一
个问题（关于这一点，下面马上要讲到）；但在文兰，从一开始就存在一
个不可逾越的鸿沟。在那里，斯克瑞林人很有敌意，并且人数众多。这一
点毫不奇怪，因为古斯堪的纳维亚人杀死了他们第一次见到的九个斯克瑞
林人中的八个，第九个得以死里逃生纯属侥幸，手脚敏捷也帮了他大忙。
当斯克瑞林人同卡尔塞夫尼做生意时，他们的船只多得"像港湾里铺满了
的木炭"。开战时，他们的船只"像激流一样"奔涌而出。卡尔塞夫尼的
追随者觊觎文兰，这块土地富饶，猎物丰富，溪流里全是鲑鱼，青草也很
合他们牲畜的胃口。他们的首领和古德里所生的儿子斯诺瑞，就出生在那
里。但古斯堪的纳维亚人意识到，他们永远不可能安全地在那里生活下去。
文兰已经被彻底占领了。[16]

　　古斯堪的纳维亚人需要一个"平衡力量"，以便弥补他们在人数上落
后美洲印第安人的劣势。正如我们前面看到的，军事技术起不到这种作用。
他们需要某种具有种族灭绝潜力的东西；他们需要麦克内尔定律（前一章
引用过）支持他们发挥作用。这些曾对中东地区稠密人口有效的生物武器，
却对 11 世纪的斯堪的纳维亚人没有影响。事实上，传染病似乎不仅没有帮
助他们，反而制约了他们的发展。

　　冰岛和格陵兰远离欧洲，格陵兰尤其如此。这些地方的古斯堪的纳维
亚人，很少患上发生在欧洲人口中心的最新流行疾病。他们人烟稀少，因

此密集人口地区才会传染的疾病难以生存。这些流行病常常自生自灭，使得下一代人同父辈一样易受感染。比如天花在 1241 年或 1306 年首次在冰岛登陆，在接下来的两个世纪里，每当有足够多的新易感者出生时，它就又会席卷全岛。而且间歇期越长，再次爆发时所造成的危害就越大。沉寂了很长一段时间后，天花在 1707 年卷土重来，导致 18 000 人，即三分之一的人口死亡。一位对北大西洋古斯堪的纳维亚人很熟悉的英国人写道："天花在冰岛的危害如此之大，以致它在这个岛的政治历史上的地位都举足轻重。"致命的传染病一再跟随欧洲大陆的船只上岸，对那些本来生存就十分艰难的人们造成一次又一次的打击，阻碍了人口增长，使那些社会无法健康地发展下去。[17]

在中世纪和文艺复兴时期，所有可能复兴文兰殖民地或重振格陵兰的机会，都因为黑死病而搁浅了。这场致命的鼠疫在 1347 年来到意大利，向北急速传播，于 1349 年至 1350 年到达挪威。在那里暂息了半个世纪后，再向冰岛挺进，于 1402 年至 1404 年随船在冰岛登陆。这场大范围的瘟疫也许夺去了整个欧洲三分之一人口的生命。在挪威和冰岛，牲畜因为没有人为它们收集冬天的饲料而死去，饥荒也伴随瘟疫而来，导致三分之二的人死亡。既然这场瘟疫一直蔓延到格陵兰，我们就不必进一步想象 15 世纪的边远村落那衰败凄凉的景象了。[18]

我们可以把所有的恐惧归咎于黑死病，但格陵兰开始衰落的原因却与它无关。在瘟疫随挪威的船只登陆之前，格陵兰的衰落已经开始。14 世纪，欧洲对大西洋产品的需求量下降，因此，从挪威开往格陵兰的远航船只越来越少。挪威和冰岛之间的贸易也变得萧条。15 世纪的冰岛因此损失惨重，几乎到了灭亡的边缘。格陵兰和冰岛一直处于停滞的状态，现在它们也这种状态也保不住了。[19]

欧洲与北大西洋岛屿之间航行的克诺尔船只减少的同时，自然界似乎也秋风萧瑟。当引进的牲畜啃光了斜坡上的植被，当古斯堪的纳维亚人把他们的森林砍伐烧掉、把地面裸露给水和风的侵蚀时，冰岛优良土地的数量和质量都下降了。[20]饥饿变得司空见惯，严重的饥荒伴随着瘟疫一次次在全岛爆发。冰岛原本是连接格陵兰和欧洲，同时潜在地连接文兰和欧洲这个链条中最强的一环，现在也因生锈而变得脆弱不堪了。[21]

在公元 1000 年后最初的几个世纪里，冰岛的气候还不错，格陵兰的气候也可以接受，这吸引了大批冒险家以及他们的家人。但现这些地方的气候变得寒冷起来。种植谷物变得越来越困难。越来越多的浮冰堆积在冰岛的岸边，堵住了过去曾经宜人的格陵兰峡湾的入口。海员要去格陵兰殖民地不得不从南部和西部绕道。到 15 世纪时，全年只有在 8 月才有希望到达那里。[22]在气候上，格陵兰以前比古斯堪的纳维亚最冷的地方好不了多少，现在又一次变成爱斯基摩人的家园，当地人迁移到南部，宣布他们与生俱来的权利。1379 年，斯克瑞林人袭击并杀死了 18 名格陵兰的斯堪的纳维亚人，掳走了两名男孩。这肯定不是爱斯基摩人最后一次的突然袭击。[23]

最后一名古斯堪的纳维亚后裔的格陵兰人于 15 世纪末在寒冷和孤独中不为人知地死去。[24]欧洲在大西洋中脊外的第一个殖民地就这样在风雨飘摇中结束了。大约与此同时，哥伦布从加那利群岛向西驶往亚洲，重新恢复了欧洲和美洲的联系。

古斯堪的纳维亚人在北至格陵兰这么远的地方究竟做些什么？他们为什么要选择到比家乡挪威某些地区更严寒的国家去居住？文兰确实比古斯堪的纳维亚人发现的冰岛和格陵兰更有吸引力。冰岛的命名较准确，而格陵兰的名字就很不准确（格陵兰是英语音译，直译是"绿色的土地"。——译者注）。他们为什么不努力在文兰居住？索瓦尔德·埃里克森说："这儿很美，我希望把家安在这里。"[25]可惜斯克瑞林人的一箭要了他的命，他在文兰建立的不是家园而是坟墓。很快，他的追随者们也离开这个是非之地回家了。但他们为什么这么快就改变了主意？不列颠群岛、法国和俄国这些民族至少像斯克瑞林人一样顽强地抵御过维京海盗的入侵，然而在那些地区，入侵者还是携带亲属开始建立城镇。既然以海洋为家的古斯堪的纳维亚人愿意冒生命危险去火山和冰帽威胁的孤岛上居住，他们为什么没有坚持不懈地去开拓美洲的殖民地呢？

　　这只是因为美洲太遥远了。他们可以到达，却不能征服那里。当然，在纬度较低的地区，雾较稀薄，冰也不那么危险，风更好预测，北极星靠近地平线可以准确地测出它的海拔高度，但除了当时还没有被发现的亚速尔群岛外，大海茫茫漫无边际。在中世纪，没有任何记载显示有古斯堪的纳维亚人的船只曾经直接从欧洲前往美洲或从美洲返回欧洲，也没有提及任何人曾有意从冰岛远航去美洲。古斯堪的纳维亚人没有一跃就跨过大西洋，而是渐进式地从一个岛屿，或至少显示有陆地的地方——其上有聚集在一起的云团，一群海鸟——到另外一个岛屿。即使如此，哈夫维拉症（hafvilla）这个词经常出现在北欧萨迦里，指的是在茫茫大海上失去所有的方向感，一种可能持续数天或数个星期的状态，我们可以想象的是它甚至会持续到死亡。[26]

　　古斯堪的纳维亚水手尽量把冒险的成本减至最低，所以没有进行过多少次探索远航。只有怀揣一个新理论的傻瓜才会在没有一个明确目的地时贸然出海，而古斯堪的纳维亚人总是有一个具体的想法。他们之所以去冰岛是因为爱尔兰教士确实已经在那里定居并把此事告诉了他们。红发埃里克没有发现格陵兰。他只是沿着贡比约恩·伍夫森（Gunnbjorn Ulfsson）报告所说的路线航行——这个报告说当贡比约恩偏离航线时看到了冰岛西边有陆地。埃里克的儿子莱夫没有发现美洲。他也只是沿着比亚尼·赫约夫森（Bjarni Herjolfsson）报告所说的路线航行——这个报告说比亚尼也是在偏离既定航线时发现了格陵兰以西和以南的陆地。[27]

古斯堪的纳维亚水手之所以很保守，是由他们的克诺尔船决定的。这些船堪称技艺的杰作，但船体狭小，极其潮湿寒冷，不容易驾驭。埃里克、埃里克森兄弟和卡尔塞夫尼的船只都不到 30 米长，也许更短，船宽大约是这个长度的四分之一或三分之一，至多一半装有甲板。它们无疑转向灵活，像飞翔的海鸥一样敏捷地迎接每一次风浪，但在狂风暴雨的天气里，水必

56 然会灌入船体，而大部分水会直接涌入舱底。没有水泵，只有人工排水。[28]正如我们所了解的它的构造一样，古斯堪的纳维亚人的船没有船舵，只有一个右后舷，一只又大又笨重的桨挂在船侧后部，像是鸟拖曳着的断翅。在港口时推进靠桨，而在海上航行时依靠一个方型风帆。顺风时，一切尚好。但逆风时，寸步难行，对付"迎面风"的唯一办法就是等待风向好转。当然，他们虽然依靠划桨也可以艰难前进，但要穿越一个海洋显然不现实。一些动力可通过转动船侧后部的方形帆获得的横向风来实现，但做起来无疑很困难。古斯堪的纳维亚人需要的是纵帆帆船或三角帆船。关于这一点，第六章将会详细加以论述。

驾驶克诺尔船出海无异于试图和海神达成一项协议。一名水手最好的理性希望是海神允许他多数时候可以去他想去的地方，所以他有时必须接受海神绘制的航线。当然，船只失事司空见惯，哈夫维拉症是一个摆脱不掉的苦恼，北欧萨迦里讲的全是无助漂流的故事。例如索尔斯坦·埃里克森（Thorstein Eriksson）是莱夫的另外一个兄弟，开船驶往文兰。虽没有见到美洲的任何踪迹，不过他确实看到了冰岛以及从爱尔兰飞离的海鸟，最终天气好转，他得以返回格陵兰。猎手索霍尔（Thorhall, the Hunter）和卡

尔塞夫尼都驾船驶往美洲，不过航线不同，试图独立地找到文兰。可是索霍尔遭遇逆风，只好随风漂流。他越过大西洋到达爱尔兰，结果死在那里，船员们沦为奴隶。[29]大多数时候，古斯堪的纳维亚人确实去了他们想去的地方，但他们的船只、装备和航海技术只够勉强应付北大西洋的紧急困难。在浮冰里，在暴风里，在像湿漉漉的绵羊皮一样的雾里，虽然莱夫和他的船员们创造了一个又一个奇迹，但帝国不应由奇迹而必须由更平常的东西建成。

　　西欧人穿越最安全却又最宽阔的大西洋所依赖的航海技术，以及传动装置、船只设计和索具的一些改进方法，无疑是由从黎凡特地区返回的十字军传过来的。圣地阿科市的雅克·德·维特里（Jacques de Vitry）在 57

1218 年告诉欧洲："一根铁针，在它与磁石接触后总是指向北极星，而北极星在其他行星转动时保持不动，好像是天空的轴心。"他指出，这样一根针"因此对航海的人来说是一件必需品。"[30]

　　雅克·德·维特里是耶稣基督故乡所在的一个城市的拉丁基督教堂的主教。这个地区当时既是基督的家乡，也是很多基督徒的家园。然而，大多数人不是拉丁基督徒而是希腊正教徒、亚美尼亚基督徒、科普特基督徒和其他各种派别的基督徒。让雅克主教更吃惊的是，所有教派的基督徒加起来只占人口的极少数。多数人是穆斯林，是令人敬畏的异教徒穆罕默德的追随者。穆罕默德的军队在 7 世纪横扫中东地区，征服了伯利恒和救世主足迹所至的所有地方。

　　欧洲好几代人对这一形势报以容忍的态度。毕竟，天国的耶路撒冷而非地上的耶路撒冷才是最重要的。后来在 11 世纪，具体的、事实上的圣地对西欧人（在那个时候也被认为是拉丁人或法兰克人，尽管他们也许是德国人或英国人）变得越来越重要。主教、伯爵、农夫以及贵妇们也来到圣

58 　地朝觐，这是"一件以前从来没有过的事"。[31]一种思想正搅动着西欧逐渐崛起的粗野而强大的新社会的心绪。它混合着宗教理想主义的精神，是一种对冒险的渴望。这种思想最终变成疯狂的贪婪。拜占庭皇帝惧怕塞尔柱突厥人的大规模胜利，向罗马教皇乌尔班二世求援，教皇于是在 1095 年发出了十字军东征的著名号召。拉丁基督教做出响应，开始第一次十字军东征，也就是一群虔诚的人发起的要从穆斯林手里夺回圣墓而进行的远征。后来还有七八次东征，这取决于你怎么定义这个术语。在接下来的两百年里，几百万西欧人向地中海东部进发，去和异教徒作战，以打破其对圣地的控制，而这个地区的民族、文化、生物群落、疾病等和他们大多数人所熟悉的完全不同。

　　十字军东征是欧洲社会历史上宗教活力最为壮观的表现。它们也是第一次大规模地试图把影响力永远地扩展到欧洲大陆边界以外的尝试，在圣经故事发生的土地上建立了四个新的国家：北部的伊德萨、安提俄克、的黎波里和南部的同时也是最大的耶路撒冷王国。今天，这些国家遗留下来的唯一印迹是几个规模很大的废墟，通常是城堡的一些遗迹。西欧在亚洲的首次帝国主义尝试以失败告终，原因和后来在亚洲几次短暂殖民失败的原因相似。在评估这些因素之前，让我们先来看一看欧洲人有哪些优势，就如同在我们审视古斯堪的纳维亚人在北大西洋的努力时的做法一样。

　　比起可怕的北大西洋，中世纪欧洲人的船只和航海技术更适合在地中海航行（对这个海，一位美国诗人夸大却不无道理地称之为"老花园的蓝色水塘"）。[32]开始，穆斯林被称作撒拉逊人，无法联合起来对抗法兰克侵略者。欧洲给了十字军几代人慷慨甚至是狂热的支持，所以他们能够集聚力量，持久作战，这让古斯堪的纳维亚人在大西洋所做的一切相形见绌。

59 　格陵兰的古斯堪的纳维亚人在鼎盛时期可能只有 3 500 人，反正肯定不会超过 5 000 人，而耶路撒冷王国的拉丁人口最多时超过 10 万人。[33]十字军对他们寻求征服的民族和土地很熟悉。他们不是和斯克瑞林人在已知世界之外的地方作战。他们的旅行没有远离旧大陆文明的本土家园，而是朝着它们，在古老的土地上寻求古老的信念。

　　不过，中世纪欧洲在东方的帝国主义还是彻底地失败了。十字军最终在圣地收获甚微，和他们无意中从破旧盔甲缝隙里带回家的东西一样少。古斯堪的纳维亚人至少保住了冰岛，但十字军最终却丢掉了罗得岛和塞浦路斯。君士坦丁堡（1930 年易名为伊斯坦布尔——译者注）作为一个基督城市在一千年后的 1453 年又落回穆斯林手里。十字军的失败很彻底。为什么？

　　首先，显而易见的是，十字军为了到达耶路撒冷铤而走险。虽然路途比从挪威到文兰更短更安全，但毕竟还是一次冒险。黎凡特地区的阵地只能靠来自欧洲不间断的大量援助来维持。热情持续了很多年后，援助变成不定期的，逐渐减少，最后慢慢枯竭了。新建的基督教四国伊德萨、安提俄克、的黎波里和耶路撒冷渐渐进入沉寂，最终消亡了。

　　更加细微的事情则是，拉丁人的航海设备和技能确实很适合平常的地中海贸易，但却胜任不了把大批军队运往圣地并提供补给的任务。这种缺陷因而阻止了大规模人口从西欧迁徙到十字军建立的国家，因而难以保证其续存。[34]更大规模的十字东征军开往黎凡特或黎凡特附近，使东征者遭受很多磨难，如疾病、恶劣天气、各种宗教信仰的地方帮派的攻击，经受在东方奢侈的生活中蹉跎数月，甚至数年的诱惑。他们最后洗劫了君士坦丁堡，从东征中捞些好处。

　　穆斯林的不团结对十字军东征的成功甚至生存至关重要，可是这种局面没有持续多久。第一次东征之后，侵略者发现自己正和来自整个地区的

60

撒拉逊人作战。埃及是中世纪印度河以西人口最多的国家，招募和雇用了庞大的军队，在马穆鲁克人的领导下团结了中东地区的很多国家一致抵抗法兰克人。与之形成鲜明对比的是，黎凡特地区的基督徒包括拉丁人、希腊人、叙利亚人、科普特人等，却很少能够为了一个共同的目标而齐心协力，哪怕这个目标攸关生死存亡。

十字军建立的国家缺少充裕的拉丁基督徒使之维持下去，和这个简单明了的不足相比，运输困难和不团结这些问题便是次要的了。刚开始时，十字军对胜算有些盲目乐观："谁不会对我们所取得的成就感到惊奇呢？在敌众我寡的异国他乡，我们不仅能够生存下去，而且能兴旺发达。"但现实很快证明这些说法纯粹是虚张声势。[35]萨拉丁（Saladin）在 1187 年为伊斯兰教徒重新夺回了耶路撒冷，他完全明白十字军的问题所在，并写信给腓特烈·巴巴罗萨大帝（Emperor Frederick Barbarossa），建议他不要参加第三次十字军东征，因为

> 如果您把基督徒的名字加起来，撒拉逊人远比基督徒要多得多，是基督徒的许多倍。如果大海把我们和那些您称之为基督徒的人隔开，那么没有任何海洋能把数也数不清的撒拉逊人分开。在我们和将要来援助我们的人之间不存在任何障碍。[36]

科尔特斯（Cortes）首次踏上墨西哥时，蒙提祖玛有可能给他写过一封这样的信，但不久形势就很快发生了变化。巴巴罗萨大帝对萨拉丁明智的劝告不予理睬，结果他成为西方航海装备缺陷的一个牺牲品。他带领军队从德国穿过匈牙利和拜占庭帝国进入小亚细亚，却在那里的一条河里溺水身亡。在这之后，他的军队瓦解了。[37]

在十字军建立的所有国家里，在这个冷淡的朋友和急躁的敌人多达几百万的地区，拉丁人最多不超过 25 万人。在整个耶路撒冷王国的 1 200 个人口聚居中心，只有 50 个或 60 个拉丁人居住点，约占总人口的五分之一。十字军居住在城堡里、严加防守的村子里和城区，让人想起了印度士兵起义前的英国绅士们。他们在自己的飞地里从来就不是很安全，依赖大量的当地人保护，而即使以最乐观的看法，这些人的存在也让当地人隐约觉得恼火。[38] 对十字军面临的人口问题有三种可能的解决方案：一，迁入大量的西欧人；二，通过通婚、说服、改变信仰等来吸收大批当地的非拉丁基督徒；三，提高十字军人口的出生率，让它远远高于死亡率。

除了在热情高涨时期如第一次东征外，拉丁人从来没有大量迁入十字军国家。即使在当时，大部分幸存者后来也返回了故土。他们成功夺取了对所有基督徒来说最神圣的城市耶路撒冷，却不愿意在那里定居下来。"没有足够的人来继续坚守这块领土，"提尔大主教抱怨道，"事实上，几乎没有足够的人来守卫这个城市的所有入口，来保卫城墙和城楼，以防敌人的突然攻击……我们国家的人太少又贫穷，几乎填满不了一条街。"鲍德温一世（Baldwin I）不得不邀请和劝说东部的基督徒从约旦迁移过来，以便让 62 这个城市有足够的人运作起来，但只要十字军统治着耶路撒冷，劳动力匮乏就一直会是个问题。[39]

尽管那里有很多经济吸引力，东方地区拉丁人口的短缺却一直没有得到缓解。对一名游手好闲的武士来说，在黎凡特地区比在家乡更容易靠武力和政治见解去赢得一块富庶的封地。而在故乡，至少像他自己一样虔诚的拉丁基督徒已经占有了所有的土地。鲍德温一世和其他的东征军将领给愿意在其领土上定居的武士提供了一些特殊的优厚待遇，如放宽了族长继承制的严苛条件，允许武士的家产可以由女儿或旁系亲属继承，甚至允许妇女在某些情况下拥有封地。至于那些迁入的普通百姓，他们很有可能发现在东方有更好的发展机会。他们至少可以期望社会地位会比东方基督徒甚至土地的所有者优越，地位大大超过穆斯林。[40]雷蒙德·圣吉勒的牧师写道：“上帝让那些贫穷的人在这里变得富有了。那些没有几个钱的人在这里拥有了无数的财富。那些没有一个村子的人在这里拥有一座上帝恩赐的城市。为什么发现了东方如此美好的人一定要回到西方呢？”[41]

　　这是一个值得深思的好问题，因为他们确实大批回国了。十字军热衷于夺取圣地，但他们似乎不想拥有它，所以也就无法做到这一点。这就像科尔特斯和他的征服者一样，征服了阿兹特克帝国，然后收拾行装回国，把墨西哥交还美洲印第安人控制。

　　十字军没有通过吸收当地基督徒以及与其通婚的方式来解决自身人口少的问题，因为他们发现当地基督徒一点儿也不像拉丁人。正好相反，他们“不值得信赖，口是心非，像希腊人一样狡猾、爱骗人，容易背信弃义”——在很多方面像撒拉逊人一样坏。[42]当然，东西方基督徒之间的通婚是免不了的，他们的后代，既有先天的也有后天的因素，是十字军国家第一批真正的公民，也是他们未来的希望。不幸的是，十字军蔑视这些人，因为他们是东方化的西方人，在黎凡特地区生活舒适，至少懂两门语言，包容不同的文化和宗教，所以对追求和平感兴趣：“软弱娇气，更习惯于澡堂而不是战场，沉溺于不洁而放荡的生活，像女人一样穿着柔软的罩袍……他们和撒拉逊人签订合约，乐于和耶稣基督的敌人和睦共处。”[43]

　　十字军是极少数的统治者，却要管理人口占绝大多数的其他民族，这些民族文化悠久而自信，在很多方面更优秀。这些统治者作为一个整体，就像一块糖放进了一杯热茶里。为了文化的生存，他们自我封闭，排外近乎到了种族隔离的程度。当阿科的主教呼吁当地人皈依拉丁基督教时，他遇到了来自十字军内部的反对意见。用历史学家约书亚·普拉沃（Joshua Prawer）的话来说，他们愿意"为他们的宗教去战斗牺牲，却不准备让心甘情愿的人皈依自己的宗教"。[44]

这样一来，有可能解决十字军人口问题的唯一方法就只剩下人口的自然增长。十字军和他们从拉丁语区西部带来的妇女不得不加快繁衍，其后代要繁衍得更多，其速度需要超过法兰克人的死亡率，要远远大于当地基督徒、犹太人，尤其是穆斯林的出生率。结果拉丁人在这场繁殖竞赛中也输了。

除少数例外，在历史上，远赴地中海东部作战的西方人总以为他们的主要问题在于军事、后勤和外交方面，也可能是神学方面；但事实上，他们最主要和直接的困难通常是在医疗方面。西方人常常在到达后不久就死亡，在东方生的孩子常常夭折。

要解释清楚哪一位十字军死于哪种原因只能去猜测了。在1098年的9月和10月，第一次东征军成千上万的士卒死于某种瘟疫。它看起来具有传染性，一支1 500人的德国军队抵达不久后很快全部死亡。这表明应该是传染病而不是营养不良引起的，尽管后者可能对快速的死亡也起一定作用。那年秋天，雨一直下个不停，东征者对战地卫生一无所知。伤寒或某种痢疾可能是元凶。[45]在第七次东征时，另外一个主要致命因素可能是营养不良。根据症状如嘴巴疼痛、牙龈溃疡、口臭、皮肤"黑得像地面一样，或像放在保险柜后面的旧靴子"，可以诊断是坏血病。[46]但这样的事后诊断纯属猜测。十字军对他们疾病的描述是很模糊的，毫无疑问，很多病原菌同时在起作用。当法兰克人来到东方，除了面对新的病原菌之外，还要适应新的气候，经受各种恶劣天气的考验，习惯新的饮食，营养不良加上偶尔的挨饿、疲劳、整个定向力障碍等，各种问题同时爆发，让人不堪重负。当患

64

有一两种传染病的一位饥肠辘辘、惊恐不已、筋疲力尽和浑身肮脏的老人死了，很难说具体是哪一种原因直接导致了他的死亡。

　　和法兰克人不同，撒拉逊人是在自己的地盘上作战。理查德·迪韦齐斯（Rechard Devizes）很羡慕地指出："天气对他们来说很正常，地点就在他们的本土。他们劳力充裕，健康有保证。他们勤俭，有治病的良药。"[47]

　　当东征的十字军到达黎凡特，他们不得不经历一段几个世纪后北美洲殖民地的英国定居者称之为"适应"的过程，他们不得不获得和产生应对当地细菌群的抗体。[48]他们不得不从传染病里生存下来，设法和东方的微生物和寄生虫达成暂时的妥协，然后才可以和撒拉逊人作战。这段适应期耗费时间、力量和效率，导致成千上万人的死亡。

　　可能对十字军影响最大的是疟疾。它是黎凡特低洼、潮湿地区和海边特有的一种疾病，这些地区正好是十字军国家人口集中的地区。[49]来自地中海，甚至北欧的十字军也许携带一定疟疾抗体，因为这种疾病在中世纪的欧洲曾广泛流行过。事实上，它在19世纪北至英国的沼泽地带也出现过，但在意大利以北，就没有什么地方像在地中海东部那样持续地传染和致命，种类也没有那么多。遗憾的是，对十字军来说，对某一种疟疾有免疫力，并不表示对所有的疟疾都有免疫力，而且这种免疫力不是长久的。

　　黎凡特和圣地过去经常发生疟疾，有些地区今天依然是这样。镰刀型细胞和β地中海贫血基因有助于抵抗疟疾的严重侵袭，它们在今天世界的这个地区的当地人中很常见，强有力地佐证了希波克拉底及其同代人的观点，即疟疾在地中海东部的存在已经超过了2000年。这样的基因在阿尔卑斯山以北的欧洲人中极其罕见，最严重的一些疟疾，尤其是恶性疟原虫性疟疾，在那里很少或只是间歇性地发作。每一批从法国、德国和英国新来的十字军如同是给东方疟疾的熔炉火上浇油。20世纪早期，犹太复国主义者移民到巴勒斯坦的经历就可以说明问题：1921 年，42% 的移民在他们到达后的前半年，64.7% 的人在到达后的第一年，都患上了疟疾。[50]

　　疟疾似乎对第三次东征影响最大，那次东征分别由腓特烈·巴巴罗萨　66
大帝（Frederick Barbarossa，他后来不幸溺亡）、胆怯的法国国王，以及充满热情的英国狮心王理查德率领。某种病因不明的疾病（诈病也可能是一个次要的原因）迫使法国国王在第三次东征早期就放弃了。这次东征在 1191 年圣地靠岸前的几个月差点要了理查德国王的命。他患的是"一种严重疾病，老百姓称之为阿诺德尔症（Arnoldia），是由于气候变化引起的"。他康复以后，率领军队沿着临海的平原前进，那是一个疟疾流行的地区，后来转向内陆朝耶路撒冷进发。最初前进速度缓慢，那是因为大雨瓢泼的 11 月通常也是巴勒斯坦疟疾最严重的季节，最终在元月份行军停止，"因为疾病和物资匮乏使许多人体力不支几乎难以坚持下去"。后来，尽管他的军队已开始土崩瓦解，理查德还是对耶路撒冷进行了另外一次尝试，却同样以失败告终。他又一次病倒，这次医生悄声说着"急性半间日疟"（今天定义为一种间日和每日发作结合的疟疾）。1192 年，他放弃计划，乘船离开。从此以后，基督徒只有得到穆斯林的许可才可以接近圣墓。[51]

　　然而，英国士兵在东方未必寸步难行。第一次世界大战中，英国军队在巴勒斯坦战绩辉煌，主要是因为它的统帅埃德蒙·H. H. 艾伦比（Edmund H. H. Allenby）将军为这次战役做了充分的准备。他查阅了所有能找到的有关黎凡特的书籍，包括有关十字军的报道，认真听取军医们的建议。他的一位仰慕者说："就我所知，在那个让很多部队覆没的疟疾高发地区，他是第一位理解这个风险并采取相应措施的总指挥官。"[52] 即使如此，英国在巴勒斯坦的远征军在 1918 年的 4 月至 10 月期间，有 8 500 名疟疾主要病例，在余下的月份里有两万多起病例。[53]

长寿不是十字军的特点。法兰克妇女显然比法兰克男人更适应东方，但她们常常无法生育出健康的孩子，或根本不能生育。[54]需要提及的是，疟疾对孕妇而言是一大威胁，经常引起流产，而且对孩子非常危险。[55]妇女无法生育出未来的接班人让一切现存的努力都化为乌有。十字军国家像一钵钵切花那样凋谢了。

1291 年，穆斯林收复阿科，这是十字军在圣地的最后一个主要堡垒。西欧人在欧洲以外建立大型殖民地的首次努力失败了。[56]这次尝试虽然无功而返，但的确对日后更为成功的冒险活动产生了深远的影响。几次东征可能加速传播了东方在船只设计和航海方面的贡献，如艉板舵以及指南针，这两者对欧洲未来的扩张至关重要。[57]十字军是第一批喜欢上亚洲物产——糖——的西欧人，其中的一个人这样说："糖是一种极其珍贵的东西，对人类的用途和健康必不可少。"他们把这种嗜好和作物带回西方。开始把它从巴勒斯坦传到地中海诸岛和伊比利亚，后来正如我们看到的一样，再传到马德拉群岛和加那利群岛，从那里再传到泛古陆裂隙以外的地方去。[58]

在黑暗时代末，随着更好的时代重返西欧，人口、财富和野心在几个世纪里首次急剧膨胀，一个欧洲独有的帝国主义首次在历史上如浪涛般汹涌向前。古斯堪的纳维亚人向西以及十字军向东的扩张是欧洲帝国主义极好的展示，尽管非常短命。格陵兰和文兰殖民地的失败是因为它们太遥远，无法由具有古斯堪的纳维亚人的技术、经济、政治和流行病学特点的人口来维持。甚至中世纪欧洲的中心机构教堂也不能有效地越过大西洋中脊。据我们所知，没有一个牧师曾经光顾过文兰，可能除了从我们故事中的一个捉弄人的句子中出现过的那位牧师外："埃里克主教去寻找文兰。"[59]基督教的福音没有到达格陵兰那么北的地方。《埃里克的萨迦》（ *Erik's Saga* ）告诉我们，死者经常没有经过任何适当的仪式就下葬了，那里的牧师像树木一样稀缺。俗人们把尸体埋入地里，如果永久冻土许可的话，在死者胸上方的土里立一个柱碑。当牧师终于来了，他拔掉柱碑，把圣水倒入洞里，再慢慢举行适当的安葬仪式。直到欧洲人有了能够跨越虽然宽阔但很温暖的大西洋必要的船只和航海装备时，他们才会在大西洋中脊的西边建立永久性的居住地。

　　在东方，欧洲人试图在有高度文化的人口稠密地区建立殖民地。法兰克帝国主义有数十载的成功，十字军占领圣地的时间和我们这个时代欧洲霸主在阿尔及利亚和印度的时间一样长甚至更久，但十字军国家还是以失败告终。甚至拉丁基督徒的狂热也不能抵消当地民族的人数优势。欧洲人也许有能力暂时征服，但从来不能永久地驱除比他们人数更多的当地人口，况且这些人的疾病环境对入侵者很不利。

　　冰岛是中世纪欧洲海外帝国主义惨淡记录的一个例外，欧洲人在冰岛的历史可追溯到一千多年前。冰岛比格陵兰或文兰离欧洲更近，气候比格陵兰更温和。还有一点很简单也很重要，那就是冰岛没有斯克瑞林人、希腊基督徒或穆斯林，没有人具有这样的优势：以前占领过这个地方，他们的体质和文化能更好地适应这个环境。这里除了少数爱尔兰隐士外没有人类居住者，而爱尔兰隐士则像海鸥和海鹦鹉一样容易被驱走。

第四章

幸运诸岛

幸运诸岛或被保佑的诸岛"盛产水果,有各种各样的鸟……可是
这些岛却经常饱受被大海冲上岸的不明腐尸的困扰"。

——《普林尼的博物志》(*The Natural History of Pliny*)(公元 1 世纪)

　　1291 年,十字军丢失了基督徒在圣地的最后一个堡垒——阿科。巧合
的是,此时热那亚人维瓦尔第兄弟瓦迪诺和乌戈里诺(Vadino and Ugolino,
Vivaldi)正驾船驶过直布罗陀海峡进入大西洋,旨在环航非洲,但此后他
们不知所终,这并不出乎人们的意料。他们的航行本身并无多大意义,但
它的历史影响却非常深远。维瓦尔第兄弟的冒险是人类和其他物种自新石
器革命以来最重要的新发展的开始。欧洲的水手和帝国主义者现在准备好
了在虽然宽阔但很温暖的大西洋里一试他们的运气。

维瓦尔第兄弟可能没有死在海上或非洲的海岸边。如果天气好，即使驾着经不住海上风浪的小船，他们也能在离开直布罗陀海峡一两个星期后抵达加那利群岛、马德拉群岛或亚速尔群岛。古代地中海地区的罗马和其他地方的水手肯定对加那利群岛以及其他两个群岛是非常了解的，所以将之称为"幸运诸岛"。但在罗马衰落时期和中世纪的几个世纪里，欧洲遗忘了这些群岛，或记错了地方。欧洲文艺复兴时期的水手们发现了，或准确地说，重新发现了它们，把它们当作欧洲新的帝国主义实验室。查理五世、路易十四和维多利亚女王这些海洋彼岸的帝国都在东大西洋的群岛上有了其殖民地原型。

1336 年，兰萨罗特·马洛塞罗（Lanzarotte Malocello）仿效维瓦尔第兄弟，偶然来到了加那利群岛的东北角，今天这个岛仍以他的名字命名为兰萨罗特岛。他在那里定居下来，几年以后被当地的加那利人即关契斯人杀害。14 世纪，意大利人、葡萄牙人、马略卡人、加泰罗尼亚人，肯定还有其他欧洲人，都派遣过各自的船只和探险队到达他们发现的加那利群岛，以及伊比利亚和摩洛哥对面的其他群岛如马德拉群岛和亚速尔群岛。[1]

这些群岛的顶点通常很陡峭而边缘粗锉，但很多地区有非常肥沃的火 72 山土。无奇不有的大西洋给大多数肥沃的火山土提供了足够的雨水，尽管一些山少的岛屿气候干燥，特别是最东端的加那利群岛。那里地势太低，沐浴不到信风带来的湿润。亚速尔群岛上的气温特点是凉爽，马德拉群岛和加那利群岛比它们的纬度应有的气温要低一些。寒冷的加那利洋流和信风给它们提供了类似地中海的气温和动植物群，并且其中很多物种独一无 73 二，就像各个地方的海岛生物一样。虽然这两个群岛和撒哈拉沙漠是同一纬度，但地理学家把它们和远在北部的地中海沿岸归在同一植物群区。[2]这些地区距离欧洲只有几天的航程，气候温和，土地潜在的肥沃，不像远在

图 4　大西洋：航海者所了解的第一个大洋。

资料来源：Francis M. Rogers, *Altantic Islanders of the Azores and Madeiras*
（North Quincy, Mass.：The Christopher Publishing House, 1979），endpapers.

大西洋北部那些荒凉的岛屿，也不像文兰和黎凡特那样被严加防守，令人
却步。没有亚速尔群岛人、马德拉群岛人或其他什么人来抵抗征服，而且
关契斯人是异教徒，他们没有盔甲，"也没有任何战争知识，从邻居那里得
不到任何援助"。[3]

　　我们按照这些群岛在欧洲帝国主义进程中的影响力由小到大逐一审视
其历史。我们将从亚速尔群岛开始。刚开始，组成亚速尔群岛的这九个大

西洋中部的岛屿只不过是大洋深处的路标，从这里向东可以到达葡萄牙，那里也是从加那利群岛或西非回国途中受人欢迎的补给站。很快，欧洲人为了过往暂居的水手而改变它们，"欧化"它们，给它们"播种"牲口。后来他们在其他群岛和新发现的大陆上也如法炮制。绵羊通常由于太温顺而不能独自生存，但亚速尔群岛上没有大型食肉动物，也很可能没有什么疾病伤害它们，所以过往的船只在岛上放下一些公羊和母羊，在1439年那里已经有野生的羊群在吃草了。这些羊群显然比第一批永久的人类居民来得还要早，因为在1439年，葡萄牙国王才首次允许人们在亚速尔群岛居住。[4]这些绵羊以及后来的牛和山羊发现亚速尔群岛一些大岛的山坡上和山谷里的植物很有营养，环境优美。因此它们繁殖得很快。

　　欧洲人试图引进在欧洲大陆能贩卖的作物，结果小麦种植成功了。小麦在15世纪40年代末被装船运往葡萄牙。菘蓝是从法国引入的一种染料作物，也变成了一种主要的出口商品。但那个时代最赚钱的制糖作物在亚速尔群岛的凉风里凋萎了。这个群岛在历史上的重要性不是作为一个财富来源，而是作为一个往返于确实种植着赚钱作物的殖民地之间的中转站。[5]

　　马德拉群岛主要由两个岛屿组成。一个是马德拉岛，最长的部分几乎有60公里。另外一个是圣港岛，只有前者的五分之一，外加几个光秃秃的小岛。[6]两个岛都陡峭多石，其中马德拉岛尤为突出。它的顶峰海拔接近2 000米，地形可以说像一只爬行动物的骨架：一道高耸的脊梁骨贯穿全岛，轮廓鲜明的山脊即肋骨，呈直角向两边延伸开。几乎没有可以被称作海岸平原的地方，一些山脉的尽头便是世界上最高的悬崖峭壁之一。马德拉岛的大多数牲畜在牲畜棚里出生，长大，衰老，死亡。因为怕它们从牧场失足跌落，主人很少放它们出来吃草。[7]

　　圣港岛是两个岛中高度较低也较小的一个，有云团经常飘过，却不下

74

一点雨。在历史上，它之所以较重要是因为其牲口而不是作物。马德拉岛地势高，使海洋风转向高处。在那里，风里的水蒸气凝结成雨，所以岛上有足够的雨水来浇灌肥沃的土壤。除非截流，否则有时雨水很快就流进海里了。在过去八个世纪里，通过种植欧洲需要的热带作物，人们在温暖、肥沃和多雨的殖民地如伊斯帕尼奥拉岛（也译为海地岛或西班牙岛）、巴西、马提尼克岛、毛里求斯、夏威夷等创造了巨大的财富。克里特岛、塞浦路斯和罗德岛是地中海地区第一批这样的殖民地。马德拉岛是大西洋中第一个这样的岛，也是后来众多类似岛屿的领头羊。[8]

15 世纪 20 年代，第一批移民从葡萄牙到达这里。总共才有一百多人，有平民百姓，也有低等的贵族，都在寻找新的土地以增加他们发财和提升社会地位的机会。马德拉岛和圣港岛是最纯粹意义上的处女地。它们无人居住，没有人类在旧石器时代、新石器时代和后新石器时代占据的痕迹。新来者马上着手工作，使自然风景、植物群和动物群合理化起来，而它们先前除了受不可捉摸的自然力影响之外，没有受到任何其他东西的影响。巴尔托洛梅乌·佩雷斯特雷洛（Bartholomeu Perestrello）是其封地圣港岛的总督（巧合的是，他正是哥伦布未来的岳父），在岛上放生了一只雌兔和她的孩子，而以前这个岛上从来没有过这种动物。这只雌兔是在从欧洲来的途中产仔的。这些兔子以可怕的速度繁殖开来，"遍布全岛，以致我们种植的东西没有什么不被它们破坏"。人们拿起武器对付这些竞争者，杀死了大量的兔子，但因为当地没有食肉动物和致病生物抑制这些四足动物的增长，它们的死亡率一直远低于出生率。人类被迫离开，迁往马德拉岛。他们的首次殖民尝试不是被原始的大自然而是被他们自己的生态愚昧打败了。后来他们再次尝试对付兔害，最终成功了。即便如此，据记载，圣港岛在1455 年仍然到处都是"不计其数的兔子"。欧洲人后来不断犯类似的错误，

75

导致加那利群岛的富埃特文图拉岛上的驴子、北美洲弗吉尼亚的老鼠和澳大利亚的兔子数量大爆炸。[9]

但圣港岛兔子的历史一点不像其他地方的兔子，它们不仅啃食庄稼，而且啃食一切可以啃食的东西。当地的植物一定全部消亡了，当地的动物也肯定死于食物和植被的匮乏。风和雨的侵蚀随之而来，然后生态空位被来自大陆的杂草和动物占领。1400 年的圣港岛就如同诺亚大洪水之前的世界一样不为我们所知。

当欧洲人首次发现马德拉岛时，整个岛没有哪怕“一英尺不被参天大树所覆盖”。因此给它起名 Madeira，葡萄牙语是“木头”的意思。木材被证明是一种很有价值的出口品，但森林太多反而成了坏事。人们想为他们自己、他们的庄稼和牲畜用比商业砍伐更快的速度开垦出一些空地。因此他们点起一把火，或很多把火，结果熊熊大火几乎逼迫他们离开了这个岛。至少有一批人“包括成人和孩子被迫逃离大火，跑到海上避难，在齐颈的海水里没吃没喝地呆了两天两夜”。传说那场大火一烧就是七年。我们也许可以据此理解为人们在那么长的时间里继续烧林开荒。[10]正如人们想了解圣港岛一样，人们也想知道马德拉岛的原始状态究竟是什么样子？看起来马德拉岛的一些物种很有可能无法适应这场生存浩劫的大火，从而永远地在地球上消失了。今天很多所谓“当地的”，很多人以为一直是在那里的物种，其实是在 15 世纪早期的大火之后才来到那里并蔓延开来的。

起初，马德拉岛的殖民者不得不艰难度日：吃当地的鸽子，它们对人类毫无戒备，用手就可以逮到；出口当地的雪松和紫杉木材；出口从当地的一种树中提炼出的树脂染料龙血。但这个岛没有什么珍贵的东西可以满足新来移民渴望拥有的生活方式。[11]通往富裕之路的途径在于给现存的动植物群增加一些葡萄牙港口及其以外的地方需要的某一些物种。理想的做法是马德拉岛的人可以找到某种需求量大，而他们又能以比其他人成本更低、更好、更快和更大量地生产的东西。他们不断试验，很快猪和牛在那里立足，其中一些是返野的。它们也不经意地确保了马德拉岛的森林再也不会从那场大火中恢复过来。几乎可以肯定，蜜蜂是引进的而不是当地的物种，它们在 15 世纪 50 年代已经开始为殖民者生产蜂蜡和蜂蜜了。从欧洲大陆引进的小麦和从克里特岛带来的葡萄在马德拉岛肥沃的土壤里和温暖的阳光下长势很好，在葡萄牙有很好的市场。[12]

这些产品足够维持殖民者在亚速尔群岛的富裕生活，然而他们冒险来到大西洋不是继续做农夫和衣衫褴褛的贵族的。他们需要一种贵如金子的作物，他们需要糖。圣港岛对甘蔗来说气候太干燥，但马德拉岛似乎很理想。甘蔗极有可能在 15 世纪中期之前已经在那里种植了。这个试种被证明一定非常鼓舞人心，因为 1452 年葡萄牙皇室授权在岛上建立了第一座加工甘蔗的水动的磨坊。

大西洋在糖生产上一系列爆炸性成功的序幕就此拉开。到 1455 年，马德拉岛的蔗糖年产量已超过 6000 阿罗瓦（arrobas，每阿罗瓦相当于 11—12 公斤。——译者注）。第一批蔗糖于次年从该岛一直出口到了英国的布里斯托。到 1472 年，这个岛每年生产蔗糖超过 15000 阿罗瓦，在下个世纪的前几十年，每年生产约 140000 阿罗瓦。一批批的船只把该岛的糖运往英国、法国、佛兰德、罗马、热那亚、威尼斯以及远至君士坦丁堡。马德拉岛人坚定地支持这种单一栽培，选择完全致力于迎合欧洲人对甜食的喜好。[13]

随着糖的生产，人口也随之增长。1455 年，马德拉岛只有 800 人，但到那个世纪末，包括至少 2000 名奴隶在内，人口已达 17000 人到 20000 人，或更多。[14]这些人在短短几十年的时间里把马德拉岛改变成这个世界上最大的蔗糖生产地。糖当时被认为是一种重要药物，实际上，无论过去还是现在它都是一种易成瘾的食品。甚至烟草，这个行将出现并再次改变世界的让人半上瘾的物质在创造财富方面也没有超过糖。[15]

在马德拉岛种植甘蔗或小麦等作物，用 T. 本特利·邓肯（T Bentley Ducan）的话说就是"一种真正的苦行赎罪的活。"[16] 为了耕作，对土地最初的准备工作，不管烧林开荒了没有，对原始植被的开垦和翻掘都一定是极脏的活。许多土地太陡峭不适合一般的耕作，需要平整成梯田。在所有这一切中最辛苦的、最危险的莫过于建立一个庞大复杂的灌溉系统，把水从多风的、潮湿的高地引入远在下方的耕地里来："法老有他的金字塔，而马德拉岛人有他们的人造水道。"[17]

它们就是葡萄牙人称之为 Levadas 的水道，一种由水渠和隧道组成的网络系统。一些由灰浆建成，一些由原生岩开凿而成。它们环绕着山，收集雨水，引导雨水沿着锋利的山脊和开阔的峡谷流向农场和花园。今天据估计它的长度有 700 公里。在一个只有 60 公里长的岛上，水道系统竟长达 700 公里。[18] 它是如何开始的不是很清楚。显然它原始的部分大约可以追溯到 15 世纪二三十年代。1461 年，马德拉岛的封地主人任命了两名水管员。这表明随着制糖革命的开始，马德拉岛上的水利网络已经初具规模，而经济迅速发展很可能进一步推动了这个系统的建设。[19]

直到 1466 年，马德拉岛的记载里才明确地提到奴隶，但他们肯定在多年前就被引入了，去做根据欧洲人的意愿重新改造这个岛的初始工作。随着种植园的扩大和对水需求的增加，这项工作一直持续了几代人。与此同时，对种植、收获和研磨蔗糖工人的需求不断增长。到 15 世纪末，奴隶是有关这个岛的文件里经常被提及的话题。由此我们可以看出马德拉岛在接下来的几代里种植园殖民地的基本模式。[20]

　　直到 15 世纪 40 年代，葡萄牙才开始卷入非洲的大西洋海岸的奴隶贩
卖活动，所以马德拉岛的第一批奴隶很可能不是黑人。我们完全有理由猜
测，他们有一些是柏柏尔人，有一些是行为举止像摩尔人的葡萄牙基督徒，
有一些是像犹太人的新基督徒，还有一些少数边远地区的人们。其中许多
人很有可能是关契斯人，如果不是绝大多数的话，至少也为数不少。关契
斯人是加那利群岛的原住居民，在马德拉岛开始被殖民前的很多年就已经
进入了欧洲奴隶制的潮流之中。看来早在 1342 年，马略卡岛上就已经有来
自加那利群岛的俘虏。他们第一次在马德拉岛的出现没有记载，不过他们
一定早在那里了。他们很多人来自和马德拉岛几乎一样崎岖的岛上，并且
以敏捷著称。他们在陡峭的悬崖上开凿沟渠时一定功不可没。到 15 世纪
末，他们在马德拉岛的人数实在太多了，以致马德拉岛人呼吁出台政策限
制他们。他们是危险的一群人。[21] 大西洋的奴隶贸易，我们总认为只有黑人，
其实最早开始主要是白人，或要论肤色，更准确地说应该是"橄榄色
……"，也就是加那利群岛上人的肤色。[22]

　　加那利群岛由七个岛屿组成，是本书探讨的三个群岛中面积最大、海
拔最高、生物地理分布最复杂的一个。（事实上，虽然比冰岛面积小得多，
但它比冰岛海拔高，动植物种群更丰富）。它比亚速尔群岛和马德拉群岛离
大陆更近，最近处离海岸也就大约 100 公里。在欧洲人到来之前，它是三
个群岛中唯一有人居住的群岛。它所在纬度位于热带，气候炎热，但由于
有大西洋和海风，并不是让人难以忍受。东边的两个岛比较干旱，其他的
岛因为海拔的原因相对来说雨水比较充足。特内里费岛和大加那利岛是其
中最高也是最大的两个岛，地形有些像马德拉岛，适合伏击、闪电攻击和
快速撤退，有人口最多最骁勇的原住居民。[23]

　　正如我们已经看到的，文艺复兴时期的欧洲人去加那利群岛比去中大

80

西洋其他群岛的时间要早，最早也许可以追溯到 13 世纪 90 年代，绝对不会晚于 14 世纪开始的几十年。这些岛上有几样东西欧洲人直接收购回去出售就能赚钱：关契斯人的大群牲畜的兽皮和兽脂、苔色素即由加那利的海苔制作而成的一种染料，以及关契斯人。奴隶有很好的市场，尤其是在黑死病夺去了欧洲南部很多农夫的生命之后。

　　关契斯人应该得到更多的关注。可能除了西印度群岛的阿拉瓦克人外，他们是第一个被近代帝国主义逼到灭绝悬崖边的民族。他们的祖先在很多世纪前从非洲大陆来到加那利群岛，最早不会超过公元前 2000 年，来的最晚的一批人不迟于公元后开始的几个世纪。这些人和伟大的波利尼西亚航海家是同时代的航海人，然而和波利尼西亚人不同的是，在第一次航海冒险之后，他们忘记了所有的航海技能。当欧洲人到达的时候，关契斯人几乎没有几只船，很有可能什么船也没有，自然没有人能航行回到大陆。[24]就像达尔文书中所说的加拉帕戈斯群岛的雀科鸣鸟一样，它们很有可能是少数几个古老祖先的后代，在各自的岛上独立地进化。雀科鸣鸟没有随着欧洲人的到来而灭绝，这给生物学家提供了一个了解不同生物进化的极好机会。如果关契斯人没有灭绝，他们也一定会给人类学家提供一个不同文化演化的经典样板。

　　我们对他们知之甚少。根据早期的记载，他们一些人体格强健，一些人瘦小，一些人肤色黝黑，一些人肤色浅淡。大多数人显然和紧邻大陆的柏柏尔人有亲戚关系。他们的干尸提取物告诉我们，他们中没有任何人或只有少数几个人是 B 型血。根据这一特点，他们很像美洲印第安人、澳大利亚土著居民、波利尼西亚人，以及其他很多历史上与世隔绝的民族。[25]当他们来到加那利群岛的时候，仅有的动物似乎只有鸟、啮齿动物、蜥蜴以及海龟（或乌龟），植物群虽然普遍和地中海地区的很相像，但在总体上和在具体细节上和马德拉岛上的相似。[26]

迁徙的人类会一起带上他们的动植物，从而使世界上的生物群落趋同。在这一点上，关契斯人也不例外。他们是中东新石器革命的后裔，至少部分是。他们从大陆带来了大麦，很可能还有小麦、豆角和豌豆，以及山羊、猪、狗，还可能有绵羊。他们没有牛和马。他们也带来了制造陶器的技术，但他们不会纺织或制造金属工具、武器或装饰品。加那利人没有金属矿藏，因此如果关契斯人在到达时了解一些冶金术的话，他们不久就忘掉了。在关契斯人文化里，缺少金属武器是他们与外界几个致命差距之一。[27]

欧洲征服的粗略进程始于 1402 年，一个可以被我们看作现代欧洲帝国主义的诞生年。摩尔人当时还占据着伊比利亚半岛南部，奥斯曼土耳其人正在向巴尔干半岛进军，但欧洲已开始向世界霸权进发，或准确一点说是扬帆起航。约有 80 000 关契斯人对这开始的进发进行了反抗，像部署在战壕前的哨兵一样。坚守这些战壕的有阿兹特克人、萨波特克人、阿劳干人、易洛魁人、澳大利亚土著人、毛利人、斐济人、夏威夷人、阿留申人和祖尼人。[28]

1402 年，一支由卡斯蒂利亚人赞助的法国探险队在加那利群岛东部的两个岛屿中较小的兰萨罗特岛登陆。尽管他们内部有争议，又受到当地大约 300 人的抵抗，但欧洲人还是在几个月之内就夺得了该岛。侵略者于是在该群岛上有了一个安全的基地。其他两个人口稀少的岛在接下来的几年里也被攻占。[29]

如同法国人和西班牙人一样，葡萄牙人对加那利群岛也觊觎已久。1415—1466 年，葡萄牙人对该群岛发起多次小规模的袭击和至少四次大规模的进攻，包括在 1424 年一支由 2500 名步兵和 120 匹马组成的远征军。虽然这些进攻都失败了，但这些远征军在殖民者把葡萄牙人的马德拉岛转化成一个产糖基地的十几年里，在它和加那利群岛之间建立了联系。这些远征军几乎总是在前往加那利群岛的途中在马德拉岛逗留一下。当返回葡萄牙时，他们带着俘虏的关契斯人作为部分战利品。我们能想象得到，至少有一些俘虏去了马德拉岛，因为它是葡萄牙附近地区最需要奴隶的市场。在那里，他们把其山羊一样的攀岩技术运用于建造沟渠。[30]

在葡萄牙人和他们的奴隶改造马德拉岛期间，西班牙人正奋力完成对加那利群岛的征服，是他们从法国骑士手里接过来的任务。截至约1475年，他们已经把由关契斯人控制的岛屿减少到只剩下三个：拉帕尔马岛、特内里费岛和大加那利岛。第一个是加那利群岛中较小的一个，只有几百名战斗人员，不可避免地走向了和其他两个岛同样的命运。在最大的特内里费岛和第三大的大加那利岛上居住着几千名勇士。

15世纪初，法国人曾说过，特内里费人是关契斯人中最勇敢的："他们从来没有像其他岛上的人一样被俘获过，或沦为奴隶。"他们大加那利岛的同胞如此勇猛才赢得了他们岛的美名。被誉为"大加那利岛"不是因为它的面积大，而是得益于原住居民的骁勇善战。[31]

在15世纪的前四分之三的时间里，欧洲人尝试过几次侵略大加那利岛，却总是以满载着对方如瓢泼大雨般密集发过来的投射物而结束。后来在1478年，对这个岛和加那利群岛的战斗进入一个新阶段。西班牙的费迪南德和伊莎贝拉垂涎整个群岛，给加那利岛派了一支几百人的远征军，配备有加农炮、马和欧洲战争所需要的一切其他装备。这场战役持续了五年，非常血腥。西班牙人很快夺得了低地，但不能消灭处在高地的关契斯人。后者采取游击战术，甚至和葡萄牙人结盟。葡萄牙人因此派了一些部队上岸，试图切断西班牙人的补给线。然而西班牙人却和葡萄牙人讲和了。关

插图 1. 记忆或想象中 16 世纪末的两个关契斯人

资料来源: Leonardo Torriani, *Die Kanarischen Inseln und Ihre Urbewohner* [1590], ed. Dominik Wolfel (Leipzig: K. F. Koehler, 1940), Pl. X.

插图 2. 佛兰德人版的三桅帆船。它是航海者藉以改变世界的工具，前桅和主
桅上挂有方型帆，后桅挂有三角帆。图右侧可见一只较小的船

资料来源：H. Arthur Klein, *Graphic Worlds of Peter Bruegel the Elder* (New York：Dover,
1963)，63.

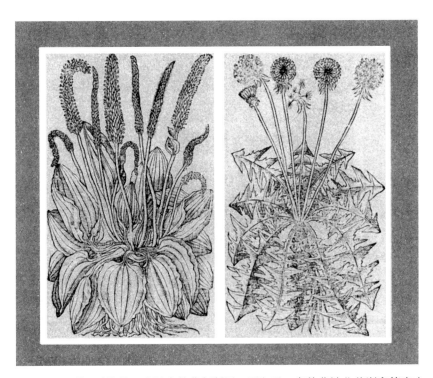

插图 3.　16 世纪晚期的旧大陆车前草复制图。不久后，车前草被北美洲印第安人
称为"英国人的脚"

资料来源：John Gerard, *The Herball or General Historie of Plants*［1597］（Amsterdam：Walter J.
Johnson, 1974), Vol. I, 228.

插图 4.　欧洲文艺复兴时期的蒲公英。如今在所有的新欧洲地区都可以看到

资料来源：John Gerard, *The Herbal or General Historie of Plants*［1597］（Amsterdam：Walter J.
Johnson, 1974), Vol. I, 238.

插图 5. 20 世纪的得克萨斯长角牛。它肯定比其未驯化的祖先们被喂养得好,但很有可能它们的脾气一样暴戾

资料来源:Baker Texas History Center, University of Texas.

插图 6.　让马漂洋过海。需要特制的运输工具和特别的照顾，但死亡率还是很高

资料来源：Robert M. Denhardt, *The Horse of the Americas*（Norman：University of Oklahoma Press,

1975）.

插图 7.　16 世纪晚期佛罗里达的法国人

资料来源：*Discovering the New world*, *Based on the Works of Theodore de Bry*, ed. Michael Alexander（New York：Harper & Row, 1976），21.

插图 8.　17 世纪早期弗吉尼亚的英国人和动物

资料来源：From *Discovering the New world*, *Based on the Works of Theodore de Bry*, ed. Michael Alexander（New York：Harper & Row, 1976），202.

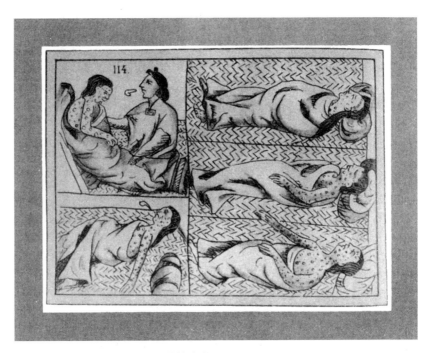

插图 9.　16 世纪罹患天花的阿兹特克人

资料来源：*Historia De Las Cosas de Nueva Espana*，Volume 4，Book 12，Lam. cliii，plate 114.

Used with the permission of the Peabody Museum of Archaeology and Ethnology，Harvard University.

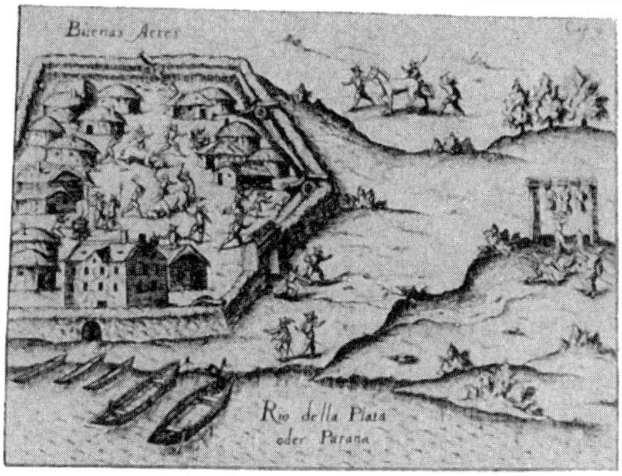

插图 10. 16世纪晚期的布宜诺斯艾利斯：一个饱受磨难的殖民地

资料来源：Ulrich Schmidel, *Wahrhaftige Historia einer wunderbaren Schiffahrt* ［1602］（Graz：

Akademische Druck-u. Verlagsanstalt, 1962), 17.

插图 11. 欧洲文艺复兴时期人们印象中的南美洲南部印第安人和动物群

资料来源：Ulrich Schmidel, *Wahrhafftige Historia einer wunderbaren Schiffart* ［1602］（Graz：

Akademische Druck_ u. Verlagsanstalt, 1962), 62.

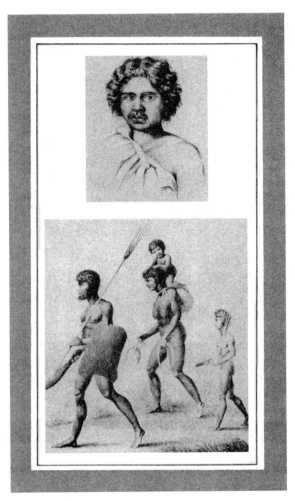

插图 12.　19 世纪早期的一位澳大利亚土著人。和后来大多数白人艺术
家相比，此素描带有对澳大利亚土著人更大的同情心

资料来源：Robert Hughes，*The Art of Australia*（Harmondsworth：Penguin Books，
1970），43.

插图 13.　澳大利亚的一个土著家庭，仍然完整无损

插图 14.　前哥伦布时代雕刻烟斗。前哥伦布时代的一件艺术品，出自密西西比文化的手工艺人之手

资料来源：From Frederick J. Dockstader, *Indian Art in North America* （Greenwich, Conn.：New York Graphic Society, n. d. ）, 48.

插图 15.　一艘 18 世纪时期的毛利人船。它同首次把波利尼西亚人带到新西兰的船可能十分相似

资料来源：*The Endeavour Journal of Joseph Banks*, 1768 —1771, ed. J. C. Beaglehole（Sydney: Angus & Robertson, 1962）, Vol. II, Pl. 3.

插图 16.　随同库克船长远航的一位艺术家眼里的毛利人

资料来源：*The Endeavour Journal of Joseph Banks*, 1768 —1771, ed. J. C. Beaglehole (Sydney：Angus & Robertson, 1962), Vol. II, Pl. 6.

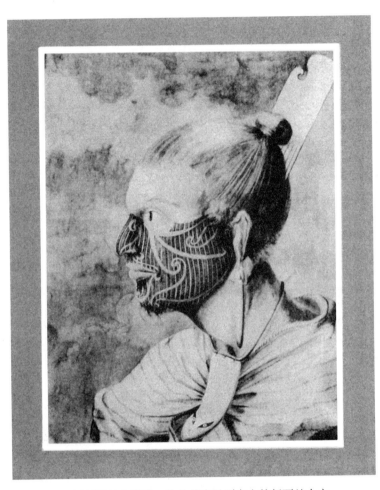

插图 17. 一幅新西兰人素描，他是首次见到白人的新西兰人之一

资料来源：Plates 15, 16, and 17 are reproduced by permission from the Mitchell Library, State Library of New South Wales, Australia.

插图 18.　19 世纪 20 年代的一位毛利青年人

资料来源：From Auguste Earle，*Narrative of a Residence in New Zealand. Journal of a Residence in Tristan da Cunha*，ed. E. H. McCormick（Oxford：Clarendon Press，1966），Pl. 12.

插图 19.　19 世纪早期的阿根廷人。手挥流星锤追猎美洲鸵鸟

资料来源：Emeric E. Vidal，*Picturesque Illustration of Buenos Ayres and Montevideo*［1820］（Bue-nos Aires：Presas del Establecimiento Grafico F. G. Prufomo y hno.，1943），50.

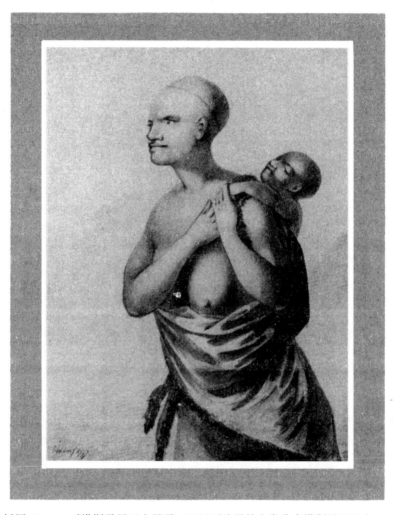

插图 20.　一对塔斯马尼亚人母子。已经灭绝了的人类分支塔斯马尼亚人

资料来源：*The Journals of Captain James Cook on His Voyages of Discovery*, 1776—1780, ed.
J. C. Beaglehole（Cambridge：Hakluyt Society, 1967）, Vol. III, Part I, Pl. 12B. Repro-
duced by permission of the British Library［Add MS 15513, 5］.

契斯人虽然能够打赢一些小规模的战斗，但根本没有机会打赢一场持久战。这场战斗在 1483 年 4 月结束，被围困在山里的 600 名关契斯男人、1 500 名妇女和不少孩子向大加那利岛的征服者佩德罗·德·维拉（Pedro de Vera）投降。16 世纪大加那利岛的历史学家托钵修会修士阿布雷乌·德·加林多（Abreu de Galindo）说，迫使该岛皈依天主教所付出的努力和牺牲比加那利其他岛屿，甚至特内里费岛所付出的代价都要大。[32]

当时只有拉帕尔马岛和特内里费岛是自由的，前者是加那利岛群岛中第二小的岛，后者是最大的岛。1492 年 9 月，阿隆索·德·卢戈（Alonso de Lugo）侵略了拉帕尔马岛，将军事武力、劝诱和策反精明地结合起来，在来年春季取得了胜利。[33]特内里费岛是一个更难砸开的坚果，又花了三年的时间才被征服。

总的来说，加那利群岛第一代未来的征服者回避特内里费岛。它的保卫者数量众多而且好战。他们的美名源自一次在 15 世纪 60 年代曾把一批侵略者推入大海的事件，另外一次发生在 1490 年。后来在 1494 年，阿隆索·德·卢戈率领 1000 名步兵、120 名骑手和炮兵登陆。这是一支很威武的部队，但关契斯人在高地伏击，杀死了数百名侵略者。这个战场后来被称为拉马坦萨德亚森特霍（La Matanza de Acentejo），西班牙语意为"亚森特霍大屠杀"。卢戈撤退到拉帕尔马岛重组、再做打算和疗伤。[34]

卢戈是一个如科尔特斯和皮萨罗（Pizarro）一样像钢铁般坚强的西班牙人，在 1495 年 11 月带领 1 100 人、70 匹马和一些火器卷土重来。十个月之后，关契斯人在极度饥饿、惊恐以及人数急剧减少的情况下投降了。1496 年 9 月底，石器时代在加那利群岛咽下了最后一口气，寿终正寝。[35]

难道关契斯人的失败是不可避免的吗？从长远看，当然是这样的。但从短期看又怎样呢？一旦西班牙人真的决定去努力，他们注定能在不到 20

年的时间里征服加那利群岛吗？现在看起来是这样，因为在接下来的四个
世纪里有无数类似的征服。但我们在这里谈论的不是马克西姆重机枪对长
矛，甚至也不是火枪对长矛。就如欧洲对墨西哥和秘鲁的侵略一样，对加
那利群岛的战争是一个几百名欧洲人带着几只瞄准有误差、发弹迟缓、经
常死火的枪支、较多弩以及很多金属剑、斧头和长矛对阵开始有数千名武
装勇士的较量，虽然后者的武器只是用木头和石头制成，但足以致命。

关契斯人非常骁勇，数量众多，他们的战术在较大岛上开阔的高地上   85
十分有效。当侵略者赢得了首战时，土著人总能从那里安全撤退。一名 18
世纪在加那利群岛的英国居民，也是大加那利岛征服历史的翻译者乔治·
格拉斯（George Glas）观察了其地形，对西班牙人战胜当地人惊叹不已。
除了兰萨罗特岛和富埃特文图杜岛外，所有的岛屿：

> 全都是幽深狭窄的山谷或溪谷，高耸崎岖的山峰和难以通过的羊
> 肠小道。一批人不可能从离岸 1 里格（旧时长度单位，约等于 3 英里
> 或 5 公里。——译者注）的距离前行进入任何一个岛屿，首先要经过
> 很多一夫当关，万夫莫开的地方。情况既然如此，到哪儿能找到足够
> 的船只去运送足够数量的部队去征服这样的民族，而且还要在一个天
> 然造就的固若金汤的地方？[36]

从防御者的性格中找不到答案。法国人在征服这个群岛的开始就注意到关
契斯人"既高大又难以对付"，信奉基督教的俘虏们常常出于自卫才被迫
动手杀人。关契斯人唯一的抛掷武器就是石块，但他们很擅长使用它们，
特别是在山里，他们通常在那里准备占据高地。有侵略者证实，关契斯人
猛掷石块，有着和弩一样的速度和准确性，"击碎盾牌，打断盾牌后的胳

膊"。当欧洲人在峭壁和峡谷中缓慢艰难行进时，防御者们以神奇的速度四处攀爬，好像"在从母亲的乳房里吮吸乳汁时"，就已获得了这种敏捷。[37]

无论是过去还是今天，在加那利群岛崎岖不平的岛内交流都很具有挑战性，更别说行军了。这很可能解释了为什么关契斯人（最明显的例子是戈梅拉岛人）发明了一种发音清晰的语言。它不仅仅是一种简单的信号系统，还是一种非常响亮、有手指辅助的口哨系统。这使他们能够越过宽阔的峡谷进行交流，而且有可能在混战中帮助很大。[38]

关契斯人的首领可能通过一个口哨就可以召集来几百人的队伍，如果没有几千人的话。15世纪中期，戈麦斯·埃阿内斯·德·阿祖拉拉（Gomes Eannes de Azurara）估计特内里费岛有6 000名战斗人员，大加那利岛有5 000名。他对加那利群岛其他岛屿的作战人数的估计要低得多，但当时这些岛屿大多数要么比较小，要么已经历了被征服的创伤。[39]当然没有人真正去统计过关契斯人的数量，阿祖拉拉肯定不是一个统计狂，至少依我们的标准他不是这样。当然他也不是一个傻瓜。加那利群岛的原住居民都是种粮农夫，有贝类和大群牲畜稳定地为他们提供动物蛋白和脂肪，所居住的各个大岛"有可以满足人类生活所需的一切东西"。[40]因此，当被告知他们有成千上万的人时，我们不应该感到惊讶。

因为西班牙人投机资金和船只的缺乏，他们最多只能带一千人左右的部队来加那利群岛。然而他们确实打赢了，正如他们下一个世纪在欧洲之外的很多国家所做的一样。他们的优势一定非常多。都有哪些呢？武器装备很先进这一点已经提到过，但我们认为这本身不是一个很有说服力的答案，尤其是在欧洲扩张的早期。海上霸权让欧洲人比关契斯人能更有保障地撤退和获得更多的资源。但如果关契斯人抵抗一直很有效，欧洲人又怎么能获取那些资源呢？卢戈确实为第二次入侵特内里费岛找到了支持，但他能为第三次、第四次或第十次入侵找到支持吗？有没有理由相信欧洲对在加那利群岛的失败比在圣地或酷热的非洲更有耐心？他们在那些地区屡战屡败，极大地挫伤了他们的侵略行为，直到 19 世纪后期形势才有所改观。87

　　欧洲人有没有我们还没有表扬到的盟友？关契斯人比我们注意到的要软弱吗？我们需要意识到，关契斯人虽然人数众多，但他们从来没有团结起来过。他们居住在好几个岛上，缺乏基本的航海技术。他们讲几种不同的方言（也可能是几种不同的语言）。侵略者能够从一个岛招募当地人去和另外一个岛的当地人作战。在特内里费岛，侵略者甚至能从岛的一个地方招募同盟军去对付这个岛其他地方的人。[41]

　　分裂的关契斯人要抵御欧洲人的进攻十分困难。欧洲人利用海上优势，实际上是发起了一场人口消耗战。换言之，就是袭击加那利群岛，劫掠当地人做奴隶。我们不知道有多少人被贩卖到奴隶市场，但数量显然相当大。兰萨罗特是一个大岛，开始的时候人口很稠密。在 1385 年和 1393 年，奴隶贩子从该岛抓到了至少几百名关契斯人，把他们在西班牙贩卖掉，只留下 300 人保卫该岛以抵御 1402 年法国人的入侵。[42]其他岛上的人口境遇也相似，但大加那利岛和特内里费岛可能由于居民多，所以人口没有被奴隶贩子严重削弱。然而阿布雷乌·德·加林多提供了令人费解的资料：在被征服之前，大加那利岛的女人数量远远超过男人。这种男女比例不平衡之所以存在，应该有什么原因杀死或带走了更多的男性。这就是战争常见的性别偏见，奴隶贩子为种植园搜罗劳工时也是如此。[43]

　　也许在关契斯人看来，奴隶贩子的成功是欧洲人总体优势的主要部分。欧洲人的金属、装备、神以及他们本身一定让土著的加那利人着迷，动摇他们想要彻底、一概地排斥与这些危险的外国人接触的决心。在特内里费88

岛，一向不好客的关契斯人竟然允许西班牙人建立一个贸易站，这真是一个奇迹和谜团。它一直矗立在那儿直到欧洲人绞死了几个当地人，才一下子变得不受人欢迎。[44]大加那利岛的人学到了视金银如粪土的智慧，但他们无法拒绝可以打造成鱼钩的铁。容我打个比方，关契斯人一定认为超级鱼钩就是超级神的显示。被征服之后，耶罗岛上的土著人说，有个名叫约尼（Yone）的巫师在此地住过。他预言，在他死后，当他的尸骨化作尘土的时候，一位名叫埃拉奥兰萨（Eraoranzan）的神仙将会来到一间白房子里，人们要信奉他，不要和他打斗或远离他。欧洲人确实没有费多少兵力就占领了该岛。[45]戈梅拉岛人流传一位基督牧师的故事。这位牧师在这些岛被征服之前来到这里，给很多人洗礼，劝说他们接受征服不要抵抗。虽然戈梅拉岛人后来在葡萄牙人的帮助下确实发动过一次起义，但他们也是几乎没有做任何抵抗就屈服了。[46]

在被征服之前，特内里费岛发生了一个极其有名的案例。我们究竟应该怎么定义它？是关契斯人的文化迷失还是重新定位？根据口头传说，1400年左右，圣母玛利亚在特内里费岛的圭马尔关契斯牧羊人前显灵。圣母玛利亚离开后留下了她自己的圣像，后来被称为"我们的坎德拉里亚圣母"。直到19世纪在洪水中被摧毁，此雕像和发生在加那利群岛的许多神奇的事情有关。在她披风的褶边周围和腰带上有许多字母拼成的单词，没有人能够给以满意的解读：TIEPFSEPMERI, EAFM, IRENINI, FMEAREI。且不说这尊雕像，无神论者会认为这些文字是某个和欧洲人有很多接触的关契斯人所为，此人意识到了文字的力量或者说魔力，但他却目不识丁。早在被征服之前，特内里费岛的第一个主持"我们的圣母玛利亚"庆典的牧师就是一位关契斯人。他小时候被欧洲人劫持，被训练成一名口译人员。接受洗礼后，他取名安东·关契（Anton Guanche）。后来他逃回特内里费岛，以余生侍奉"我们的坎德拉里亚圣母"。[47]

无论"我们的坎德拉里亚圣母"完整的故事及真相是什么，基督教显然在圭马尔被征服前就以某种形式存在了若干代。在那里，欧洲人找到了朋友，而岛上其余人则很敌对。也是在那里，欧洲人找到了在最后征服特内里费岛的战斗中和他们一起并肩战斗的勇士。[48]

然而，侵略者最重要的盟友并不是加那利群岛上的土著人。欧洲人随同带来了他们家乡的生活型，即他们大家庭里的动物、植物和微生物。它们多数是在旧大陆文明的中心最早被人类驯化，或最早适应和人类生活在一起的那些生物的后代，无疑还有一些新获得的生物也被在非洲海岸工作的奴隶贩子和商人带到了加那利群岛。

就像欧洲人在亚速尔群岛和马德拉群岛一样，他们跨越海洋来到加那利群岛，随同带来了缩小和简化版的西欧生活群落，其实就是地中海沿岸的动植物。这个生物旅行箱对他们在这些群岛上的成功以及日后在其他地方的成败都至关重要。这个生物旅行箱在哪里"存活"，在哪里有足够的数量繁衍壮大，能够形成欧洲版的动植物群，欧洲人自己在哪里就可以繁衍壮大，不管这个版本多么不够完整，甚至有些变样。在地中海诸岛如克里特岛、西西里岛和马略卡岛已经"存活"的生物，在加那利群岛也是如此。马就是一个最明显的例子。关契斯人对较小的牲畜如山羊和猪非常熟悉，但以前从来没有见过像马这样庞大的动物，也没有见过什么动物能把人驮在背上，而且在战斗中听从人的命令。马背上的战士在征服加那利群岛最后两个岛屿时起了极其重要的作用，也许在征服其他岛屿时也一样。欧洲的骑兵一个人可以抵得上二十多名步行的战友。例如，想一想洛佩·费尔南德斯·德拉格拉（Lope Fernández de la Guerra）的故事：他是一位骑士，自然骑着马。在特内里费岛战役的最后阶段，他独自出去侦察，结果

90

发现自己被 15 个或 20 个关契斯人伏击了。如果是一名步兵，他会被团团围住，马上成为敌人的刀下鬼，但洛佩·费尔南德斯：

> 因为所处的地点很危险，所以他用靴刺狠踢坐骑，策马来到了一片开阔的地带。在那里他掉转坐骑，勇敢面对敌人，很轻易就击败了六个当地人，其余人则向树林中逃去。他感到除非活捉一个，让其招出同伙的计划和意图，不然就太无所作为了。于是在一个狭窄的地方，他截住了一名逃亡者，用马将其撞倒擒获，缚牢后带回军营。洛佩·费尔南德斯因此受到了热烈欢迎。[49]

人们希望那匹马也受到欢迎，享受一个很好的擦身以及在牧场多呆半个小时的犒劳。

关契斯人一了解到骑兵的威力，马上理智地交出了所有平坦开阔的地方（可以猜想得到，自然还有他们多数的粮田和牲口群）。特内里费岛的历史学家托钵修会修士阿隆索·德·埃斯皮诺萨（Alonso de Espinosa）说："骑兵是当地人最害怕的，也是他们敌人的主力。"[50]

91 基督教编年史学家比较关注马和骑手，而不太关注生物旅行箱的其他成员。例如，我们对兔子的繁殖比对"我们的坎德拉里亚圣母"更感兴趣，就只能借助于有限的信息去推测，从我们所了解的后来欧洲人的到来对其他偏远岛屿影响的解读中寻求答案：毛里求斯渡渡鸟的突然灭绝、夏威夷的獴成灾、流行病在萨摩亚群岛当地人中间肆虐等。在这些岛屿上，欧洲人的到来引发了疯狂的生态震荡，在加那利群岛肯定也一样。[51]

如前所述，大加那利岛上女性数量在被征服之前超过男性，这一点很反常。我们不确定是什么原因造成了这一点，以及它对家庭结构、出生率和死亡率造成了什么样的影响。阿布雷乌·德·加林多记述到，在被征服之前的几年，岛上人口出生率大大超过死亡率，导致人口增长超过食物供应。是不是食物供应的改善突然提高了出生率，同时降低了死亡率？他又说马略卡人来到该岛的时间较早，随同带来了无花果树，可能是其中一个新品种。关契斯人很喜欢这种水果，种下它的种子，这种树通过自然方式迅速传播，遍及整个岛屿。从此无花果成了大加那利岛上居民的主食。[52]这种食物供应的增加有可能引发人口爆炸，但真相对我们来说永远是个谜。可能出生率增长的完整故事是对一个简单真相的扭曲描述，即发生了某件事，减少了食物供应，以至于让关契斯人觉得人口突然过度增长，变成了一个难题。不管由于什么原因，这个问题确实出现了。关契斯人为了避免或至少减少饥荒，开始杀死新生儿或所有的新生女婴（关于这一点，有两个不同的记载），每位母亲的头胎除外。[53]

一个社会一旦出现人口过剩的问题，大自然母亲总会来帮忙，不过她的帮助从来不是温和的。关契斯人很长时间以来一直和我们能想得到的很小一部分的宏观和微观寄生生物共存。土著加那利人不会超过 10 万人，每个岛只有几万人。他们和大陆的接触为零，相对于欧洲和非洲，他们的生态系统很简单。他们不太可能染上在欧洲和非洲危害人类的那些由寄生物和病原菌引发的疾病。15 世纪初，法国侵略者高兴地注意到，加那利群岛非常有益健康："贝当古（Bethncourt）和他的同伴在那里停留的很长时间里，没有一个人生病。这让他们惊喜不已。"[54]他们享受着和兔子几年后在圣港岛一样的优势。

每个伊甸园都有自己的蛇，那就是欧洲人在加那利群岛所扮演的角色。来自旧大陆先进社会的任何群体，无论他们对关契斯人的态度如何，都扮演着同样的角色。我们不了解来自大陆的第一批疾病是何时、何地以及以何种方式传播到那里的，也不清楚它们传染和夺去了多少人的性命。历史和科学告诉我们的有关与世隔绝人口的流行病学表明，新的疾病浪潮早在14世纪有可能已困扰关契斯人了。第一个有记载的疾病席卷大加那利岛是在他们被征服前不久。西班牙人认为这场瘟疫是上天对关契斯人杀婴罪过的惩罚。上帝"派来瘟疫（peste），在几天之内就带走了四分之三的人口"，莱昂纳多·托里尼亚（Leonardo Torriani）如是说。他是我们掌握的有关这场瘟疫的两个最早的资料提供人之一。另外一个人是托钵修会修士阿布雷乌·德·加林多。他的说法和这差不多，不过认为死亡率是三分之一。[55]

93　　　　阿隆索·德·卢戈在1494年对特内里费岛的入侵以彻底失败而结束，是关契斯人把欧洲人打得最惨败的一次。他的第二次入侵是在1495年，西班牙人首战告捷，随后便陷入僵局，因为双方都等待着冬天雨雪的结束。那个季节尤其潮湿寒冷，入侵者和抵御者都处于饥寒交迫，因为敌我对峙阻碍了播种和收获。关契斯人比西班牙人多，因为惧怕欧洲人的马，孤立藏身在多雾的高地，因而处境肯定更加糟糕。正如上帝一向站在西班牙人这边一样，他震怒于关契斯人在拉马坦萨德亚森特霍杀害了很多基督徒，让一种瘟疫降临在特内里费岛防御者身上，它被称为"modorra。""岛上一位女人从一块陡峭的岩石上给西班牙人打手势宣布发生了瘟疫。当他们走近时，她告诉了他们；问他们为什么不过去占领那里的土地，因为没有一个人在作战，不用害怕任何人——因为所有的人都死了。"西班牙人小心翼翼地前行，地上的一具具尸体证实了她所说不虚。事实上，横尸遍野，以至于有些关契斯人的狗正在啃食尸骨。夜晚来临以后，被困在他们堡垒之间的关契斯人因为害怕野生动物，不得不睡在树上。福里阿尔·埃斯皮诺萨说："死亡率是如此之大，以至于这个岛上几乎没有居民了，而以前他们有 15 000 人。"[56]最后的决战发生在来年的 9 月，不过扫尾工作又持续了三年多。埃斯皮诺萨说："如果不是这场瘟疫，它会持续得更久，因为这个民族很英勇、很顽强、很谨慎。"[57]

　　大加那利岛的 peste 和特内里费岛的 modorra 究竟是什么？我们没有掌握它们的症状和传播方式详细描述的资料，除了名字外，对它们的特征一无所知。Peste 意为"鼠疫"，但像英语里的"plague"一词，它可以用来指代任何一种瘟疫。Modorra 更是一个不确切的词。作为一个形容词，它的意思是"昏昏欲睡的"、"困乏的"或"多汁的"。作为一个名词，今天它指一种绵羊病。马德里的阿尔卡拉大学医学院的弗朗西斯科·格拉（Francis-co Guerra）博士认为，这个含糊的词极有可能是一种人类传染病，即斑疹伤寒。[58]所幸我们不需要弄清楚这些疾病的类型。比如说在塞维利亚，很多或许多疾病都有可能造成这样的危害。我们不需要确定这两种瘟疫宣称的死亡率增减 20% 是否准确。如果它们是准确的，那么疾病可能是导致关契斯人最终失败的决定性因素。这个问题的答案极有可能是肯定的。处女地流行病（传播性疾病在以前从未受到传染的人群中爆发的专门术语）具有以下影响：传染对个体影响极大，而且常常导致死亡；几乎每个接触过的人都会生病，所以病人的死亡率就是整个人口的死亡率；没有几个人足够健康得可以去照料那些生病的人，很多死去的人生前如果能够得到一些微乎其微的呵护原本完全有可能康复；庄稼既没有人种，也没有人收，畜群更无人照顾；给未来提供营养和保暖的这些平常事没有人去做。[59]当黑死病从欧洲来到冰岛时，这一切全都发生过。当 peste 和 modorra 瘟疫从欧洲来到加那利群岛时，历史再次重演。

　　欧洲人一旦在加那利群岛征服一个特定的岛屿后，马上就着手根据他们的计划改造它，让其变得富有起来。他们把红色染料销往欧洲市场，至于谷物、蔬菜、木材、毛皮和动物脂肪以及关契斯人，能找到多少买主就销售多少。他们"欧化"他们的岛屿，进口旧大陆那些在地中海地区已经生活得很好的动植物。其中较重要的一些物种，动物如狗、山羊、猪，也许还有绵羊，植物如大麦、豌豆，也许还有小麦，早已经存在。欧洲人又增加了牛、驴子、骆驼、兔子、鸽子、鸡、山鹑和鸭子，以及葡萄、甜瓜、梨子、苹果等物种和最重要的糖。[60]

这些新来物种大多数都生长得很好，动物尤其如此。它们有助于保证幼苗不会长成大树，以取代为了满足欧洲人在这些岛屿和其他地方的需要而砍伐掉的数以千计的树木。到16世纪40年代，拉帕尔马岛的兔子多得"不计其数"。到那个世纪末，耶罗岛的兔子更多，两个岛上的牧场显现出很多饥饿兔子所造成的严重后果。富埃特文图拉岛，较大而相对平坦，变成了一个辽阔的大牧场，来自大陆的好几种动物星罗棋布。16世纪的最后几十年，这些动物中还有骆驼和叫个不停的驴子，仅骆驼就有4000峰。驴子消耗的青草和牧草太多，甚至威胁到这个岛对其他移民物种，特别是对欧洲人的价值。1591年，人类反击，捕杀了1500头驴子，把它们留给大乌鸦享用。在这场大捕杀中，人类吸收了另外两个物种做助手：马，供人骑乘；狗（格雷伊猎犬），帮助人定位跟踪这些泛滥的物种。[61]

蜜蜂（区别于其他种类的蜂）是另外一个外来移民，它们显然繁殖快，分布广泛。这种旧大陆的昆虫在欧洲人来到之前可能已经在这些岛上生活了，但似乎更有可能是入侵者从伊比利亚带来了蜂群。蜂群的飞行距离很少能超过10公里以上，从来不会飞越从欧洲大陆到加那利群岛那么远的距离。而且长途运输不是一件很容易的事，几乎不可能偶然为之。据说特内里费岛原本没有蜜蜂，至少在15世纪时还没有，"我们坎德拉里亚的圣母玛利亚"通过奇迹造出了蜂蜡，用于制造教堂举行仪式所需的蜡烛。

拉帕尔马岛和耶罗岛被证明是优良蜜蜂的生长地，在 16 世纪为加那利群岛所出口的大量蜂蜜做出了卓越的贡献。[62]

在欧洲文艺复兴时期，欧洲甜味的主要来源是蜂蜜，但这个角色在接下来的几个世纪里被糖取代，这场革命是加那利群岛帮助实现的。大加那利岛的征服者，佩德罗·德·维拉，很有可能是那个把制糖业引入这个群岛的人。1484 年，他在征服的土地上建立了第一个磨坊，用于提炼蔗糖。其他侵略者纷纷效仿，糖变成了整个群岛最重要的收成和出口品。[63]

糖是社会和生态变化的催化剂。加那利群岛的新权贵们引进了数以千计的劳力，让他们工作在甘蔗地和蔗糖厂。他们有些是自由身，有些是奴隶，在制糖业的带动下一起改变了加那利群岛的生态系统。这个群岛的森林让位于甘蔗地、牧场和光秃秃的斜坡。树木被砍掉，因为建造很多新建筑需要木材，尤其是从收获的甘蔗中压榨出糖汁煮沸需要燃料。对加那利群岛很熟悉的一位英国人说，砍下的甘蔗杆"被运到西班牙语称之为 Ingenio 的蔗糖厂，在那里被碾磨机压碎，糖汁被收集导入一个特制的大容器里，然后再被煮沸直到变成糖浆结晶"。蔗糖厂的胃口是永远填不满的。那位英国人是这样谈及在关契斯人的时代森林茂密的大加那利岛的："木材是最需要的东西。"在特内里费岛，人们对木材的胃口是如此之大，以至于政府早在 1500 年就开始颁布法令保护森林，禁止伐木者的乱砍滥伐，但收效甚微。[64]

克里斯托弗·哥伦布曾说，后来很多人都这样认为，乱砍滥伐引发水土流失，造成洪灾或旱灾，减少了加那利群岛的降雨量，就像发生在马德拉群岛和亚速尔群岛的一样。他也许说的没错，因为海雾凝结在树上，特别是松树上，然后作为"雾滴"落下，这个过程没有树是不可能发生的。不管是什么原因，法国人在 15 世纪初用作富埃特文图拉岛磨坊动力源泉的水道，从此多数时间里一直都是干涸的。[65]

外来植物通常被欧洲人定义为杂草，涌入由欧洲人的斧头、犁、牲口群和可以被准确地称为欧洲侵蚀所造成的裸露土地。大多数有害植物来自大陆，特别是南欧和北非。加那利群岛最有害的杂草名单里只有两种是本地的。目前最有害的可能是地中海荆棘或黑莓，是后关契斯人时代引进的植物。对它的来源即地中海沿岸地区，以及它在加那利群岛饱受其苦的土地上蔓延的事实，人们没有任何异议。[66]

关契斯人比当地森林减少得更快，他们的替补人像杂草一样迅速移入。一些加那利人跑进深山，沦为盗贼和土匪，偶尔也会起来反抗。但这种行为不久就减少停止了。某种形式的抵抗可能持续得和纯血统关契斯人的存在一样久，但时间并不长。16世纪30年代，西班牙历史学家冈萨洛·费尔南德斯·德·奥维耶多·易·巴尔德斯（Gonzalo Fernández de Oviedo y Valdés）写到，关契斯人所剩无几。吉罗拉莫·本佐尼（Girolamo Benzoni）是一个云游四方的意大利人。他在1541年曾到过这些岛屿，发现"关契斯人几乎全完蛋了"。在那个世纪末，福里阿尔·埃斯皮诺萨记载到，在特内里费岛，还有几个关契斯人幸存了下来，不过他们全是混血儿。[67]

关契斯人由于种种原因灭绝了。他们失去了自己的土地和藉以为生的手段。当西班牙人通过征服的权利分配原本属于关契斯人的土地和牲畜群时，他们只给了关契斯人盟友微乎其微的一部分，而且还是一些最不好的部分。在特内里费岛的992份的土地分配中，只有50份给了关契斯人，就这50份也没有几份长久地留在关契斯人手里。[68]

一些关契斯人看到在家乡几乎没有希望生存下去，于是加入到西班牙迁徙者的行列，去美洲、非洲和其他地方打仗和工作，不久便从历史上消失了。他们没有留下后代，或把种子洒在了异国他乡的子宫里，或所生的后代不为人知。[69]

　　他们"自愿地"离开家乡，因为对多数关契斯人来说，离开是不可避免的。征服者们为了阻止叛乱，把很多人驱逐出境，还把很多人卖到马德拉岛和其他地方的种植园做奴隶。无论从长远来看，还是从短期来看，只有一个命运等着这些离开故乡岛屿的多数关契斯人：被流放的关契斯人以高死亡率著称。我们可以想象得到，在流放和奴役的过程中，很多家庭被拆散。这势必大大增加死亡率，急剧降低纯关契斯人的出生率。15 世纪八九十年代，奴隶像洪水一样离开加那利群岛，但之后就只剩下了涓涓细流，不是因为需求的减少，而是因为供应的减少。[70]

　　许多致命的因素一起作用于人类的这个弱小分支，把它从加那利群岛和世界上灭绝了，而且每一种影响都会增强其他影响的后果。他们的灭亡不是很容易就可以解释清楚的，但没有哪一种单一的影响比疾病更具摧毁力了。它势不可挡地穿行于易感染的人口，利用每一个缺陷，夜以继日，季复一季地吞噬着人们的生命，像在光秃秃肥沃的土地上蔓延的杂草。Modorra 反复爆发，痢疾很常见，以及 dolor de costado（"侧身疼痛"——可能是肺炎）夺去了很多关契斯人的生命。我们很遗憾，但完全可以肯定地说，欧洲男人让关契斯人女人为自己服务，给她们传染上了性病，特别是梅毒。这种瘟疫在 15 世纪 90 年代和 16 世纪早期席卷欧洲。此病和其他性病不仅缩短了女人的寿命，也降低了她们的生育能力。[71]

99

　　一些关契斯人肯定死于被征服的精神痛苦、亲朋好友的失散、他们语言的衰落以及生活方式的迅速消失。拉帕尔马岛上的抵抗领袖，一位名叫坦奥苏（Tanausu）的首领在欧洲征服了他所在岛后不久被流放到西班牙，在那里死于绝望和绝食，"一件很稀松平常的事。"吉罗拉莫·本佐尼在1541 年到过拉帕尔马岛，他只找到了一名关契斯人：他已 80 岁高龄，整日喝得酩酊大醉。关契斯人已经所剩无几，在命运的边缘徘徊，麻木地注视着他们自己的灭亡。[72]

今天，关契斯人的基因肯定留存在加那利群岛的居民中，但他们这一族人数太少。今天的当地居民如果不是为了缅怀他们岛屿和历史的独一无二，可能没有人会去赞美它。所说的这个基因证据、一些遗址、干尸、陶制的尖利碎片、关契斯人语言的一些单词以及九个句子是我们所掌握的全部，证明加那利群岛上曾经有过一个土著民族。[73]对一个民族的生存来说，没有什么经历比从与世隔绝到成为世界一员这个过程更危险的了，它的成员包括欧洲水手、士兵和殖民者。

当第一批欧洲水手收桨涉水上岸时，无人居住的亚速尔群岛和马德拉群岛被默认成了欧洲人的地盘。从此以后，亚速尔群岛几乎一直是欧洲人的天下。马德拉群岛的种植园主引入了成千上万的非欧洲人奴隶，但欧洲人的比例一直很高（伴随着奴隶的死亡率），确保了它是一个欧洲人占绝对优势的社会。在加那利群岛，到1520年，出现了一批新人口去填补关契斯人留下的空白。这些新的加那利人是一个种族混杂的人群，但很显然，欧洲人占绝大多数。[74]仅仅在几代人之内，他们开始以自己的岛屿为自豪了，不是作为殖民地，而是作为欧洲的一部分。[75]

东大西洋的这三个群岛是新欧洲帝国主义的实验室，也是试点工程。从那里汲取的经验将极大地影响接下来几个世纪的世界历史。最重要的经验是，欧洲人和他们的动植物可以在他/它们从来没有生存过的地方生活得很好。这一点，古斯堪的纳维亚人的经历从来没有完全弄清楚过，因而伊比利亚人无论如何从来没有机会去向他们学习到这一点。另外一个重要经验是，新发现土地上的土著人虽然勇猛而且人数众多，尽管开始有不少优势，但也是可以被征服的。事实上，甚至也许在作战前夕，最令人气恼的是，等战争结束了需要劳工时，他们却消失了，就像在涨潮的边缘写在沙子里的信息。不过可以从欧洲和非洲输入健壮的劳工。东大西洋的这些岛屿为泛古陆裂隙以外的移民殖民地和种植园殖民地提供了成功先例。

这些岛屿给文艺复兴时期欧洲人的启示就说到这里。欧洲帝国主义的一般性质又能给我们一些什么启示呢？为什么这些殖民地比古斯堪的纳维亚人在北大西洋的殖民地和十字军国家在地中海东部地区更成功？教科书告诉我们，文艺复兴时期的欧洲比中世纪的欧洲无论是制度还是经济都更强大，更有能力夺取和维持殖民地。15 世纪欧洲的技术也显然比以前任何时候都要更先进，这一点很重要。入侵者拥有火器，尽管在加那利的战役中不起决定作用，也一定起过很重要的作用。14 世纪和 15 世纪欧洲在造船、索具和航海方面的新发明让长距离的海上航行变得更安全和快捷，因而对文艺复兴时期的水手比对中世纪的水手更有吸引力。这一切都无庸置疑，但亚速尔群岛、马德拉群岛和加那利群岛的历史能告诉我们的远不止这些。那些航行到这些岛屿的欧洲人有古斯堪的纳维亚人和十字军东征者不具有的生物优势。

古斯堪的纳维亚人的大西洋殖民地对旧大陆新石器革命的动植物来说太靠北部，太寒冷。它们在文兰生长得很好，可是那也没有用，因为带它们来的人在那里生存不下去。在圣地，这些动植物也生长得很好，就像它们几千年来一样，但其中多数供应给了欧洲人的敌人。在亚速尔群岛、马德拉群岛和加那利群岛，入侵者的小麦、糖、葡萄、马、牛、驴子、猪等都茁壮成长，只为欧洲人和他们的奴隶享用。

古代斯堪的纳维亚人的殖民地太遥远，与欧洲的联系很脆弱，因此从欧洲大陆到达的船只能够也确实引发了致命的流行病。在北方，疾病对欧洲殖民者不利（在文兰，它似乎没有起任何作用，但它肯定也没有帮助过入侵者）。当欧洲人作为东征者向东进发，他们进入了一个有高度文化的稠密人口居住区，那些人在那里已生活了几千年。这些民族在数量上超过入侵者，在很多方面的质量上也更胜一筹，如外交、文学、纺织以及流行病学方面的经验。数以千计的十字军参加者就死于他们在这些方面的劣势上。

102

到亚速尔群岛和马德拉群岛的欧洲人一开始就没有这方面的问题，那里没有谁比谁更高人一等或低人一等。那些到加那利群岛的欧洲人则是从一个人口相对稠密、世界性的地区来到一个与世隔绝了许多代的群岛上，更有优势。在加那利群岛，疾病助了欧洲人一臂之力。约瑟·德·维埃拉·耶·克拉维霍（Jose de Viera y Clavijo）将衰落中的关契斯人描述为"眼里满含泪水，身体遭受 modorra 疾苦"。[76]

东大西洋的这些岛屿在被征服之后遭受周期性的流行病，就像欧洲本身一样。但这些流行病并不具有毁灭性。岛上的新居民同欧洲大陆的接触很频繁，足以让他们保持较强的抵抗力，不会感染上真正的处女地流行病。在 16、17 世纪和 18 世纪，他们的流行病学经验不同于大洋之外新发现大陆上的流行病学经验。

对欧洲在中世纪和文艺复兴时期试图建立殖民地的史料简要分析表明，以下几点是在欧洲大陆之外成功建立欧洲移民殖民地必不可少的条件：第一，未来的殖民地必须建立在和欧洲土地以及气候相似的地方。欧洲人及其共生和寄生的伙伴不擅长于适应完全陌生的土地和气候，而很擅长在合适的土地上建造出新的欧洲版本。第二，未来的殖民地必须建立在远离旧大陆的土地上，这样就不会有或很少有已经适应侵害欧洲人及其动植物的那些食肉动物或致病生物。而且，距离遥远保证了土著人没有或很少有如马和牛这样的役畜。也就是说，入侵者可以得到他们大家庭成员的协助，

103

而土著人没有这一优势。长远地看，这可能比良好的军事技术更重要。同

样，距离遥远保证了土著人对入侵者不可避免会携带来的疾病没有抵抗力。虽然距离欧洲大陆不过几天的航程，加那利群岛也符合这一条件。因为欧洲对面的柏柏尔人对航海技术所知甚少，关契斯人就知道得更少了。关契斯人文化中这一奇怪的缺陷让他们仍停留在石器时代，当他们遭遇欧洲的钢器和铁器的时候，这就是一个不利条件。它让他们面对最可怕的敌人，如马、peste 以及 modorra，当然，还有其他很多欧洲大陆的疾病，毫无招架之力。

关契斯人最大的弱点在于不知道如何穿越大洋，哪怕是很短的一段距离。在接下来的四个世纪里，几乎所有其他几个被欧洲人侵略和取代的民族（如美洲印第安人和澳大利亚土著人等），他们的劣势源自其祖先迁徙所造成的他们自己与旧大陆文明中心相隔千山万水的距离。正如在过去几个世纪里，他们悲壮的历史所证明的那样，他们祖先喜欢迁徙的嗜好、更新世冰川的融化以及海平面的上升，把他们留在了泛古陆裂隙失败的一边。

第五章

风

"啊！为什么人们不能满足于上帝放在我们触手可得范围内的恩赐，非得远涉重洋积聚其他更多东西！"

"玛丽·普拉特，你喜欢茶，而且还要加糖，还喜欢丝绸缎带，我可见你穿过。如果没有远航，你将如何获得这些东西呢？茶和糖，丝绸和缎子不会和蛤一起在牡蛎塘里生长。"——因此助祭一直说"牡蛎"这个词。

玛丽承认所说不虚，但改变了话题。

——詹姆斯·费尼莫尔·库柏（James Fenimore Cooper）：

《海狮》（*The Sea Lions*）

欧洲人在大西洋东部诸岛上的成功预示了全球生态帝国主义机会。如果旧大陆的扩张主义者想要能够充分利用这样的机会，就必须和他们役使和寄生的生物一道，大量地跨越泛古陆的裂隙，即大洋。这一壮举有待五大发展条件的成熟。其中之一是主观愿望：出现一种强烈的、要进行海外帝国主义冒险的愿望。虽然看起来不值一提，但这是一个必要的前提，我们不能忽略它，我们马上就要提及的中国的例子会证明这一点。其他四个条件本质上都是技术方面的。首先需要一种足够大、足够快和方便驾驭的船只。它们能够装载合算的货物和乘客安全越过数千公里的海洋，数不清的浅滩、暗礁和危险的海岬，然后还要能安全返回。设备和技术也是必需的：在距离上远远超过任何古斯堪的纳维亚人所经历过的航海途中，当数周或数月看不到陆地的时候，需要有设备和技术能够帮助找到穿越大洋的航道。武器也是必不可少的：要方便随船携带，足够有效地对付大洋彼岸土地上的土著人。还需要一种能源，它可以驱动船只漂洋过海。桨显然不行。无论是自由人还是奴隶，没有淡水和足够的卡路里根本划不动船。以桨为动力的桨帆并用大木船倒是可以为穿越太平洋装载足够的补给品，但说起来有点矛盾，这样的船太大了，无法用桨划到任何地方。风当然是最后一个必要条件，但多大的风、往哪里吹的风以及什么时候的风可以利用？探险家出海的时候坚信会有一股风把他带到想要去的地方，结果他往往发现风会把自己带到它想要让他去的地方。新欧洲的诞生需要等待那些很少在欧洲大陆架之外冒险的水手变成乘风破浪的航海者。

　　把历史学家如约翰·H. 帕里（John H. Parry）和塞缪尔·艾略特·莫里森（Samuel Eliot Morison）在其他地方已经详细阐述的观点简要概括起来就是[1]：满足前面提到的多数条件的时间不会晚于 15 世纪 90 年代，即哥伦布和达伽马取得航海辉煌成就的那十年。从许多方面来说，这些条件早在三四代人之前就已经具备了。中国的航海技术在 15 世纪初就相当发达了。

郑和是明朝皇帝的宦官和船队统领，被派遣率领由几十艘船只组成的舰队前往印度，最后到达东非。这些船只配备有很多小加农炮，搭载有数千名船员和乘客。这位船队统领而不是巴萨罗缪·迪亚斯（Bartholomeu Dias），才应该被视作探险时代第一位伟大的人物。如果政治变化和文化内因没有扼杀中国水手的抱负，那么很有可能历史上最伟大的帝国主义者就是远东人而不是欧洲人。[2]

但中国却选择转身背对海洋，把历史上扮演最伟大帝国主义者角色仅有的两个机会给了别人：穆斯林人和欧洲人（不乏其他扩张主义的民族，但在公海上没有一个既强大而又有经验）。直到 1400 年，这两支未来的帝国主义航海者仍然落后于中国人。他们的船只虽然比郑和的小，但大小适中，适合航海。有些已安装有火炮，更多的即将配备火炮，他们的航海探险家有指南针和简陋的仪器可以用来估算速度和纬度。穆斯林人和欧洲人都不能准确地判断经度，事实上，在 18 世纪精密经纬仪发明之前，谁也做不到这一点。在这种情况下，他们像哥伦布时代一样，只能借助简陋的航海仪器以及猜测来确定所处经度。15 世纪后，科学技术的发展极大地促进了航海业。[3]

风是一个有待解决的问题。不是说他们不懂得如何利用风力：随着 14 世纪的推移，基督徒方型帆和穆斯林三角帆越来越被广泛地混合使用，在 1421 年就完全可以像在 1521 年一样把麦哲伦载过太平洋。问题是在 1421 年，除了印度洋外，没有人知道在哪里以及什么时候风会吹过这些主要大洋。印度洋确实很大，足以让人迷失方向，但它三面是陆地，受季风影响。季风是一个从陆地上就能感受到的季节性天气模式。印度洋教给当地水手的经验在其他地方不能完全适用，可能和他们在亚洲季风的水域之外普遍不及欧洲水手有关。而且 15 世纪穆斯林的注意力完全在陆地上，如果是在水上，那也只是对陆地环绕的那个海即地中海感兴趣。在印度洋的海域之外是原始的民族和更多的海洋，因此它本身的位置就打消了人们的好奇心。大西洋则完全不同，在它之外有阿兹特克人、印加人和苍翠繁茂的美洲！

可以说泛古陆裂隙终结的历史是一部欧洲人的历史，当然也不完全是这样。因为航海必要的指南针是中国人发明的，而能够让船只迎风航行的三角帆是在不熟悉的海岸探险时的必备装置，是穆斯林人的杰作。但实际上用的船是欧洲人的，船主、银行家、感兴趣的君主和贵族、制图师、数学家、航海探险家、天文学家、船长、大副以及普通的海员都是欧洲人或他们的雇员。自从新石器时代以来，他们带领人类去进行最伟大的冒险。约翰·H. 帕里没有把这种冒险称为"美洲的发现"，因为这只是其中的一个事件，他称它为"大海的发现"。也就是说，人们发现了海风的地点、时间以及他们航海所经过洋流的特点。[4]

当地中海和伊比利亚的水手第一次冒险闯入直布罗陀以外的远洋海域时，他们只对他们家乡水域的风很熟悉，却对欧洲大陆架之外轻拂劲吹的风一无所知（究竟是疾风还是旋风？还是暴风？）。不过，这些海员确实继承了古代学者及其后来追随者对世界总体特点的认识。当然是间接地，因为他们大多没有学者倾向。有一个传统的理论，被亚里士多德几乎拔高到了揭示真理的高度。他认为，气候，当然还有很多其他事物，都可以在从北极到赤道或从赤道到南极的纬度地层里发现其分布。[5]因此在公元 1492 年，哥伦布对巴哈马群岛和安的列斯群岛上的人是黄褐色的这一事实并不惊奇，因为那就是居住在同纬度的关契斯人的肤色。[6]当然，这个理论有些过于简单化，例如它导致了一个错误的假设，即存在着一块巨大的南方大陆（*Terra australis incognita*），以平衡赤道以北众多的陆地。但此理论也并非一无是处。总的来说，它也有一定道理。实际上，就大西洋和太平洋的风而言，它也是跨越大洋如同在玩捉迷藏游戏的 15 世纪和 16 世纪探险家所需要的理论。[7]

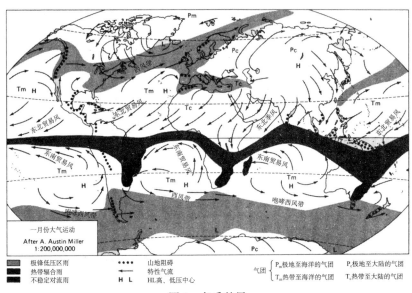

图 5　冬季的风

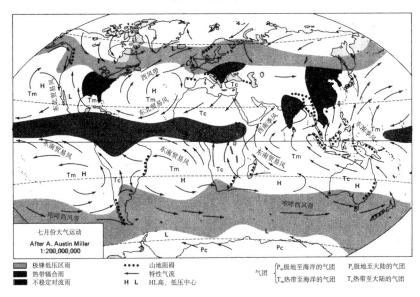

图 6　夏季的风

大西洋和太平洋的风以巨大的气流吹动。赤道以北每个大洋，气流以顺时针旋转，而赤道以南则以逆时针旋转。这些轮状气流位于南北极边上，形成南北温带的盛行西风带。在热带的风轮之间，很宽的流动气流带向外扩散，斜着向太阳直射下蒸腾的赤道低压带下沉。它们就是有名的信风（又称贸易风），在英语里这么命名是因为"贸易"这个词过去有"航道"或"路线"的意思。低压带是令人憎恶的赤道无风带，对那些陷入其汗淋淋魔掌的人来说，这里是很多干渴和饥饿的恐怖故事之源。整个庞大的风系包括西风带、信风带和赤道无风带。所有的风带都会随着季节的变化而发生有规律的南北大移动，这表明太阳直射点每年在南北回归线之间周而复始地回归运动。整个风系的纬度类型和大致可预测性（非常粗略，因为不同地区变化太多，整个体系偶尔也会偶尔暂停一段时间）对从欧洲到新大陆穿越泛古陆裂隙的航行非常重要。

111

南欧的水手，在他们历史的鼎盛时期要想发现美洲、绕过好望角和进行环球航行，首先要去地中海这个小学去学习，然后中学最好去一面辽阔开放的海洋上学习。这个海洋最好仅次于一个封闭的大海，有可预测的风和足够的岛屿，能让航海探险家去操练本领而不至于因为第一次迷失方位就丢了性命。皮埃尔·肖努（Pierre Chaunu）把这样一片广阔的水域很恰当地称之为"大西洋中的地中海"，即伊比利亚半岛西部和南部之间的那个大西洋宽阔的楔形地域。它以加那利群岛和亚速尔群岛为最远的界石，包括马德拉群岛。在比较暖和的月份，强劲的北风会从这些地区吹过。南风任何时候都很少见，而且空气的整体流动一般都来自西部即亚速尔群岛所在的温带纬度地区。[8]公元1291年，维瓦尔第兄弟进入"大西洋中的地中海"时失踪了，但后来的大多数追随者安然无恙。他们让自己熟悉这个水域，这样他们就变成了蓝色大海的水手，真正的航海者，用最贴切的语言

即葡萄牙语说就是 marinheiros。了解他们学到了什么和怎样学习的关键是
加那利群岛。正是这个群岛吸引了葡萄牙水手（还有热那亚人、马略卡人、
112　西班牙人和其他水手，许多人受雇于葡萄牙人）不远万里来到大西洋，在
古斯堪的纳维亚人之后，作为欧洲的第一批海洋水手肩负起了他们的历史
重任。顺着信风航行到这些岛屿只需一个星期或更短的时间，十分容易。
因为这个群岛很辽阔，岛上的山峰非常高，不会看不到。16 世纪一名荷兰
游客说："在特内里费岛，有一座名叫泰瑞拉的山，被认为是当时发现的最
高的山，因为至少在 60 英里以外的海上都可以很容易被看到。"9 在大西洋
这块舒适的地盘上航行结束后会有不少收获，例如加那利群岛上的兽皮、
染料和奴隶。

　　从伊比利亚到加那利群岛不是个问题，而返回来才是。在解决这个难
题的过程中，欧洲水手肯定提高甚至发明了一些技术，使他们能够远航到
美洲、印度甚至全世界，把泛古陆的裂隙缝合起来。从伊比利亚到加那利
群岛大概是水手能够航行的最笔直的路线，因为如果选择的季节合适，就
不会遇到那么多的暴风，通常洋流和风就会把他带到目的地。方型帆和三
角帆都可以，或幸运的话，根本不用扬帆。但哪怕沿原路返回，他也必须
反反复复花好些天，因为洋流一直是逆向的，每一次船转向时都会向后退
一些，在最好的水域也前进不了多少。如果要谨慎航行，他唯一的希望就
是沿着海岸线，充分利用黄昏前后几个小时从南方和西南方吹来的海岸风。
然后到中午时，在抛锚停泊或海岸风再起之前，他必须再回到海岸边，祈
祷能继续向北挺进一些，或至少不要后退。其实返航的真正希望大多在于
桨手背部的力量，但在那样荒凉的海岸边，哪里有食物和水让他们保持体
113　力呢？我们不妨大胆猜测一下维瓦尔第兄弟的命运。他们也许航行到了加
那利群岛或更远的地方，然后发现他们的帆船无法返航，逆着加那利洋流

划船让他们饥渴难忍。他们很可能死于补给匮乏和精疲力竭，或试图利用海岸风返航时，他们遇到了暴风，无处躲避，结果被抛在了摩洛哥的浅滩上。[10]

　　面对强劲的逆风时，在航海者出现之前，欧洲水手甚至古斯堪的纳维亚人，要么认输返航，要么收起帆，先去忙一些船上永远需要做的杂活，等风转向。因为面对无情的逆风，人们别无它法。在"大西洋中的地中海"航行的欧洲人终于发现了一种新的办法。如果他们不能尽可能地贴近逆风向前行进，那么他们必须设法"绕风航行"，也就是说，尽量靠近风，只要能带他们找到可利用的风并把他们带到其想去的地方，就不要改变航道。被向南的空气急流和洋流困在加那利群岛"大西洋中的地中海"里的水手只有向西北航行进入开阔的大海，继续前行离他们最后一次着陆的地点越来越远，也许数天没有朝家的方向前进一厘米。直到驶出热带地区，他们才可以利用温带地区的盛行西风带，返航回家。他们需要对自己有关风的知识有信心，背朝陆地面朝海，也许在数周之内变成远洋深处的动物。他们必须成为真正的航海者。把这种策略完善的葡萄牙人，将其称为 volta do mar（指葡萄牙人熟知海风习性，航行所走的轨迹。从远征到返航，其轨迹正好是弧形，与海风的环流相似。——译者注），即由海路返回，或由海上绕行返回。[11]

　　出海时对信风交替利用，尔后返航时采用这个模式，先侧向西北慢慢航行来到西风带，然后借助顺风迅速返回——航海的这种模式和盛行风的这种规律让哥伦布、达伽马和麦哲伦的行动成为一种冒险，而不是可能的自杀行为。这些航海家明白，他们能利用信风出海，也能利用信风返航。　114 有了这一信念，正如耶稣会会士何塞·德·阿科斯塔（José de Acosta）所说："人们置生死于度外从事非比寻常的航行，去探寻远方未知的国家。"[12]

探险时代的水手未必认真思考过绕行返回模式。他们也不太可能将其作为一种原理了解该技术。毕竟他们不是在探索自然规律，而只是寻找顺风以方便出海。可是逐渐形成共识，和盛行的风向一致，伊比利亚水手把绕行返回作为一种航海模式，用它来绘制他们前往亚洲、美洲和全世界的航线。

15 世纪，葡萄牙航海家经过加那利群岛继续向非洲海岸以南推进，先是沿着沙漠，之后经过丛林海岸摸索向前，学习与非洲人做生意的技巧，获取他们的金子、胡椒和奴隶。大约在 1460 年，他们殖民了佛得角群岛，然后继续往南，绕过非洲的突起处。在那里，他们发现自己处在非常危险而且令人迷惑的水域。在近岸处，面对夏天西非季风的肆虐，他们束手无策。在直射阳光的炙烤下，非洲内陆吸收了相对凉爽的海洋空气，盛行风掉转方向，成为西南风，把船只带到一个几乎没有港湾的海岸。如果这些航海者离开陆地驶向海中，避开季风天气，他们便是从东北信风带驶入赤道无风带。那里，炙热的空气垂直上升，形成无风和危险的暴风雨交替的天气。世界上最险恶的海洋雷暴区就位于北起塞内加尔河，南到刚果河这片辽阔的非洲西海岸附近一带。[13]从佛得角群岛南部不远处的赤道无风带驶离通常需要的时间最长。哥伦布第三次远航时误入了这个无风带，他说道："那里没有风，越来越热，我担心船只和船员们会被烧焦。"[14]

在距离非洲突起处的西南"拐角处"不远的大西洋里，航海者们根据季节和一些推测制定航线，扬帆出海。他们继续航行，向正东来到了富庶的费尔南多波岛和圣多美岛。葡萄牙人在 15 世纪 70 年代偶然来到了这里，很快把它改造成新的马德拉群岛，并雇用了大批黑人劳工。[15]这些岛屿以东，海岸再次向南延伸。通向印度航线的秘诀不是那么轻易就能获得。若昂二世在 1481 年登基，激励航海者们勇往直前，不久他们就来到了刚果河口。

在刚果河口以南，他们又遇到了新的，但又特别熟悉的障碍：本格拉海流（加那利海流南部的对应）和东南信风（西北信风南部的对应）。[16]

　　公元1487年，巴尔托洛梅乌·迪亚斯沿着非洲西南海岸，迎着逆流和逆风南下，来到刚果河以南即今天的纳米比亚。他遇到了和一个世纪前试图沿着摩洛哥海岸返回欧洲的第一批航海者同样的困境。在奥兰治河以南某个地方，即今天的南非联邦（南非共和国的前称——译者注）的边界，他遇到了暴雨天气，并在那里及时地改变了航道。这对一个航海者来说是非常明智之举。为了寻找躲避处和顺风，他迎风驶向海中。也许他本能地就像一只绵羊想要躲避雨一样转向，但他之所以转向西南方向，也很有可能是基于一个古老的传说：传说上帝和众神喜欢对称。如果摩洛哥附近有从东北斜着吹向赤道的信风，北部有盛行西风带，如果纳米比亚附近有从东南吹向赤道的信风，那么这个信风之外肯定也有西风带。也许迪亚斯意识到了南大西洋的风系和北大西洋的基本一样，如果把这个绕行返回模式上下颠倒以求和地球南北上下颠倒的状态一致，那么它在塞内加河以北将会像在奥兰治河以南一样发挥良好作用。

　　迪亚斯在非洲南端很远的地方遇到了西风带，他随风转向东北来到了印度洋边。在那里，他的船员中发生骚乱拒绝继续前行，他被迫在大鱼河附近掉头，返回了葡萄牙。作为一名海上摩西，他已经到了希望之洋却从来没有驶入它。可是他带回了两点宝贵的认识：一，从大西洋到印度洋有一条海上航线；二，根据他的经验，南大西洋风的模式和北大西洋的非常相像，只不过上下颠倒而已。[17]

　　因为一些我们不完全了解的原因，葡萄牙人在利用迪亚斯的发现之前暂停航行了几年。下一个证明自己是绕行返回高手的人实际上不是葡萄牙人，而是热那亚人克里斯托弗·哥伦布，一个为西班牙人工作的地图绘制师。迪亚斯将绕行返回模式颠倒了一下，哥伦布则把它向侧面延伸。

正如每个小学生都知道的一样，哥伦布对向西航行到亚洲感兴趣，坚信那比绕过非洲的航程更短。他明显的路线就是从西班牙正西驶往齐潘戈（Cipangu，西方对日本的旧称）。但他和其他所有航海者都明白，那些纬度上的盛行西风带让这一选择显得很愚蠢。他于是放弃了这一选择，先南下航行到加那利群岛。1492 年 9 月，他随着吹过他右舷后方使小船队的所有帆张满的信风转向西边。那个季节，他处在信风的较北边，在那里信风一般不可靠（在去美洲的其他航行中，他总是在向西航行前向更南行驶一段）。但 1492 年是他的幸运年，他的西印度群岛之行非常顺利。哥伦布选择去美洲的路线对帆船来说近乎是最理想的，所以后来几代航海探险家，包括那些从欧洲北部港口来的航海者，都采用了帆船。他们有时只是做些部分的调整，哥伦布自己后来也是如此。相隔 115 年后建立了弗吉尼亚殖民地的英国探险队和与之再相隔 20 年后建立了新阿姆斯特丹殖民地的荷兰舰队，都是通过加那利群岛附近驶往美洲的。[18]西班牙人把这种暖和可靠的信风称之为轻风（*las brisas*），把位于加那利群岛以及佛得角群岛一线和西印度群岛之间这片广袤的大西洋称为"女士的海湾"（*Golfo de Damas*）。[19]

哥伦布乘着信风一帆风顺地抵达巴哈马群岛，到达大安的列斯群岛，驶入史册。当时他面对着和"大西洋中的地中海"同样困扰人的老问题：怎么能逆信风而返航？从伊斯帕尼奥拉岛到西班牙之间长达几千公中的距离里顶着信风而行？开始返航之前，他在伊斯帕尼奥拉岛的水域反复斟酌了好几天，试图在不停歇的轻风里找到一条缝隙迅速驶过，就像有人试图在一片茂密的树篱里寻找出路一样。最后他做了一件非常明智的决定，他采用了 volta do mar 策略，向西北航行，穿过马尾藻海（那里的马海藻十分茂密，水手们因此担心会被它们牢牢缠住无法脱身）到达西风带的纬度，然后向东驶往亚速尔群岛，最后返回西班牙。[20]

　　哥伦布太相信自己作为一名驾驭风的旷世大师所展示出的卓越才华。1496 年，当他第二次从西印度群岛返回西班牙时，他再次试图顶风穿过信风。顶头风和副热带无风带让他和他的海员补给减少到了近乎饿死人的定量，在迎来顺风之前，他们甚至有了要吃掉加勒比俘虏的念头。从此以后，除了傻瓜，再也没有人逆着北大西洋信风航行了。研究海员历史的一位英 118 国学者在 17 世纪早期曾说：“因为这就是风的规律，在那片海上的船舶必须遵循：他们必须从一条线路出发，从另外一条航线返回。”[21]

　　使用绕行返回策略而赢得的第一个大奖落在了西班牙人的身上。第二个大奖实至名归也被西班牙人捧走。瓦斯科·达伽马的舰队于 1497 年 7 月从里斯本启航，尔后向南到达佛得角群岛。继续往南时，他遇到了赤道无风带、几内亚湾的险恶天气以及逆向的东南信风。他通过一种创新的方法克服了这些难题。这种创新如此之大，以致许多历史学家尽管缺乏直接的证据却都推测葡萄牙人在迪亚斯返回后马上在南大西洋进行了多次秘密勘查航行，熟悉了该地区风的规律。

　　在佛得角群岛的南部和东部，达伽马遭遇了那里经常会遇到的强烈暴雨，失去了一个主要帆桁。根据本次航海非常有限的文献记载，后来他选择了一条航线，借助左舷方向的南部信风，逆风迂回曲折地驶往西南方向，保持一定角度绕过非洲南端。他乘着东南信风正好驶出热带，进入南半球盛行西风带地区，然后驶往印度洋。尽管如此，到达非洲南部的西海岸时，他还是花了好几天的时间颇费周折地最终绕过好望角。如果他没有凭借他非凡的绕行返回策略突然转向进入南大西洋的话，他遇到的麻烦会更大。他花了 84 天完成了从佛得角群岛到他首次见到的南非陆地这大半圈的航行，无论是在距离上还是在持续的时间上都让哥伦布最长的航行相形见绌。[22]

119   达伽马的航线，是迪亚斯航线的特别加大版，无论是过去还是今天都
是从欧洲到印度洋的帆船最直接的航线：最初向南到佛得角群岛或附近，
然后进行一个巨大转向驶向西南直到接近巴西海岸，再转向东南航行绕过
好望角。只要帆船主宰着海洋，它就是一条必选航线，也是英国海军部和
美国水文局的推荐线路。[23]

        达伽马虽然解决了南大西洋的难题，但发现自己又面临一系列新的问
题。过了大鱼河口，他处在所有欧洲人都不熟悉的水域。公元 13 世纪，亚
洲人告诉马可·波罗，沿着非洲东南海岸向南奔涌的海流太强大，因为害
怕有去无回，所以船只不敢贸然从印度洋驶入。此时达伽马正逆着这一海
流而上。他们还告诉马可·波罗，在葡萄牙人现在航行的这一水域有很多
岛屿，岛上有一些巨型鸟，它们为了获食，会把大象带到高处再摔下将其
杀死。[24]这个说法有些夸张：马达加斯加的象鸟（现已灭绝，但当时可能还
存在）只有三米高以及重达 500 公斤的体重，根本不会飞。[25]即使如此，瓦
斯科·达伽马的所作所为显然距离基督徒还有很长的路要走。

        欧洲到印度洋航线的开辟始于维瓦尔第兄弟，人们用了 200 年的时间
才完成。当时非洲的整个东海岸有待摸索航行，还有一面全新完整的海洋
及其一系列新的风和海流都有待了解。有人可能会想，那岂不是要再等
200 年？然而达伽马在当年的岁末年初就绕过了好望角，于 5 月抵达印度。

        欧洲人进入印度洋有两大便利条件。第一，季风和海流的可靠性。从
120   某些方面来说，印度洋比大西洋简单些，因为船只来回能够走同一航线。
第二，在这个不熟悉的大洋周围居住着先进的海洋民族。他们对该大洋的
风和海流比欧洲人对大西洋的风和海流更了解。要穿越印度洋，达伽马只
需要去利用这些掌握现成知识的当地人即可。[26]

当达伽马的船队绕过好望角，向北驶入印度洋，它马上成为该大洋里或其他任何亚洲海洋里最强大的海军力量。土耳其人拥有装备大炮的船只，可是他们是在地中海。大船加大炮给了达伽马一张在东方任何地方航行都拥有的王牌。在派遣他之前，他的国王可能已经知道了这一点。这位探险家可以自由支配火器，使东非人既要畏他如敌，又要敬他如友。后来他也这样教导印度人。出于对达伽马大炮的震慑外加与葡萄牙人的友谊，马林迪（在今天的肯尼亚境内）当地的酋长为达伽马提供了他最需要的帮助：一名精通从东非经由神秘的印度洋到达印度航线的专家。[27]

有证据完全表明这位专家就是著名的艾哈迈德·伊本·马吉德（Ahmad Ibn Majid）。他是古吉特拉人，是关于印度洋的最伟大的专家之一。但无论他是谁，他有一张绘有经纬线的印度洋海岸地图，这便可以缓解欧洲人的恐惧心理。他懂得辨别印度洋的季风变化，甚至知道如何躲避它。尽管离开马林迪的日期似乎有些早——至少对大多数年份来说是这样，达伽马二十多天以后就到了印度海岸。[28]如果确实是他的话，那么艾哈迈德·伊本·马吉德实际上以自己的方式扮演了类似于西班牙人在征服墨西哥时印第安女人玛琳切所扮演的角色。玛琳切给了欧洲人克服语言障碍的方法，而马吉德给了欧洲人克服对印度洋的风和海流一无所知这一大难题的帮助。否则的话，这些风和海流会让他们获取印度财富的所有努力付之东流。

印度洋（以及中国海）和大西洋的活动规律完全不同，所以那些在印度洋航行的人也必须采取不同的航海方式。在印度洋和中国海都航行过的马可·波罗告诉欧洲人，那里的水域只有两种风：一种风把水手从大陆送出来，另外一种风把水手带回去；前者在冬天，后者在夏季。[29]他总回忆起亚洲的季风，它是世界上最强盛的季风。

南亚的季风和西非的季风很相似，但它影响的范围更大。在这里陆地主体是亚洲，也是世界上最大的大陆，夏季炙热难耐，冬季多数地方会结冰。其极端气候分布广，从夏天印度最高气温达 37℃ 以上到冬天西伯利亚足以冻裂橡胶的寒冷低温都有。这样的大陆性气候把南半球的信风一直吸到喜马拉雅山脉的山脚下，冬天的风与此逆向，北半球的信风向南可以到达马达加斯加的纬度。因为风太强烈，迫使海洋并行流动，所以对那些被巨大空气流和水流挟持和它同向行驶的水手来说，此体系似乎和其他大洋鲜有相似之处。水手们不会谈到亚洲水域截然不同的信风，但会谈到令人生畏的季风变换。[30]

亚洲的水手一直是冬天乘着季风和海流从印度与中东到达非洲以及东南亚，夏季再乘着它们返回，远比基督徒和穆斯林这样做的时间悠久。如果一切顺利，他们总会有顺风。如果一切顺利，航海只是一件让风吹在横梁后面，依据目的地不同向左转或向右转的事情。当然一切不总是顺利，但一次精心计划的航行，比如说在马林迪和印度之间，来回可以像从佛得角群岛乘着轻风到西印度群岛一样容易。

122　　然而无知和傲慢却会导致灾难。达伽马在领航员的帮助下从马林迪很快就到了印度，但返航时，他一意孤行，花了 95 天时间才回到东非。很多船员非病即死，几乎没有足够的人员去驾船。[31]过了好望角就是他熟悉的水域，从非洲南端到葡萄牙是一条和他出航时大致相反的线路："因为这就是风的规律，在那片海上的船舶必须遵循之，他们必须从一条线路出发，从另外一条航线返回。"他在大西洋的出航和返航线路构成了一个巨大的数字8，潦草地从北纬 40° 几乎写到南纬 40°。[32]从里斯本到印度的卡利卡特以及返回的航行损失了四艘船中的两艘以及 80 名到 100 名船员。其中有一半人已经上船，结果多数还是死于坏血病。运回的香料让本次航行获利丰厚。[33]

达伽马的航行距离几乎等于绕地球一周。探险时代下一个伟大的人物费迪南德·麦哲伦是一位葡萄牙人，受雇于西班牙，也试图去做这样的航行。虽然他在那次航行完成之前不幸客死他乡，但他的船只和幸存下来的船员确实完成了环球航行。他和他的接替者胡安·塞巴斯蒂安·埃尔卡诺（Juan Sebastián Elcano）汲取了前人积累的有关风的很多经验，其中有"大西洋中的地中海"里的无名水手，有迪亚斯、哥伦布和达伽马这样的著名航海家，还有很多古代首次在亚洲海上航行的默默无闻的人。

1519 年 9 月麦哲伦率领由五艘船只组成的船队，由西班牙的圣卢卡港启航，乘着信风用六天时间到达加那利群岛，从那里到达并经过佛得角群岛。在塞拉利昂附近，他们遇到了赤道无风带最糟糕的时节。有 60 天时间，天一直在下雨，风力微弱，风向多变，间以死一般的寂静。那里有些鸟类没有肛门，有些没有脚，雌鸟把卵产在飞翔中的雄鸟背上——本次航行的主要记录者如是说。[34]

123

他们采用了达伽马绕行返回方式，最终使船在信风的推动下漂动起来。他们的首航仅用了达伽马一半的时间就到达了好望角，然后穿过大西洋来到南美洲。在这里遇到了障碍，即巴西及其南方的陆地挡住了去路，他们需要找一条通道绕过这些地方。他们沿海岸南下，偶尔会停下来与印第安人寻欢作乐，结果染上性病。艰苦的航行引发船员内部发生叛乱，叛乱者被处死。一只船不慎在浅滩触礁受损。10 月，他们来到了后来以他们领队名字命名的海峡即麦哲伦海峡。在 11 月份的最后几天，又损失了一艘船之后（这只船是由于成功哗变，调转船头返回了西班牙），经过几个星期最艰苦的航行，他们出现在了我们这个太阳系里最大的一片水域里。麦哲伦命令向上帝致谢。他选择了一条通往北方的航线，"以期驶出严寒地带"。[35]

于是他来到旧大陆之前没有人航行过的水域，那里没有任何腓尼基人、维京人或阿拉伯人来过，郑和，甚至圣·布伦丹（St. Brendan）也没有来过。欧洲人对太平洋亚洲那边有些熟悉，麦哲伦自己曾经到过东印度群岛，但世界上最大海洋的那部分现在离他的距离超过地球圆周的三分之一。麦哲伦对当时所处位置的了解还不及我们今天对月球背面的认识多。然而他马上扬帆驶往北方的信风区，尔后向西行驶。史学家兼水手塞缪尔·艾略特·莫里森说："如果他对这个大洋的风系和洋流完全了解，也未必能做得比这更好。"[36]

这可是文艺复兴时期又一位海员在未知的海洋里做了一个准确的猜测！麦哲伦要寻找东印度群岛的香料群岛即摩鹿加群岛（又译马鲁古群岛）。

124 它们就位于赤道以南，但他却选择了一条偏离赤道线以北 10°的航线，结果来到菲律宾群岛，正好在他目的地的北面。这样的航线是他最好的赌注。但他怎么会知道这一点呢？他是仅仅沿着盛行风的路线吗？答案可以说"是"，也可以说"不是"。风可以决定人不能选择哪些线路，但不能决定人将会选择什么线路。麦哲伦原本可以转向，选择偏离不少于 150°左右弧度内的任何航线。他不必选择穿越太平洋的最佳航线，却完全有可能选择一些极其错误的线路，因为所有这些航线都有顺风。

在东印度群岛期间，他很有可能对西太平洋风的类型即太平洋季风有了一定了解，而该知识让他后来选择了穿越太平洋所走的航线。[37]他确实不知道那个大洋的宽度。他十分希望在冬天结束即三月份之前早些时候到达菲律宾群岛，而他也确实做到了。冬天着陆将会让他及时得到休整，乘着季风轻松驶出寒冷的亚洲，稍微转向南很容易就可以到达香料群岛。

很显然，他也真的从麦哲伦海峡向北到了信风带。如果有人想从东到西穿过太平洋，无论什么季节，就像在大西洋一样，他都要谋求有轻风可乘。麦哲伦一定也深思熟虑过，认为仁慈而始终如一的上帝会这样创造世界，让太平洋中心地带风的类型和更熟悉的大西洋的相似。毕竟除此之外，他又能依据什么呢？

麦哲伦向北航行到热带地区，穿越世界上最空旷的一些水域，平稳而快速地向西驶去，接连好几个星期看不到任何陆地。他选的航线一点没错，但在连续 3 个月零 20 天的时间里，他和他的船员吃不上新鲜食物，其他食物也少得可怜，他们忍受着极大的痛苦折磨。[38] 唯一的好处就是天气不错，一路顺风，海上没有起暴风雨。"要不是上帝和圣母恩赐给我们这么好的天气，我们恐怕都会饿死在那片极其广袤的大海里。的确，我相信这样的航行旷世绝后。"[39] 在灿烂的天空下，火积云整齐地飘动着，19 名欧洲人和一名在巴西被带上船的美洲印第安人因为坏血病死在了广阔的太平洋水域上。

3 月，离开麦哲伦海峡 99 天之后，他们看到了关岛和其他一些附近岛屿，于是上岸寻找食物和补给。得到补充之后，他们继续向前航行，来到了菲律宾群岛。在那里，为了寻找能够给西班牙提供东方立足点的盟友，麦哲伦卷入了当地内争，因此被杀害。他不是一位外交家，只是一名航海者。一名同船水手是这么描述他的："他比其他人都更能忍饥挨饿，也比世界上任何人能更准确地理解海图和懂得航海。"[40]

麦哲伦和那些后继者们像达伽马一样，全凭自己的技术到达了亚洲的季风水域。现在，他们（或至少那些比他们活得长久的人）可以像达伽马一样，求助于当地领航员和比世界上那个地区的文明更加古老的海洋知识了。由于文化、语言和宗教的障碍，欧洲人觉得他们得采取绑架手段来获得领航员，他们后来如愿以偿。（其中一名领航员游泳逃跑了，可是他的儿子由于没能抓住父亲的肩膀淹死了。）[41]

不久，欧洲人便来到了摩鹿加群岛，一个带有几分神秘色彩的香料群岛，也是欧洲丁香的来源地。他们满载货物，制订计划返航，决定西班牙启航以来仅剩下的两艘船"特里尼达"号和"维多利亚"号（第三艘因为

缺少船员被遗弃在菲律宾群岛）应该分开航行，以增加把这些价值连城的

126 货物运回国的几率。"特里尼达"号将穿越太平洋，返回到新西班牙（墨西哥），关于这一点后面再详加论述。"维多利亚"号由胡安·塞巴斯蒂安·埃尔卡诺（Juan Sebastián）担任船长（探险时代所有伟大的船长中最不为人们所知的一位），将继续环球航行。[42]

经过九个月的艰难航行，吃了和之前在太平洋中部一样多的苦头，埃尔卡诺船长率领"维多利亚"号才终于回国。但他算错了季风的时间，绕过非洲时，由于向南航行得太远，一下子闯入狂暴西风带。从此以后，水手们把这些纬度称为咆哮40°西风带。然后向北穿越大西洋，迎来相对安全的一段航行，但这段航行漫长且费力。死去的基督徒被面朝上抛入大海，而在东印度群岛加入的几名异教徒死后被面朝下投入大海。[43]也许是依靠技术，也许是凭借好运，"维多利亚"号没有耽误太长时间就轻快地穿过了赤道无风带。之后向北到达加那利群岛，采用经典的绕行返回模式再到达亚速尔群岛，最后乘着顺风回国。

1522年9月8号星期一，"维多利亚"号在塞维利亚码头附近抛锚停泊，船上火炮齐发，庆祝世界上首次环球航行的完成。次日，"我们都穿着衬衫，光着脚，每人手里举着一根蜡烛，去敬拜维多利亚圣母马利亚的神殿和安提瓜拉圣母马利亚的神殿。"[44]

公元1519年，五艘船和240名左右的船员离开西班牙做环球航行，历时3年零1个月。只有"维多利亚"号完成了全程的环球航行。船队通过麦哲伦海峡进入太平洋时，由于哗变而船只减少，当时还有210名海员各司其职。在这些人之中，后来又有36人通过不同路线先后陆续回国。当"维多利亚"号最终到达塞维利亚时，出发时的二百多名船员仅剩下18人，外加曾在东印度群岛加入的15名印度尼西亚人中幸存下来的三人。"维多

利亚"号还带回了丁香、桂皮、肉豆蔻衣和肉豆蔻等货物，其价值足以抵消整个环航的成本，而且还略有盈余。[45]

其实，"维多利亚"号船长和船员们大脑里带回的东西比香料货物本身更重要。他们比任何人（上帝除外）对主要大洋的海风和洋流以及世界地理的总体情况有了更多的了解。他们知道了绕过美洲的一条航海线。他们认识到太平洋和世界比以前人们认为的要大得多。他们知道有一条航线可以横渡太平洋和环绕地球。除了西太平洋外，信风总体上都和大西洋的一样可靠。只有大陆和季风会干扰或彻底改变它们的方向，而亚洲领航员掌握着有效利用这些季风的秘诀。

自从 1522 年起，欧洲人对从北极圈到南纬大约 40°之间的大西洋以及从印度洋北海岸到南纬大约 15°之间的世界海洋风系有了一个虽然不够完整但相当准确的理解。他们认识到信风提供了一条从东到西穿越太平洋的航线。他们也对非洲南部附近的风所知甚多，而且开始去了解南美洲附近风的规律。

现在便是去实现、建立和巩固帝国，总的来说，利用航海者所了解的信息去赚钱。这就意味着贸易，而为了贸易往返大洋将是必然的。随季节有规律改变的季风让穿越印度洋和中国海的往返变得容易。事实上，几乎是必须要这样做。自从哥伦布 1493 年返航以来，向东横渡大西洋的秘密已人尽皆知，然而向北抢风行驶穿过信风来到西风带区是一个很漫长而艰辛的航程。1513 年，庞塞·德莱昂（Ponce de León）发现了佛罗里达。虽然他当时并不知道，从西印度群岛到西风带的捷径是通过墨西哥湾流。

信风将来自大西洋中心地带的海水不断驱赶进墨西哥湾，结果使湾内水位比大洋海面高得多。这个巨大的贮水池有一个水面上的出口——佛罗里达半岛与古巴岛、巴哈马群岛间的佛罗里达海峡。通过它，海水像一群

127

128

从畜栏放出的种马一样奔腾不息地流出。难怪德莱昂发现，尽管在迈阿密附近有一股从北面吹来的顺风，自己还是在向后倒退。他把这个凸出的海岸命名为 *El Cabo de los Corrientes*，西班牙语的意思是"洋流角"。[46]

在德莱昂发现了佛罗里达 6 年之后，他的领航员安东尼奥·德·阿拉米诺斯（Antonio de Alaminos）从西印度群岛航行到西班牙，不是像通常那样经过古巴南部，而是向北经过佛罗里达海峡，借助于墨西哥湾流的巨大推力，把他的船推送到西风带所在纬度。[47]这一创举完成了从伊比利亚往返美国的经典路线的开辟。往返的整个航线是一个歪斜的平行四边形：去时从加的斯港到加那利群岛或佛得角群岛，然后到哈瓦那，而后经由墨西哥湾流和西风带返回，来回都与马尾藻海周围杂草丛生的空旷处强大的海风和洋流的旋转方向一致。

对墨西哥湾流的利用是对已知事物的一个改进。在太平洋，从亚洲到美洲的航线在麦哲伦之后的一代仍然没有开辟。当他死的时候，他的船离开了菲律宾群岛，开往摩鹿加群岛，满载香料。后来本次探险队幸存下来的队长决定，"维多利亚"号应该继续环球航行，而"特里尼达"号应该横渡太平洋返回到墨西哥。与以前穿越太平洋向西的航行所教给西班牙人的一切经验相反，"特里尼达"号启航时顶着砭人肌骨的风势。先是热带地区持续的逆风，后来当他们真的掉头向北时，暴风雨、寒冷，再加上坏血病造成 53 名船员中有 30 人死亡，"特里尼达"号被迫重返东印度群岛。而在那里，葡萄牙人急于保护他们在此地区的贸易垄断，扣下了"特里尼达"号，囚禁了海员。[48]

实现西班牙穿越太平洋往返航海的第一步就是在亚洲大陆上或其附近的某个地方获得一个终点站。朝着这个目标，16 世纪 60 年代，由米格尔·洛佩斯·黎牙实比（Miguel López Legaspi）率领的一只西班牙探险队，自墨西哥出发，侵略了菲律宾群岛。马尼拉和所有远东地区都有贸易联系，将成为与哈瓦拉相当的西班牙在东方的中心。黎牙实比很快在菲律宾群岛建立了一个立足点，接着开始实施其余的计划，而马尼拉仅是该计划的一部分。就像在大西洋一样，希望西风带在太平洋向热带以北吹似乎也合乎情理。两名伟大的航海者依靠他们船的龙骨进行竞赛，看谁会是第一个沿着最大的绕行返回路线航行的人。

获胜者是洛佩·马丁（Lope Martín），与其说他是一位绅士，不如说他是一位航海家。他丢下在菲律宾群岛的黎牙实比，带领20名海员乘一艘没有额外船帆和储备物资的小船离开了。他向北航行，遇上西风，顺风来到加利福尼亚的海岸。然后他向南航行，于1565年8月9号到达墨西哥。此次航行遭遇了坏血病、险些酿成的哗变，以及把叛乱者沉海淹死作为处罚等问题。之所以成功，运气和冒险的成分大于智慧的成分。它似乎是菲律宾群岛和新西班牙之间每年交易的一个不牢靠的先例。

人们通常把发现穿越亚洲和美洲之间那片广阔水域航线的殊荣归于安德烈斯·德·乌尔达内塔（Andrés de Urdaneta）。他曾经是黎牙实比在侵略菲律宾群岛期间的领航员和主要参谋，被黎牙实比任命驶往墨西哥（这次远航名义上的统帅是黎牙实比的侄子，但大家都清楚，谁才是真正的领导者）。"圣巴勃罗"号于1565年6月1号离开宿务，乘着季风驶出菲律宾群岛，向西北方向缓慢航行穿越太平洋到达北纬37°与北纬39°之间的地区。在那里，船只乘着西风扬帆前进来到了加利福尼亚水域。在9月8号，到达阿卡普尔科（墨西哥南部港市——译者注）。从那里乌尔达内塔继续航行回到西班牙，把马丁叛离事件禀报给了国王。"圣巴勃罗"号本次穿越北太平洋的航行历时129天，期间有16人丧生。[49]

还有更多的东西需要学习。比如直到17世纪，欧洲人，确切地说是荷

130

兰人，才利用咆哮40°西风带的西风，从季风区来到东印度群岛。结果由于
低估了经度，无意中来到澳大利亚的西海岸，因此对该大陆有了很多认
识。[50]直到库克船长从太平洋返航以后，欧洲人才对澳大利亚东海岸有些许
了解，或才对新西兰除了其存在之外的许多情况有所掌握。但和乌尔达内
塔之后我们对世界的认识相比较，所有这一切犹如蛋糕上的糖衣，可有可
无，一点都不重要。

　　1492年，航海者们穿越了大西洋。16世纪20年代，他们进行了首次
环球航行。那次航行的主要记录者对此次航行的可复制性曾表示怀疑。然
而到1600年，甚至一个普通人都可以乘商船做到这一点，大多数路程都可
以通过每年定期的航线去完成。弗朗西斯科·卡莱蒂（Francesco Carletti）
自己就成功做到了。他这样描述其亲身经历：在7月乘坐从西班牙开往美
洲的西印度船队，一路悠闲地穿过墨西哥来到阿卡普尔科，到达后及时赶
上了3月份的马尼拉大帆船。从马尼拉乘船去日本，尔后去澳门，再从澳
门乘坐葡萄牙的商船去印度的果阿，3月份登陆。在果阿，令人遗憾的是
需要短暂停留数月，等待季风转向。在12月或元月，登上每年航期为六个
月的葡萄牙巨型武装商船到达里斯本。把所有采购货物和等待合适风向的
时间计算在内，当时的环球航行需要四年的时间。从其他航线走也许花的
131　时间更长，因为西风没有信风可靠。不过乘坐插有西班牙或葡萄牙旗帜的
商船也完全或几乎完全可以做到这一点。[51]

　　泛古陆的裂隙正在闭合，被帆船制造者的罗盘针缝合在一起。因此小
鸡遇到了几维鸟，牛遇到了袋鼠，爱尔兰人遇到了土豆，科曼切人遇到了
马，印加人遭遇了天花。所有这一切都是史无前例。旅鸽以及大安的列斯
群岛与塔斯马尼亚的土住人开始进入灭绝倒计时。与此同时，地球上的一
些其他物种却开始大量地扩张，为首的有猪和牛、杂草和病原菌，还有旧

大陆的人——和泛古陆裂隙另一边的土地接触后，他们是首先获益者。[52]

　　航海者们没有意识到，他们是在做着如同神仙开天辟地一样的大事。塞缪尔·珀切斯（Samuel Purchas）是 17 世纪早期的一位英国牧师，他收集编纂了很多航海者的记述，向他的读者以及后代，还有我们，反问道：

> 　　谁曾经拥有了那个广阔的海洋并环绕广袤的地球航行？谁发现了新大陆，向天寒地冻的南北极致敬，征服了炙烤的热带地区？还有谁似乎在模仿万能的主，利用航海技术把房梁架在水上，行走在风的翅膀上？[53]

　　答案当然是，那些伟大的航海者！

第六章

可以抵达，却难以掌控

　　……在重要的物质被阳光发酵成生命的地方，它从母体里突然喷发而出，在整个大陆上狂怒地扩散开来。

——约翰·布鲁克纳（John Bruckner）：《关于动物的哲学思考》

（*A philosophical Survey of the Animal Creation*）（1768 年）

　　当文明国家与原始人接触时，除非那里致命的气候能够助当地种族一臂之力，否则战斗不会持续很长时间。

——查尔斯·达尔文：《人类的起源》（1871 年）

　　掌握风的规律让欧洲人能够到达位于南北极之间所有的沿海地带及其内陆。但正如历史所揭示的那样，不是在所有的地方欧洲人都可以掌控整片地区，从而使大量移民取代土著人口。而今，在欧洲边界之外几乎所有属于新欧洲的地方，多数基本符合上一章末所提及的标准：在诸如气候这样一些基本方面和欧洲接近而又远离旧大陆。新欧洲是那个时代欧洲称霸海上最有形的遗产，它们的历史是本书余下章节的重点。但首先我们必须简要地探讨一下那些不符合这些标准的地方，尽管其中很多地方曾经在很长一段时期是欧洲人的殖民地，然而它们今天并不属于新欧洲。

我们可以简单地探讨一下北回归线以北的亚太地区。在中国、韩国和日本，欧洲人需要面对有着强大的集权政府、灵活的制度和悠久的文化自信等特点的稠密人口，以及和欧洲非常相似的作物、家畜、微生物以及寄生虫。事实上，东亚人在很多重要方面都和欧洲人很相似，只是暂时缺乏一些重要技术。白人帝国主义者从来没有在世界的这个地区建立过移民殖民地，设在上海、澳门和长崎这样一些港口城市的欧洲居民点只是为了汲取亚洲财富而接入其侧面的龙头而已。

如早前所述，当中东人面对欧洲人时，他们和东亚人一样善于防卫。在航海者们正完成对海洋的征服时，中东人实际上也在扩大他们的控制领地。在土耳其禁卫军和伊斯兰教托钵僧的协助下，奥斯曼土耳其人控制中东、巴尔干半岛以及北非的时间长达几个世纪。甚至在他们衰落之后，欧洲移民殖民地除了在伊斯兰世界边缘地带如阿尔及利亚和哈萨克斯坦外，在其他地方根本不可能被建立。 134

欧洲人虽然竭力在热带地区建立殖民地，但一般都失败了，而且常常是惊人的失败。我们把这片广袤的热带地区分为三种类型，每一种都有不同的欧洲人定居史。除了矿产的原因，欧洲人很少青睐干旱的热带地区，所以很少向那里大量移民。他们趋之若鹜的是那些相对湿润且通常凉爽的高地，但即便是在那里，入侵者也很少能够取代土著人。高地吸引白人的那些地理优势在白人到来之前也吸引了许许多多的土著人，他们一般占据着高谷和高原，人数众多因此不可能被消灭掉。举个例子，西班牙人大批迁移到墨西哥中央山谷的高地，然而他们并没有取代当地人而是和阿兹特克人以及其他美洲印第安人结合混生。因此墨西哥是一个梅斯蒂索混血儿国家，不是一个新欧洲。

其他欧洲人也朝热带的山地进发，如肯尼亚怀特高地，但他们停留的时间通常都很短暂。当然也有例外，如绝大多数哥斯达黎加人都住在高地，他们是欧洲人的后裔。哥斯达黎加符合新欧洲的定义，但它仅仅是普遍现象中的一个特例，而且是一个微不足道的例外，它的总人口还不到250万。普遍的现象（非规律）是，虽然欧洲人可以征服热带地区，但他们没有将热带地区欧洲化，甚至没有欧洲化同欧洲气温一样的乡村。

最先吸引欧洲帝国主义者并且令他们垂涎至今的热带地区是一些炎热、水源充足的地方。非洲和美洲的热带地区确实（或显然）能出产染料木、

135 胡椒、糖、其他经济作物以及奴隶。南亚有辽阔的肥沃大地，其上生活着数百万训练有素、技术娴熟的居民，他们习惯为本地和入侵的上层人士生产盈余物品。在新旧大陆热带地区，欧洲人确实都成功地使自己变得异常富有，但在那里他们很少能成功地建立起永久性的欧洲人社区。从长远来看，潮湿的热带地区对欧洲人来说是心有余而力不足的。

正如人们料想的那样，尽管大多数亚洲热带地区对欧洲人来说太炎热，太潮湿，但和让入侵者会汗流浃背这个可能比起来，更重要的是那里存在着数不清的微小敌人。亚洲人及其动植物在千千万万的城市和村子里已生活了几千年，一同进化下来的还有很多专门危害人类和其役使生物的物种，如病菌、蠕虫、昆虫、锈病、霉菌等。尽管受寄生生物伤害，但这些受害者和攻击者却相互依存，彼此适应，繁衍不息。相反，欧洲人和他们的役

使生物在南亚毫无经验可循。最先到达的葡萄牙人发现自己患上了疟疾、腹泻、痘疮、痔疮和"一些秘而不宣的疾病"。例如"Mordexijn"在印度很流行："它使人虚弱，迫使人把身体里所有的东西都排泄掉，很多人为此而丧命。"（该病在印度果阿尤为危险，因为当地妇女"贪得无厌的性欲"。她们对男人的需求会"先把他榨成粉末，然后将他像灰尘一样扫地出门。"）[1]

事实上，在欧洲殖民者在东方面对的困难中，妇女才是主要问题，但不是东方妇女而是西方妇女。当西方妇女听说在东方等待她们的是酷热、疾病、外国食物等，了解到欧洲男人在那里轻易就可以搞到情妇时，没有几个人愿意踏上危险的旅途，绕过好望角去亚洲生活。一些欧洲男人也许渴望去苏伊士以东的地区生活，因为"那里没有十诫，男人可以满足需求"。但一个未来的人之妻和人之母干嘛要去那里呢？欧洲人在亚洲的后代通常是半个亚洲人（在英国统治下的印度有一句带贬损意义的俗语说，"需要是欧亚混血儿之母。"）。至于说把这些孩子培养成良好的葡萄牙、荷兰或是英国小公民，与父亲的语言和文化相比，他们通常更容易接受母亲一方的语言和文化。无论如何，欧洲人对欧亚混血儿压根就不了解，也不信任。[2]

欧洲入侵者在亚洲热带遇到的难题和 500 年前十字军在圣地所遇到的问题相似。理想的地区已经完全被身体耐力突出和文化悠久的庞大人口所占据，其数量远远超过欧洲能派往东方的人数。像欧洲人一样，这些印度人、印度尼西亚人、马来西亚人等都种植并食用小粒谷物（特别是大米，而大米直到文艺复兴时期才引入欧洲），依靠几乎同样的动物（虽然人均头数要少得多），与同样的病原菌、寄生虫以及几种欧洲人未知的有毒物种进行抗争以保持健康。尽管东西方人之间存在差异，但双方显然都是旧大陆新石器革命的后代，所以欧洲人对亚洲人的优势是暂时的。虽然也是在白人帝国主义者控制下建立起来的，但像新加坡和巴达维亚（雅加达的旧称——译者注）这样一些大城市，在本质上也只是巨大的贸易港。那里的白人居民尽管可能会呆上几十年，但那只不过比离船上岸度假的海员和货物管理员稍强一些而已。

137　　当欧洲人到达时，炎热湿润的非洲只有旧大陆新石器时代的一些要素（如农业、大型定居点和铁）存在。所以从理论上说，欧洲人征服非洲本应比征服亚洲要容易得多，然而对非洲的征服直到 19 世纪末才完成。对入侵者来说，非洲的生态系统简直过于苍翠繁茂、生机勃勃和难以征服，所以太难治理了。直到他们提高武器装备的科技含量，情况才有所改观。

欧洲人没有应对更新世热带雨林挑战的装备和方法。根据 1555 年赴西非为掠取包括象牙在内的一次探险的记录者所说：

> 那天，我们带了 30 人去找大象。我们的人都全副武装，配备有火绳枪、长矛、长弓、石弓、戟（一种战斧）、长剑、刀和盾牌。我们发现了两头大象，多次用火绳枪和长弓攻击它们，可是它们还是跑掉了，而且伤了我们其中一个人。[3]

只伤了一个人？第一次尝试只碰上了温顺的大象，他们也算够幸运的了。直到 19 世纪以及可以廉价大量地生产奎宁（治疗疟疾的特效药——译者注）和连发步枪的时代到来之前，白人实在无法把他们的意愿强加给非洲。欧洲人的作物在非洲表现不佳，容易腐烂变质，深受昆虫和所有饥饿动物（包括大象在内）的祸害。就算这些作物能侥幸躲过以上劫难，热带地区不变的昼长非但给不了它们任何提示，甚至会给它们带来错误的暗示。它们不知道什么时候该开花结籽，最终死于气候反常。在位于非洲赤道的圣多美，早期的葡萄牙人发现，小麦"穗子不够长，压根不结麦粒，但叶茂杆高"。[4]

欧洲的牲畜在西非的境遇也好不到哪里去。当地的寄生虫和疾病让家畜几乎完全无法生存，其中最严重的是锥虫病。当白人来到西非海岸地区时，西非已有牛，可它们体格矮小，肉质"又瘦又柴"，产奶太少，二三十头牛的奶量还"几乎不足以供应长官的餐桌"，这里说的是 17 世纪荷兰派遣的前哨总督。除非进口，沿海地区或紧邻的内陆根本没有马。在潮湿炎热的气候里，马既活不长，也不产仔。葡萄牙人把它们带到沿海换取金子、胡椒和奴隶，从中获得很大利润。在有些内陆深处，很可能远至苏丹的草原边缘，也的确有本地马，但它们"非常矮小，一个高个子骑在马背上双脚几乎可以触到地面"。[5]

西非抵御欧洲人最有效的武器是疾病，如黑尿热、黄热病、登革热、血痢以及许许多多由肠道寄生虫引起的疾病。无论是在早期还是在后来，它们给人类造成的灾难不胜枚举。若昂二世（1481—1495 年在位）派了王室一位骑士侍卫、国王寝宫的一位弓弩手以及一些仆从（总共八个人）去冈比亚河上游拜访曼迪国王。除了一个人"因为较适应这些地区"外，[6]其余人全死了。19 世纪早期，驻扎在黄金海岸的英国军队每年有多半的人会死掉，这是很稀松平常的事。[7]两代人之后，约瑟夫·康拉德（Joseph Conrad）前往利奥波德二世（King Leopold II）疯狂开发刚果河的公司里工作，差点丧命。他记述到发烧和痢疾频发，他的多数工友因此在任务完成期限之前被送回国，"为的是不要死在刚果"。但愿别发生这样的事！你知道，那样会把绝好的统计数字给毁掉的！总而言之，似乎只有 7% 的人能完成三年的服务期限。"[8]

138

占领非洲对欧洲人来说犹如探囊取物一样容易，但它却灼伤了那只试图攥住它的手。非洲十分富饶、诱人却可望不可即。16 世纪时，在几内亚沿海的若望·德·巴洛斯（João de Barros）就曾准确地表达了所有对非洲虎视眈眈的帝国主义者的沮丧之情：

139   可是看起来，因为我们的罪恶，或因为上帝那令人无法洞悉的审判，在我们所航行的大埃塞俄比亚河的所有沿途入口处，上帝都派驻了一位引人注目的守护神，手持致命热病的火红宝剑，阻止我们深入其腹地，到达这条河的源头处。从那里发源的众多美丽河流汇入我们所征服的许多地方的海里。[9]

直到 20 世纪初，非洲热带地区的外来者在殖民地也还常常不堪酷热而死。当美国独立革命取消了英国把囚犯流放到佐治亚的权利时，一些犯人被流放到了西非的黄金海岸，可这一判决本身就被证明足以致命。埃德蒙·伯克（Edmund Burke）说，等于"虚假地施舍了仁慈"之后犯人又被迫接受死刑。[10]英国后来转而把犯人流放到新欧洲的一个发源地：澳大利亚植物湾。他们在那里相对来说日子好过多了。

在 18 世纪晚期和 19 世纪，英国和美国的开明白人试图加快解放奴隶的进程，把获得自由的黑人运送到一些西非的殖民地如塞拉利昂和利比里亚，以此防止种族冲突的发生。与此同时，废奴主义者证实如果童年没有在非洲度过，即便是非洲的基因，在抵抗非洲病原菌方面，也只能提供一点微弱保护。在塞拉利昂建立自由省的第一年，46% 的白人丧命，黑人移民的死亡率也高达 39%。在利比里亚，1820—1843 年，21% 的人在他们移入后活不过一年，他们可能全是或几乎全是黑人或穆拉托人（黑人与白人的混血儿——译者注）。[11]

欧洲人在非洲遇到的大多数问题在美洲热带也存在，不过通常没有那么严重。16世纪，何塞·德·阿科斯塔抱怨说，小麦在西印度群岛"出苗好，不久就绿油油的，但生长期很不均衡，所以无法收割。虽然种子同时播下，但一些在拔节，另外一些在抽穗；一株在春季，另外一株在灌浆长粒"。[12]只有在热带美洲的山区和高原上，小麦和中东地区其他很多作物的生长才和犹太教及基督教共有的传统一致。在美洲低地就像在非洲低地一样，欧洲人常常不得不种植当地作物如木薯、玉米、甘薯等。当然，这些作物像为其他种族一样为欧洲人服务。

欧洲被驯化的牲畜在西印度群岛和美洲热带其他地方的经历与许多旧大陆植物在那里的命运形成鲜明的对比，猪和牛尤其如此。马有时被证明对食物较挑剔，需要很多年去适应巴西牧场和美洲大草原的环境。尽管如此，欧洲的牲畜在美洲热带还是成功地繁衍了下来，而在同样纬度的非洲就无法生存。这就为这两个地区殖民地截然不同的历史提供了一个清楚的解释。[13]

致病生物（其中大多数显然来自旧大陆）给美洲热带印第安人造成了重大损失，导致了低地和岛屿上大多数土著人的死亡，从而打开了这些地区白人殖民的大门。然而非洲独有的病原菌对欧洲人几乎一样残酷，严重削弱了他们的殖民事业。英国军队在加勒比海战区于1793—1796年损失了约80 000名精兵良将，仅死于黄热病的人就超过一半，总数远远超过威灵顿公爵在整个半岛战争中损失的兵力。[14]即使在1817—1836年的和平时期，英国士兵在西印度群岛的年死亡率从85‰到130‰不等，而在本国岛屿上，这一比例只有约15‰（我们应该注意到，在西非，那些年的死亡率超过500‰）。[15]因此欧洲移民殖民地在美洲热带地区很稀少，成功的就更是凤

140

毛麟角。例如苏格兰 17 世纪末在达连湾（加勒比海最南端的海湾——译者
注）以及距其约 60 年之后法国在圭亚那地区的尝试无一不是以数千人的死
亡收场的，几十间茅草屋逐渐坍塌化为尘土。[16]在美洲炎热潮湿的地区，一
个欧洲的殖民地通常由三部分构成：一个由少数白人组成的管理阶层、一
些自由黑人和穆拉托人，以及数量庞大的非洲奴隶。后者几乎无一例外都
营养不良，他们经常超负荷工作，居住的疾病环境虽然对他们来说不像对
白人那样不利，但和他们在本国的环境还是有很大的不同，所以死亡率也
很高。不过总会有人来接替他们。[17]

　　疾病是决定炙热而潮湿的美洲必将是一个种族混杂地区最重要的因素。
美洲印第安人逐渐消亡，欧洲移民艰难地生存了下来。大西洋贸易的倡导
者输入了数以百万的非洲人以替代美洲潮湿的热带地区的印第安劳工。结
果就形成了今天的新非洲和种族混杂社会：不是气候温和的蒙特利尔，那
里的种族和文化之间的差别不大，就像英国人的英吉利海峡，法国人的拉
芒什海峡一样相差无几；而是像热带的里约热内卢，那里的穆拉托人，桑
博人（黑人与印第安人或欧洲人的混血儿——译者注）和据说是纯血统葡
萄牙人在大斋节前夕都会跳起非洲桑巴舞。

　　尽管如上所说，欧洲人还是能够在酷热潮湿的热带地区建立起新欧洲
社会。他们也确实做到了，不过前提条件十分严苛。审视这些条件在生物
地理学上不无裨益。让我们来看一看昆士兰的早期历史，这是澳大利亚东
北部热带地区一个由白人居住且环境相当健康的州。它得到了一些命运的
特别恩赐，能够成为一个新欧洲，而所在地区像很多死于霉菌、腐烂病和
疟疾的其他欧洲殖民地一样闷热潮湿。说到底，欧洲殖民地在潮湿的热带
地区的问题并不是酷热或湿度这些会雪上加霜的因素，而是和热带地区的
人、他们的役使生物以及所伴随的大小寄生物的接触有关。

141

142

　　昆士兰的湿度和热度非常适合按蚊、伊蚊、舌蝇、钩虫或其他蠕虫的生存，但它却没有很大的土生害虫群，它们的动植物只携带很小的有害寄生物。昆士兰的土著人口少，寄生物因此就更少。他们没有作物，只有一种动物即澳洲野狗，为微生物等的演化提供媒介，给外来的动植物造成很大危害。当白人将劳工输入他们的蔗糖种植园工作时（昆士兰是马德拉岛类型殖民地最后的例子之一），他们是从相对健康的太平洋诸岛而不是从疾病肆虐的大陆引入这些工人的。这些合同劳工被称为"卡纳卡人"，而他们确实携带了一些热带传染病，到来的少数华人和从印度来的英国士兵也一样，但这三种人携带来的病原菌和寄生物加起来也没有非洲人带到巴西和加勒比海的种类多。疟疾在昆士兰立足了，但并不顽固。政府（出于经济、人道、种族等诸多原因）禁止进一步移民非白人，而这大大减少了致病生物的涌入，而且昆士兰白人也汲取了 19 世纪和 20 世纪卫生学家的训诫和细菌学革命的成果，用以保护自身、牲畜和作物。疟疾渐渐灭绝，昆士兰从此变成了地球上热带附近最健康的地区之一，今天依然如此。这当然花了不少的钱。这些钱是澳大利亚设法以各种途径筹措的，[18]不像美国在巴拿马运河区建立的新欧洲社会那样人造化，昆士兰的新欧洲社会是自然形成的，那里的生活也没有澳大利亚温和的南方那样凉爽、舒适和安逸。　143在澳大利亚南方，如果威廉·华兹华斯（William Wordsworth）再生，他会看到"随着小鼓之声，任小羊儿跳跃"的景象，在有些地方，他甚至可能会误以为自己回到了苏格兰的湖区老家。

　　17 世纪 20 年代，流放到荷兰的一小群不信奉国教的英国新教徒挣扎在贫困线上。由于担心孩子长大后变成荷兰人，他们试图决定该去哪里建立一个虔诚的英国社会。他们认真地考虑过圭亚那地区，也考虑过北弗吉尼亚。除了上面提到的对昆士兰的投资外，对这些地点的利弊分析在当时是对的，至今仍然是正确的。他们认为圭亚那地区：

> 既富饶又宜人，和其他地方相比，会给拥有者带来财富以维持生活。但如果出于综合考虑，这个地方不太适合他们……这么炎热的地区，人很容易患严重的疾病，受制于很多影响生活的不利因素，这些都是我们英国人的身体无法适应的，而这些问题在其他较温和的地方是没有的。[19]

这样，他们就起航去了北美洲，后来我们把这些人称为清教徒。在那里，有半数的英国清教徒在新英格兰的第一个冬天里死于营养不良、疲惫不堪和天寒地冻。而其余的人认为自己苦尽甘来，得到了像上帝应允亚伯拉罕的种种好处："论福，我必赐大福给你。论子孙，我必叫你的子孙多起来，如同天上的星，海边的沙，不可胜数。你子孙必得着仇敌的城市，并且地上万国都会祈祷能像你的子孙那样得福。"[20]沃尔特·雷利爵士（Sir Walter Raleigh）这样评价圭亚那地区："就健康、良好的空气、享乐以及财富来说，我坚信东西部任何地区都比不上它。"[21]如果英国清教徒们被这一观点说服，当时去了那里，那么他们就进入了一个对欧洲人和他们的役使生物很不利的环境，他们将无法适应它的炎热、潮湿、食肉动物、寄生物和病原菌。那么这些清教徒在身后潮湿的地面上留下的将只有一些浅墓穴而已。

第七章

杂草

我们显然有双重反常现象，即澳大利亚比英国更适合部分英国植物生长，部分英国植物比那些为"英国入侵者"让位的澳大利亚植物更适合在澳大利亚生长。

——约瑟夫·道尔顿·胡克（Joseph Dalton Hooker），1853 年

欧洲人没有能使亚洲和非洲欧洲化，这一点并不让人意外。虽然他们在新大陆热带地区的状况好一些，但远没能达到在美洲炎炎烈日下建立新欧洲社会群的宏伟目标。事实上，在很多地区，他们甚至连试也没有试一下，而是专注于建立种植园殖民地，雇佣非欧洲人抵债苦工、奴隶和契约劳工。然而令人吃惊的是，欧洲人能够大量在新欧洲定居，而且确实在那里人丁兴旺，子孙绵延"如同天上的星，海边的沙。"新欧洲地处偏僻，许

多方面如果按照旧大陆的标准来衡量会显得十分古怪，但白人帝国主义者还是成功做到了这一点。今天的魁北克也许很像瑟堡（法国西北部港市——译者注），但在公元 1700 年，它肯定一点儿也不像。今天的旧金山、蒙得维的亚和悉尼可能很欧洲范儿，但在几代人之前，仅仅几代之前，这些地方还没有任何欧洲化的砖石建筑或街道，居住的是美洲印第安人和澳大利亚土著人，他们小心守护着自己的土地和主权。那么究竟是什么让白人入侵者得以在这些港口和海岸建立起新欧洲城市呢？

任何试图令人信服地解释这种欧洲人口推进的理论都必须要阐明至少两个现象。第一个是为什么新欧洲土著人士气消沉，往往被消灭。这些土著人口的彻底失败不是单纯因为欧洲人在技术上的优势。虽然移民到非洲南部温带的欧洲人和那些迁徙到弗吉尼亚和新南威尔士定居的欧洲人拥有同样的优势，但他们的历史极其不同。如今在南非说班图语的人远远多于白人，他们过去之所以比美洲、澳大利亚和新西兰的土著人有优势，是因为其拥有铁制武器。可是面对一只滑膛枪或来福枪来说，铁尖长矛较石尖长矛，优势又有多大？班图人繁衍不息不是因为他们首次和白人接触时就有人数优势，也许他们的人口密度比密西西比河以东的美洲印第安人还要小得多。班图人兴旺是因为他们从武力征服中幸存了下来，躲开侵略者，或成为其不可或缺的仆人。而从长远来看，是因为他们比白人繁衍得更多。相比之下，为什么新欧洲地区的土著人没有多少幸存了下来呢？

第二，我们必须解释为什么欧洲农业在新欧洲能取得惊人的，甚至是令人敬畏的成功。欧洲农业在西伯利亚泰加林带、巴西腹地和非洲草原的艰难发展与在北美洲的长驱直入形成了鲜明的对比。当然，美利坚合众国和加拿大的白人开拓者从来不会把他们的成就描绘成轻而易举，他们的生活充满了危险、匮乏和不懈的艰辛。但作为一个群体，他们总能在几十年，或更短的时间里成功地征服北美洲任何一块气候温和的地区。其中很多人失败了，暴风雪和沙尘暴让人抓狂，蝗虫毁掉他们的庄稼，美洲狮和狼吃掉他们的牲畜，而且不难想象，不欢迎他们的美洲印第安人会剥下他们的带发头皮作为战利品等。但作为一个群体，他们一直很成功，而且就人类世代而言，是非常神速的。

这些现象是如此广泛以致让人觉得不可思议，并且表明了影响人类事物的力量比人类的意志更强大、更坚定和更普遍。这些力量对于意志犹如持续地、势不可挡地向前移动的冰川对于雪崩的骤然而止。让我们来审视一下人类在欧洲和新欧洲之间的迁徙。数以万计的欧洲人离开家园，前往新欧洲，在那里大量繁衍生息。与此形成强烈反差的是，美洲、澳大利亚或新西兰却没有多少土著人曾经去过欧洲，更不用说在那里生儿育女。现在人类迁徙的流向几乎全是从欧洲到殖民地，这既不令人吃惊，也没有什么启发性。欧洲人控制了海外迁徙，欧洲需要出口而不需要进口劳力。这种单向迁徙模式非常重要，因为它在欧洲和新欧洲其他物种的迁徙历史上又重现了。我们不可能把所有迁徙物种都纳入考虑范围，例如旧大陆作物在海外的扩张，如小麦和芜菁，显然是伴随着欧洲农夫的迁移而发生的，这不足为奇。我们将对三大类生活型即杂草、野生动物以及与人类相关的病原菌进行探讨。它们通常穿越泛古陆裂隙没有受到任何外力帮助，甚至遭到欧洲人的遏制，却在殖民地茁壮成长。在这些群体的历史中是否有一种模式，可以对欧洲人在新欧洲所取得的人口成就现象作出全面解释，或至少提供一些探究的新思路？

首先，有必要重新界定"新欧洲"，缩小一下之前比较宽泛的定义。并非美国、阿根廷、澳大利亚等国家所有地区都吸引大量的欧洲移民，例如在澳大利亚的大沙漠几乎没有白人。如果澳大利亚所有地区都很干旱，

148

那么这块大陆就像格陵兰一样不可能成为新欧洲。尽管今天在新欧洲最炎热、最寒冷、最干旱、最潮湿以及最不适宜人居的地区，都有白人居住，这是因为大量白人移民首先被吸引到较适宜人居的地区，然后从那里扩散开来。这些地区是后哥伦布和后库克时代当地物种和外来物种进行竞争的最重要场所，角逐的结果使整个地区欧洲化成为可能。这些竞争场所将是我们关注的焦点。占美国和加拿大 1/3 的东部地区是北美洲的新欧洲发源地，虽然距离詹姆斯敦和魁北克殖民地的建立已过去了 350 年，但今天整个国家一半的人口依然生活在那里。澳大利亚的东南部也一样，即以海洋为界，从布里斯班到阿德莱德以及塔斯马尼亚一线的范围。整个新西兰，除了其高寒地带以及南岛西部海岸外，都属于这种吸引人的地区类型。美洲南部的新欧洲核心就是潮湿的草原地带，布宜诺斯艾利斯城位于中心。它覆盖的地域很广，坐落在半个圆圈范围内，大致南起布兰卡港、西至科尔多瓦，东到巴西海岸边的阿雷格里港，大部分地区平坦得像板子一样。这片超过一百万平方公里的土地包括了阿根廷面积的五分之一、乌拉圭的全部国土面积和巴西的南里奥格兰德州。在这里居住着阿根廷三分之二的人口、乌拉圭的全部人口和南里奥格兰德州的所有人口，是南回归线以南世界上人口最稠密的地方。[1]

　　新欧洲的地点已确定，接下来让我们引入"我们植物群中的流浪者"，即约瑟夫·道尔顿·胡克爵士所称的杂草。[2] "杂草"不是一个科学意义上的种、属或科的术语，通俗的定义也多有不同，所以我们有必要先澄清一下它的定义。根据现代生物学的解释，这个词指的是在扰动土上迅速蔓延，而且比其他物种生长得更好的任何植物。在农业出现之前，代表任何特定物种的这类植物相对很少，它们是"次生演替或移生植物的开路先锋"，专门占领那些因山崩、洪水、火灾等变得光秃秃的土地。[3]

　　杂草并不总是讨人厌。黑麦和燕麦曾经是杂草，而现在它们是作物。[4]　150
一种作物会反过来成为草吗？答案是肯定的。苋菜和马唐曾分别是美洲和
欧洲的史前作物。二者均因富含营养的籽而受人青睐，现在都被降级为杂
草了（苋菜现在可能处在重新回归受人重视作物的路上）。[5]虽然被归类为杂
草，难道对每个人来说都是祸害和烦恼吗？当然不是。百慕大草是一种最
无法抑制的热带杂草，在一个半世纪以前的密西西比河下游一带被赞美为
河堤加固器，而与此同时，离该河不远处的农夫却诅咒它为魔鬼草。[6]草本
身并无好坏之分，只不过这些植物容易吸引植物学家使用诸如"侵略者"
和"机会主义者"这样的拟人词语去描述它们而已。

　　早在航海者启程进入"大西洋中的地中海"之前，欧洲已有很多杂
草。当更新世冰川退去，草类物种逐渐进化，占领了留下来的裸露地面。
随着新石器时代的农夫迁徙到欧洲来，他们随同带来了作物、牲畜和中东
地区的草。其中一些机会主义者植物可能穿越大西洋到了文兰，但比那里
的维京人定居点仅仅多维持了一两个季节而已。在移生植物中，地中海地
区的杂草无疑是第一批成功的越境者。它们先近距离迁徙到亚速尔、马德
拉和加那利群岛那些森林被砍伐掉的山坡上，再长途跋涉到西印度群岛和
美洲热带地区。

　　我们对美洲15世纪和16世纪的杂草知之甚少。西班牙征服者对农业
漠不关心，对杂草就更不用说。科尔特斯随行或随后的历史学家和其余的
人很少注意到"没有用的杂草"，但我们知道它们就在那里。虽然征服者
眼里只有黄金和征服，根本无暇他顾，但欧洲的作物和其他受欢迎的植物
在西印度群岛还是生长茂盛。所以我们可以肯定，那些引进的杂草，在没
有人照顾的情况下一样长势良好，当时也确实如此，[7]甚至连树也像杂草一　151
样蔓生了。在16世纪末，当荷西·迪亚科斯达（José de Acosta）问是谁种

下了他步行和骑马穿过的橘树林时，答案是"橘子落到地上，烂掉了，它们的籽儿发芽又长成树。有些籽儿被流水带到不同的地方，这些茂密的橘树林就这样形成了。"两个半世纪以后，查尔斯·达尔文发现靠近巴拉那河口的岛上长满了橘树和桃树，它们就是从河水带来的籽里长出来的。[8]

引进的杂草在西印度群岛、墨西哥和其他地方肯定占据了大片地区，因为伊比利亚人的征服造成了大面积的扰动土地。为了木材、燃料和给新事业让路，森林被夷为平地，来自旧大陆繁殖迅速的牧群吃草，过度放养，进而侵入林地。美洲印第安人逐渐减少，他们的一些耕地回归自然状态，如今那里最具侵略性的植物是外来的。托钵修会修士巴托洛梅·德拉斯·卡萨斯（Bartolomé de las Casas）讲述到，在16世纪上半叶，西印度群岛的大群牛和其他欧洲牲口把当地的植物连根吃掉，蕨类植物、蓟、车前草、荨麻、茄属植物、莎草等紧随其后到处蔓延。他认为这些都是卡斯蒂利亚植物，不过也有人说当西班牙人到达时，它们已经存在了。[9]同样的物种不可能在卡斯蒂利亚和伊斯帕尼奥拉岛同时进化，也不可能在前哥伦布时代跨越大西洋。它们很有可能是旧大陆的移生植物，随着探险家一起，同托钵修会修士一样快，甚至以更快的速度向前挺进。

这些草在墨西哥中部地区也一定至少以同样快的速度向前推进，因为大群驯养以及野生的西班牙牛和其他牲口吃草，被过度放牧。所以到16世纪末，一些地区的牧群开始在它们造成的空地上挨饿。[10]旧大陆的移生植物自从农业发明以来还没有过这样的机会。至少早在1555年，欧洲的三叶草分布是如此广泛，以致阿兹特克人有自己专门的词，称之为卡斯蒂利亚或Castillan ocoxichitli，是用本地一种喜欢荫凉和潮湿的低矮植物命名的。[11]到1600年，墨西哥中部的杂草群可能大致就和今天的一样：主要来自欧亚大陆，以地中海地区的植物居多。[12]

通过查阅 18 世纪晚期和 19 世纪杂草在加利福尼亚（北加州）分布的记载，也许我们在一定程度上可以复原一下 16 世纪发生在墨西哥的情景。虽然我们没有加利福尼亚草地原始状态的第一手描述资料，可是喜欢历史的植物学家还是通过被人忽略的角落里残存的小牧场和几处文献记载对其间接的提及中收集到了一些佐证。他们据此推测这个植物群多数是丛生禾草，只是遭到了叉角羚等的轻度放牧。野牛并没有成百万地穿行于萨克拉门托和圣华金河谷，也没有穿过墨西哥中心地区。

这个加利福尼亚植物群就像加利福尼亚的土著民族一样，面对欧洲入侵者不堪一击，但在西班牙人首次抵达美洲后的两个半世纪里，隔绝的状态保护了该植物群，同样也保护了这里的人们。直到 18 世纪末的几十年，加利福尼亚仍然是欧洲帝国最偏远的地区之一，它与欧洲被一块大陆和一面大洋隔开，与西班牙在墨西哥的人口中心因为沙漠、北风和南北加州沿岸的洋流而隔开。根据加利福尼亚最古老的建筑所用土砖里包含的植物材料证实，直到 1769 年，有三种欧洲植物在那里生长：卷叶酸模、苦苣菜和红茎芹叶太阳花。[13]后者更是来自地中海地区杂草群中的先锋，能够适应季节性干旱的炎热天气。

18 世纪中期，当俄罗斯皮革商和帝国主义者在美国西北沿岸活动频繁时，西班牙作出了回应，向加利福尼亚荒凉地区派遣士兵和传教士。无论他们有意还是无意，他们随同携带了地中海地区的饲料植物和杂草。除了前面提到的三种，还有野燕麦、普通狐尾草、雀麦、雀麦草、意大利黑麦草以及其他植物。这些植物随着他们，有些情况下甚至先于他们在沿海山区蔓延，进入圣华金和萨克拉门托河谷以及更远的地区。[14]有一些植物从旧大陆文明的中心就一直紧随着农业四处扩张。黑芥菜，耶稣基督说其一粒微小的种子就像神的国，因为它"长起来，比各样的菜都大，又长出大枝来。甚至天上的飞鸟，可以宿在它的荫下"。它是随方济会修士一起来到加利福尼亚的。[15]

这些植物开始只有少数移入，后来随着其植物先锋向前推进，数量越来越多。当来自美国的探险者约翰·查尔斯·弗里蒙特（John Charles Fremont）在 1844 年 3 月沿着亚美利加河进入萨克拉门托河谷时发现了红茎芹叶太阳花，一种像他自己和其坐骑一样来自旧大陆的外来户。它"正开花，像一片草皮覆盖着地面"。马儿"贪婪地"吃着它，甚至他见到的印第安女人也吃得"显然津津有味"，并用手语告诉他适合动物吃的食物也适合她们。[16]

在西班牙统治时代晚期，许多杂草进入加利福尼亚，更多的也许是在 1824 年以后墨西哥统治期间到来的，然而比那更多的是在其被美国吞并之后到来的，因为英裔美国人从东部沿海地区穿过平原带来了它们。1849 年的淘金热导致对牛肉的巨大需求，因而也就引发了过度放牧。随之而来的就是 1862 年到处发生的洪涝灾害，后来两年又发生了严重干旱。当再次降雨时，引进的植物抽芽最早，生长最快，加利福尼亚的草地变成了一个世纪以来一直演化的植被状态，即欧亚大陆品种兼而有之。如果没有杂草乘机而入，水土流失将造成数千公顷今天世界上最有价值的农田贫瘠不堪的现象。到了 1860 年，至少有 91 种外来杂草在这个州已经本土化。在 20 世纪对圣华金河谷的一次考察表明，引入的物种"在草地类型中占了草本植物的 63%，在林地中占 66%，在灌木丛中占 54%"。[17]

我们只好从它们较近的扩张事例来推测旧大陆移生植物在墨西哥的早期历史。多亏了耶稣会会士博纳布·科波（Bernabé Cobo）以及美洲印第安人和西班牙人混血贵族加尔西拉索·德·拉·维加（Garcilaso de la Vega）的贡献，我们在秘鲁不需要这么做。他们没有具体写到那些的确是杂草，

（左边页码）154

因为这样的植物不值得有身份人士的关注，但他们确实写到了不少疯长且怎么也无法从地里把它们清理掉的植物，提到了危害最大的如芜菁、芥末、薄荷和春黄菊等。其中几个植物"已经生长茂盛得排挤掉了山谷原来的名字，以自己的名字取而代之，如海边的薄荷谷从前被称为鲁克马。这样的例子不胜枚举"。在利马，苦苣菜和菠菜长得比人还高，"甚至连马都没法穿过它们"。

16 世纪在秘鲁最具扩张性的欧洲杂草是 trebol（西班牙语三叶草的意思——译者注），它是一种或多种三叶草，比其他移生物占据了更多的凉爽而潮湿的地区，为牲畜提供了好饲草，可同时也抑制了作物的生长。前印加帝国的臣民之前已经突然发现自己需要支持一群新的权贵和信奉一位新的神，现在却发现他们又要和三叶草争庄稼地。[18] 什么是三叶草？它们多数很有可能是白三叶草，在北美洲扮演了植物先锋和征服者的角色。

英国孕育了美洲北部的大部分殖民地。根据约翰·菲茨赫伯特（John Fitzherbert）的《农事杂谈》（*Book of Husbandry*）记载，英国有"各种各样的杂草如蓟、田芥菜、酸模（又名野菠菜——译者注）和麦仙翁"等，[19] 它们反复出现在莎士比亚的作品里，毫无疑问，多得就像长在他埃文河畔斯特拉特福花园里的杂草一样。莎翁笔下的勃艮第公爵（Duke of Burgundy）向亨利五世报告的不是法国时事的艰难，而是"毒麦、苦芹和茂密丛生的廷胡索"生长在那里。《亨利四世》里的霍茨波（Hotspur）通过"我们要从危险的荆棘里采下完全的花朵"的承诺而赢得了文学上的不朽名声。可怜的李尔王装疯徘徊在荒野：

> 头上插满了恶臭的地烟草、垄沟草、牛蒡、毒芹、荨麻草、杜鹃花、毒麦和各种蔓生在田亩间的野草。[20]

155

我们完全可以断定，在莎士比亚活着的时候，英国的杂草就已经在北美洲的土壤里扎根了。在欧洲第一批渔夫在纽芬兰及其附近开始过夏并很可能建造了一些小庭院之后的几十年里，约翰·乔斯林（John Josselyn）于1638年和1663年两次去过新英格兰，列举了一个杂草名单。这些杂草是"自从英国人在新英格兰种植农作物和饲养牲口之后，这里才长出来的"。[21]他不是一位专业植物学家，因此他的一些鉴定未必完全正确，但可以肯定的是在大多数情况下他的结论是对的：

<table>
<tr><td>葡萄冰草</td><td>荠菜</td></tr>
<tr><td>蒲公英</td><td>千里光</td></tr>
<tr><td>苦苣菜</td><td>黎草</td></tr>
<tr><td>开白花的茄属植物</td><td>刺荨麻</td></tr>
<tr><td>锦葵</td><td>车前草</td></tr>
<tr><td>黑天仙子</td><td>苦艾</td></tr>
<tr><td>尖头酸模</td><td>巴天酸模</td></tr>
<tr><td>血红酸模</td><td>赤莲</td></tr>
<tr><td>扁蓄草</td><td>繁缕</td></tr>
<tr><td>开白花的聚合草</td><td>臭甘菊</td></tr>
<tr><td>大苍耳</td><td>开白花的毛蕊</td></tr>
</table>

在新英格兰，荨麻是这些植物中最先被注意到的，或许是因为它们最先蔓延开来，或许是因为它们的确会刺痛人。车前草在《罗密欧和朱丽叶》第一幕第二场中作为一种药草就出现过："你的车前草叶正好医治那个。医治什么？医治你跌伤的胫骨。"它后来被新英格兰和弗吉尼亚的美洲

156

印第安人称为"英国人的脚"。在 17 世纪，印第安人认为这种草只长在英国人"足迹所至之处，在英国人来到这个国家之前闻所未闻"。[22]

北美洲南部殖民地第一种欧洲杂草是什么？人们首先不会想到旧大陆的桃树。但它像在美洲热带荷西·迪亚科斯达的橘树一样，在北美洲很快就落地生根了。当英国人首次深入卡罗来纳和佐治亚腹地时，他们发现桃树枝繁叶茂地长在美洲印第安人的果园里，还有很多是野生的。土著人会把其果实放在太阳底下晒干，再将它烤成块以备冬天食用。有些土著人认为，桃子和玉米一样都是美洲本地物产。桃核很快会破核而出长成桃树，所以 18 世纪早期约翰·劳森（John Lawson）在卡罗来纳时就写道："在我们果园里吃桃子，桃核很快会破土而出，密密麻麻地长出来。因此我们不得不花很多功夫把它们清除掉，不然的话，我们的土地就变成了长满桃树的荒野。"[23] 为什么旧大陆的桃树比英国拓荒者还要先到？为什么美洲印第安人的桃子品种最初比英国人的还要多？对这些奇怪现象可能比较合理的解释就是西班牙人或法国人早在 16 世纪就已经将它引入了佛罗里达。从那里，美洲印第安人将其向北扩种，后来随着他们人口的减少，他们的果园荒芜了，桃树也因此本土化了。

比桃树更常被欧洲人列为杂草的植物很可能也早就来到了。但它们名副其实，不像桃树那样引人注意。1629 年，约翰·史密斯船长报告说，弗吉尼亚詹姆斯敦周围的大多数森林都被砍伐掉了，"都变成了牧场和花园。在那里确实生长着我们英国大量拥有而且质量上乘的各种香草和根块植物，"可是他并没有给我们提供这些植物具体的名字。[24] 欧洲杂草在北美的先驱植物中的佼佼者是作为饲料野化的禾本科植物和非禾本草本植物。密西西比河以东的美洲当地禾本科植物，因为以前从来没有经受过北美大平原上大群四足动物群放牧的生存压力，不具备同牛、绵羊和山羊生活在同一

157

荒野的特性，所以在那些动物到达并繁殖扩大之后，除了在英属和法属北美殖民地的偏远角落，其他地方的当地禾本科植物都不复存在了。[25]

在所有引入的草料作物中，冠军当属白三叶草（也可能是秘鲁移生植物中的第一名）和美洲人自傲地称之为肯达基蓝草的一种欧亚大陆植物。二者的杂交品种被称为英国草。它们确实具有英国草的特点，适宜凉爽、潮湿的气候。如果桃树更喜欢生活在北美欧洲殖民地的南部地区，那么英国草则更喜欢北部一带。[26]至少早在 1685 年，三叶草或英国草，或这两者都已经被人们有意在北美种植。当时威廉·佩恩（William Penn）也在他的院子里试种了一些。它们作为饲草的优势和侵略本性很快使它们在美国早期的 13 个殖民地以及在加拿大沿着圣劳伦斯河广泛蔓延开来。18 世纪最后几十年，当英国探险者越过阿巴拉契亚山脉，继续前行进入肯塔基时，他们发现白三叶草和蓝草正等着他们。这些植物或许是附着在来自卡罗来纳商人的马匹和骡子的皮毛里，或许更有可能早在 17 世纪晚期或 18 世纪随着法国人进入了这些地区。[27]

白三叶草和肯塔基蓝草继续向西蔓延至雨水逐渐消失的密西西比河另一边，急速行进以跟上新美利坚合众国边疆开发的步伐，甚至独自前行。

> 伊利诺伊州，1818 年：一些小旅行队穿过北美大草原时，在宿营地会给牲口喂这些多年生牧草做成的草料。从此以后，那里就留下少许绿色的植物，给未来开拓者以指导和鼓励。[28]

从这些绿色植被点开始，营养丰富的饲料草和几乎无法清除的杂草涟漪般扩散开来，越过中西部，最后被携带着穿越半干旱的北美大平原，在远西部凉爽、湿润的土地上再次开始疯狂肆意的扩张。[29]

　　在引进的最具侵略性的植物名单上，紧随白三叶草和肯塔基蓝草之后的是伏牛花、圣约翰草、普通大麻草、麦仙翁和雀麦，加上乔斯林名单上的所有杂草，再加上其他很多。路易斯·D. 德·施瓦尼茨（Lewis D. de Schweinitz）经过很多研究之后对纽约自然历史学会宣布，美国北方各州最具侵略性的植物是外来杂草，并且提供了一个有 117 种这类杂草的名单。南方的情况可能也大致相似。[30]

　　施维尼茨、乔斯林和密西西比河以东的其他人都曾记述过的杂草，当它们接近北美中心地带时似乎就会失去野性。北美大平原上的野牛草、格兰马草和其他当地植物群能够有效地抵抗入侵者，除非人们努力去帮助这些外来植物，就像为了种植小麦而清除马尼托巴和达科他草的做法那样。后面我们会再来讲这个问题，那就是为什么北美大草原的植物群对外来入侵者很有抵抗力。

　　与此同时，让我们转向另外一个成功的故事，它发生在东南偏南纬度约 80°处。在那里绵延着南美大草原，水源充足的部分已经让位于旧大陆的入侵植物，彻底程度几乎和加利福尼亚圣金华河谷那些水源丰沛的地区一样。南美大草原是一片平坦无际的地区，东部水源充足，从大西洋和拉普拉塔河向安第斯山脉方向变得越来越干燥。湿润而肥沃的南美大草原在四个世纪前是一片广袤无垠的草地，"除了沿河一带都很贫瘠、平坦，没有树"，见到它的第一批西班牙人这样描述到。占统治地位的植物群是摇曳的针草，在它上面吃草和活动的是奇异的无峰骆驼以及巨大的不会飞的鸟类。[31]

　　随着欧洲驯养动物的到达、兴旺和繁衍壮大，它们对南美大草原当地生物群的侵占肯定从 16 世纪末就已经开始了。它们的饮食习惯、踩踏的蹄子、粪便以及携带来的草籽，同它们自身一样对美洲来说非常陌生，永远

159

地改变了南美大草原的土壤和植物群。这种改变肯定是很迅速的，但在当代文献里却找不到多少有关 18 世纪之前的资料。18 世纪 80 年代，一位名叫菲力克斯·德·阿萨拉（Felix de Azara）的来访者写到，庞大的牲口群和每年焚烧枯草的做法使娇嫩的植物和较高的草类逐渐减少，因此所造成的裸露空地不会无人问津。无论一位欧洲人还是混血拓荒者会在哪里搭起他的小屋，锦葵、蓟等便在那里如雨后春笋般长出来，即便方圆 150 公里范围里原本没有这样的植物。边疆居民哪怕经常只是单独同他的马儿一道往来一条路，也足以使这些植物沿着路边蔓延开来。南美大草原的开拓者犹如植物界中的迈达斯，用他的点金术改变了这里的植物群。[32]

至少就其最突出的特征来说，南美大草原植物群的历史在 19 世纪就已变得比较清晰了。1749 年，野洋蓟即西班牙刺菜蓟在布宜诺斯艾利斯已经很常见，而且继续在不断蔓延。80 年后，当查尔斯·达尔文造访该地区时，在阿根廷和智利发现了它。它在巴拉圭长得如此郁郁葱葱以致数百平方英里内人和马都无法通过。他写道："我不知史上有无记载，一个入侵植物的规模竟然超过了当地植物。"[33]

19 世纪中叶，当威廉·亨利·哈德逊（W. H. Hudson）还是个孩子时，他就见过浅蓝色和灰绿色野洋蓟丛延伸到一望无际的景象，但给他留下深刻印象的却是引入的大蓟。它是一种地中海两年生植物，长得有骑着马的人一般高。在"蓟时代"，它无处不在。当它枯萎时，则有发生火灾的巨大危险：

　　一看到远处冒烟，每个人都会骑上马飞奔到出事地点，设法在它前面大约 50 米到 100 米处的蓟丛里开辟出一条宽道来阻止火势蔓延。方法之一就是，从最近的羊群里捕捉几头绵羊，杀死它们，拖着它们

160

在茂密的蓟丛里骑马来回飞奔，直到踩踏出一条宽阔的隔离带。在那
里用马毯才能把火扑灭。[34]

我们所拥有的拉普拉塔河地区草地植物群变化的证据是一些趣闻轶事、
零星的，一点不科学，但我们可以把19世纪这两样外来杂草的肆意蔓延作
为南美大草原的生态系统已经受到白人及其动物破坏的某种证据。牧群在
安第斯山脉雪线和巴塔哥尼亚的相似雪线之间的广大地区造成的变化无处
不在，但没有任何地点的变化像这些草原中心地区的变化那样深刻。总的
来说，这片以布宜诺斯艾利斯城为中心，东西宽三百多公里，相当欧洲化
的地区，水源充足，土地肥沃。1833年，达尔文从其他地方进入这个中心
地带时，注意到从"粗野的牧草"到"一片漂亮绿茵茵的青翠草木"的变
化。他把这种变化归功于土壤的变化，"居民们让我确信……这一切要归功
于放牧和牲口排泄物的肥力"。[35]

    1877年，卡洛斯·伯格（Carlos Berg）公布了他在布宜诺斯艾利斯和
巴塔哥尼亚发现的约有153种欧洲植物的一个名单。其中规模最大的包括
为欧洲人所熟悉的白三叶草、荠菜、繁缕、藜、红茎芹叶太阳花和卷叶酸
模等。也有为西班牙人所熟知的 llanten，即英国人所谓的车前草，北美阿
尔冈昆人所谓的"英国人的脚"。[36]根据野外植物学家分析，20世纪20年代
南美大草原上只有四分之一的野生植物是本地的。[37] W. H. 哈德逊为欧洲人
在南美大草原被自己的杂草包围的处境感到难过："它们生长在田间地头，
无处不在，用旧大陆单调的植物把它们包围起来，就像和它们同住一屋檐
下讨人嫌的老鼠和蟑螂一样，怎么也摆脱不掉。"[38]然而要是没有这些植物，
哪些植物将会取代那些在外来牲口群的蹄子下消失了的当地物种呢？

    如果欧洲生活型和殖民地本地的生活型之间的差别程度与后者对前者

的入侵不堪一击有关的话，那么因为其特别的青草和牧草、独一无二的桉树林、黑天鹅、不会飞的巨型鸟类和有袋哺乳动物，澳大利亚今日就应该是另外一个欧洲了。当然，澳大利亚并没有变成这样，这要归功于其炎热、干旱和完全不同于欧洲的内陆环境以及生活在这种环境里具有顽强生命力的特有生物。但变化是不可避免的，而且相当巨大。欧洲人和他们的生物旅行箱已经不可逆转地改变了澳大利亚的环境。

　　1788 年，为了建立殖民地来到新南威尔士的英国人有意带来了很多种植物，到 1803 年 3 月它们已经超过了 200 种，当然还有一些是无意中带来的。有意被带去的一些植物很快就挤占了如马齿苋等野草的位置。它们的成功表明，澳大利亚的植物群面对旧大陆的入侵时极为脆弱。[39]白三叶草不只固守在悉尼最初殖民地所在的相当干旱的地区，而且很快向气候湿润的墨尔本进发，"常常会破坏其他植被。"[40]苦苣菜似乎在墨尔本及其周围各地区都长势良好，甚至在屋顶也能生长。其他杂草在维多利亚州也很快蔓延开来，包括蔍蓄草和水生酸模，将侵略性不是很强的草类从一些牧场完全驱逐出境。塔斯马尼亚的气候和欧洲西北部的气候很相像，也很适宜这些新杂草的生长，蔍蓄草和蛇草与开拓殖民地的人类齐头并进。[41]

　　杂草以令人吃惊的速度向内陆蔓延，有时甚至会越过有人居住的边远地区。当弗里蒙特在加利福尼亚内华达山脉丘陵地带的亚美利加河沿岸发现芹叶太阳花时，亨利·W. 海加斯（Henry W. Haygarth）在澳大利亚阿尔卑斯山流下的雪河边发现了野燕麦。自从铁器时代早期，它在欧洲就是一种很常见的杂草：

　　　　马特别喜欢这种植物。一到早春，它比其他植物都早发芽，为了
　　　　吃到它，马就会毫不犹豫地游过河去。河水在那个时节经常暴涨，人

根本无法横渡。所以当养马人在河边找不到驯马的踪影时，只能眼看着它们在河对岸静静地吃着野燕麦，十分无奈。[42]

在 19 世纪中期几十年，根据对墨尔本周围已归化植物的一项仔细统计和从其他地方得到的几个分散的报告研究发现，澳大利亚已经有 139 种外来植物逐渐野化了，它们几乎全部来自欧洲。[43]南澳大利亚州比维多利亚州和新南威尔士州被殖民晚些，它的气候比墨尔本周围干燥，地中海的杂草在这里就好像在加利福尼亚一样具有特殊的优势。到 1937 年，这个州已经有 381 种归化植物，其中绝大多数是旧大陆的物种，有 151 种来自地中海地区。[44]弗里蒙特在亚美利加河的山谷里发现的红茎芹叶太阳花就是较广为蔓延的一种。[45]

今天，占澳大利亚三分之一的南部地区的杂草大多数来自欧洲，今天该大陆的大多数人口也居住在那里。那里的气候最接近欧洲，引进牲畜的影响在这里也最深刻，尤其是绵羊。当地青草如袋鼠草或燕麦草对牲口来说通常既美味又有营养，但经受不了重度放牧和森林被砍伐后直射阳光的炙烤。袋鼠草刚开始在有些地方被描绘成高到可达"马鞍垂下物"的位置，早在 1810 年就已开始退化。今天在很多地方，它只存在于铁路路堤、墓地和其他一些保护区。当地植物逐渐消亡的同时，殖民者对澳大利亚周期性的干旱既无知又自大，过度放牧加重了草地的负担，破坏了生态系统，水土流失随之而来，杂草因此得以在更多的土地上乘虚而入，肆意蔓延。 164
1930 年，植物学家 A. J. 尤尔特（A. J. Ewart）说，在过去的两年里，外来物种一直以每个月两种的速度在维多利亚州安家落户。[46]

根据我们的定义，并非所有的杂草都惹人讨厌，只有那些使农夫不胜其烦的杂草才会得到最多的科学关注，因而我们在这方面有大量可靠的数据。为了这些统计数字的原因，让我们暂且回到杂草的一般界定，以此为基础我们才可以在更宽泛的界定上归纳出杂草在新欧洲的成功。在加拿大，较重要农田杂草中的 60% 来自欧洲。[47]在美国，500 种农田杂草中有 258 种来自旧大陆，其中 177 种确切地是来自欧洲。[48]在澳大利亚，归化植物约有800 种，虽然不乏来自美洲、亚洲和非洲的很多贡献，但大多数还是源自欧洲。[49]在拉普拉塔河地区，归化植物的情况也大致相同。[50]在这些成功漂洋过海的每一物种里，至少总有一些在新欧洲生长茂盛，让人喜爱而不是令人讨厌，所以它们也不包含在这些统计里。

新欧洲的归化植物群在很大程度上相互重叠。19 世纪中叶，139 种在澳大利亚列入正在归化的欧洲植物中，至少有 83 种已经在北美洲获得了这种地位。[51]1877 年在布宜诺斯艾利斯和巴塔哥尼亚地区，154 种列入归化的欧洲植物中，至少有 71 种或更多的植物在北美洲也逐渐野化了。[52]

来自欧洲的冲击让美洲博物学家不无忧虑，尽管他们多数人和谈到的植物来源地相同。查尔斯·达尔文不失时机地就这个话题取笑他的美国同行。在写给植物学家阿萨·格雷（Asa Gray）的一封信里，他问："我们如此彻底打败你们岂不很伤你们美国佬的自尊心？我敢肯定，格雷夫人会为你们的杂草辩护的。问问她美国草是不是不够诚实、品种不够好。"格雷夫人机智地反驳了他，答复说美国杂草是那种"很谦虚、长在林地里的、离群索居的植物，因而不是好侵略、狂妄和专横的外来植物的对手"。[53]以这种方式，她证明了自己既是一个爱国者，又是一个观察力敏锐的植物学家。

这不仅仅是一个开玩笑的问题。对生活型分布的研究即今天我们所谓的生物地理学正引领生物学家越来越远离传统理念，走入进化论的领域。杂草迁移显然是生物地理学上一个很突出的现象，就发生在他们的鼻子底下，而他们对此却并不十分了解。[54]1840 年左右，亲眼目睹了欧洲杂草在澳大利亚和新西兰的扩张后，维多利亚时代英国首屈一指的植物学家约瑟夫·道尔顿·胡克认为，"澳大利亚、新西兰和南非当地的许多小属物种最终会绝种，因为来自北半球的移入植物具有侵占性，而且得到了北方民族所给予的鼎力人为支持。"但欧洲杂草在北美洲生长得也非常好，所以胡克对这一神秘现象的解读看来不完全对。[55]

在欧洲本土和其殖民地之间，杂草之间应该有一种近乎对等的交流——至少应该有与其植物群规模成比例的交流。这是19世纪科学家所希望看到的结果。实际上，这也是我们所期待的，例如旧大陆的马唐和美洲的豚草之间的交流。但就像人类的交流一样，植物之间的交流也一直是单方面的。成千上万的旧大陆杂草被打包、登船，起航前往各个殖民地，在那儿繁荣生长。可是穿越泛古陆裂隙向另外一个方向迁徙的美洲和其他新欧洲地区的植物，如果不给它们划拨特别的保护区，由这些外国植物之家如英国皇家植物园邱园给予精心照料的话，它们通常难逃枯萎死亡的命运。

166

不过确实也有一些美洲植物在欧洲独自生存了下来。19世纪40年代，加拿大伊乐藻开始在英国的航道上引起关注，在10年时间里就把这些水路堵得几乎水泄不通。加拿大飞蓬和一年蓬直到19世纪最后三分之一的时间里才在欧洲站稳了脚跟。但在北美洲被认为长得最茂盛的大多数当地草类，如豚草、秋麒麟草、乳草等根本在欧洲无法立足。直到19世纪中期，还没有一种澳大利亚或新西兰的植物在英国，或就我所知，在欧洲其他地区移植成功。[56]

一些博物学家含糊不清地咕哝着旧大陆植物有更大的"可塑性"。什么意思？变异性吗？其他人则谈论到欧洲植物群由于历史悠久比美洲植物群更有优势，还有人认为是由于其更年轻。[57]整个问题被蒙上了一种神秘的色彩。俄亥俄州安条克学院的E. W. 克莱波尔（E. W. Claypole）教授写道："看来似乎有某种无形的障碍阻止物种向东迁徙，却允许它向西移入。"[58]

　　这些解释显然是站不住脚的。不错，作物籽，当然还有草籽（无意中）从欧洲大量地输出到殖民地。但运载它们的船只返回欧洲的时候也装满了成包成桶的烟草、木蓝、稻米、棉花、羊毛、木材、皮革和日益增多的小麦和其他谷物，所有这些货物的里外都是新欧洲种子的运输工具。从美洲布宜诺斯艾利斯运往西班牙卡迪斯数以百万计的大包生皮肯定携带有无数美洲的种子，但却没有任何美洲的植物像野洋蓟一样在西班牙格拉纳达的穷乡僻壤蔓延。一簇附着在从新英格兰的朴次茅斯运往大不列颠朴次茅斯船上的一块木头碎片上的生物绒毛原本可以引发乳草在英格兰南部的泛滥成灾，可是这样的事却从来不曾发生过。水手们脚步重重地走下舷梯，进入利物浦码头，就是最好的长筒靴鞋缝里也难免会携带着一些悉尼的泥土和谷壳，但只有欧洲的草籽在港口木桩之间发芽。澳大利亚的草籽在英国根本无立足之地，可是英国的植物在澳大利亚却到处肆意扩张。有一种理论认为，物种如果要适应环境，需要几百代的进化过程。即使向该理论靠近的科学家们也发现以上提到的差异无法解释。面对"迁移中完全缺乏相互性这一现象"，约瑟夫·道尔顿·胡克也语无伦次，难以自圆其说。[59]

　　让我们探讨一下杂草为什么都生长茂盛，究竟在什么地方和什么时候会迅速而大量地繁殖。臭甘菊就是约翰·乔斯林在 17 世纪的新英格兰看到的一种杂草，它每代结籽 15 000 到 19 000 粒不等。他所看到的其他杂草如荠菜，每代结籽较少，但它们会通过一季多代生长抵消这一缺陷。很多杂草不是通过籽或不仅仅通过籽，而是通过鳞茎、根块等繁殖，所以在结籽之前把它们割掉也无济于事。野生大蒜是北美殖民地麦农的灾星，以六种不同的方式繁殖。由于篇幅所限，我们在这里不能就它们做更详细的阐述。

杂草还可以茂密丛生，难怪很难根除。举两个极端的例子，在圣华金河流域，人们发现每平米阔芹叶太阳花的幼苗竟多达 13000 株，羊茅草每平米高达 220000 丛。[60]

杂草在使自己尤其是使它们的籽传播方面也非常高效。这也是必要的，因为要面对一个地方 220000 株最凶险的对手。有些草籽轻到 0.0001 克，可以随任何空气流动四散飘走。有些杂草如乔斯林的苦苣菜和蒲公英结出的籽带帆状花丝，可以随风飘得更远。[61]还有一些杂草的籽带粘性，或有钩子，这样就可以抓住皮毛和衣服搭便车去新的地方安家落户。其他一些杂草把籽结在荚果里，荚果干了就会炸裂，把籽抛到远处。很多杂草有可口的叶子和果实，再加上籽很容易在消化过程中幸存下来，因此同粪肥一起被寄存在远处。白三叶草就是以这种方式很轻松地从一个野营地扩散到另外一个野营地，穿越了整个北美洲。在澳大利亚，移民们很早就意识到，这种植物最重要的传播者是被他们驱赶在前面进入内地的绵羊。[62]

杂草非常好斗。它们把竞争者向上推开，完全遮蔽和打败竞争对手。很多杂草更多的不是通过籽，而是沿着地表或直接在地下生长出根茎或匍匐茎，从而生出"新的"幼株。[63]这类植物如乔斯林的匍匐冰草，能以浓密的簇团方式向前推进，让其他挡道植物根本无法存活。杂草的叶子常常水平长出来，迫使其他植物后退，阻止其生长。蒲公英是新欧洲一种春天开朵、花儿鲜艳的植物，就是侵占高手。一大株蒲公英可以在一块草坪上造成三分之一米宽的不毛之地，以备自己后续生长之用。[64]

杂草很擅长像更新世冰川退却时很多植物在进化过程中所做的那样，在十分糟糕的小环境中繁茂地生长。多次成为美国总统竞选候选人的辉格党员亨利·克莱（Henry Clay），是来自肯塔基州的一位乡绅，谈到肯塔基蓝草时说："没有比三月更好的播种时间了，只需将它撒在雪地里就可以了。"[65] 杂草发芽早，迅速占领裸露的地面。直射的阳光、风和雨都阻止不了它们的生长。无论是在铁路轨道边的砾石里，还是在混凝土板的缝隙里，它们都可以顽强生长。它们生长快，结籽早，以令人敬畏的力量还击对它们的伤害。它们甚至会在旧鞋的裂缝里生根。虽然在那里存活的几率不大，但也许这只鞋会被扔到后院的垃圾堆里去，它们就可以在那里发芽从而侵吞整个院子。

为了总结杂草蔓延的特点，让我们再次转向车前草，也就是"英国人的脚"。这种植物平均每株结籽 13000 到 15000 粒，其中 60%—90% 的都会发芽繁殖。据说有些籽是在 40 年之后发芽的。车前草在牧场和甚至很坚实的小路上都可以生长得很好，因为在这些地方很少会被踩踏。它的叶子伸展得很宽，把其他植物完全遮蔽或挤到一边去。它的地下根系特点使它在叶子被冻住的恶劣天气里也能生存下来。把其地面以上部分割掉，它在旁边也会长出嫩芽，发出新株。它和人类的历史渊源非常久远：人们在泥炭沼泽中挖掘出的古代丹麦人的胃里就已经发现了它的种子。它是盎格鲁-撒克逊人九种圣草之一，乔叟和莎士比亚都提到过它的药用特性。今天，它在除了南极之外的所有大陆、新西兰以及很多岛屿上都有分布，被列为世界上生命力最顽强的植物之一，显然它将会永远和我们在一起。[66]

在这里也许有必要解释一下，为什么地球的整个表面没有被车前草等植物覆盖。移生植物即杂草在几乎任何恶劣环境中都可以生存下来，却不能在成功后永远留在那里。它们占据扰动地表，稳定土壤，遮挡住阳光的炙烤，尽管它们所具有的竞争性，却使这块地面变成一个对其他植物来说较之前更好的地点。杂草是植物世界里的红十字会，专门处理生态突发事件。当突发事件结束了，它们会让位于那些也许生长缓慢但会长得更高大更茁壮的植物。事实上，杂草发现自己很难挤进未受干扰的环境。如果环境干扰停止，它们通常就会绝迹。对杂草感兴趣的一位植物学家分别在三个不同的地点对引入植物即杂草的比例进行了统计。一个地点两年没有受 170 到干扰，另外一个 30 年，还有一个是 200 年。杂草在这三个地点所占比例分别是 51%、13% 和 6%。杂草在环境巨变中而不是稳定中生长茂盛。[67]理论上，这就是欧洲杂草在新欧洲能够获胜的原因。关于这一点，在第十一章就旧大陆物种在海外成功的总体探讨中我们会再详加说明。

　　除了给近代研究者提供一个其他外来生物如人类的成功模式外，这一切有关杂草的论述和在新欧洲的欧洲人究竟还有什么关系呢？答案很简单，这些杂草对扩张中的欧洲人和新欧洲人的兴旺发达至关重要。杂草像移植到大面积擦破和烧伤皮肉上的皮肤一样，帮助治愈入侵者对地球所造成的严重创伤。这些外来植物挽救新裸露的表土，使其免遭水和风的侵蚀以及阳光的暴晒。另外，它们常常成为外来牲畜必不可少的饲料，这些外来牲畜反过来又成了它们主人不可或缺的盘中餐。因此，那些诅咒移生植物的欧洲殖民者是让人无法容忍的忘恩负义者。

动物

> 我们每天都吃得饱饱的。我们的奶牛四处乱跑，回到家里乳汁充盈。我们的猪在树林里自己就能长膘。啊，这是一个多么美好的国家。
>
> ——J. 赫克托·圣约翰·德克雷夫科尔（J. Hector St. John de Crèvecoeur）：《一位美国农夫的来信》（*Letters From an American Farmer*）（1782 年）

172　航海家们教会了徒弟如何跨越大洋，他们也确实这样做了，而且还带着大队人马一起去。后来这些来自旧大陆漂洋过海的男人和女人们，不得不在新大陆建立家园。他们并非做不到这一点，假以时日，他们完全可以胜任。但这不是他们的首选。他们是欧洲人，而不是美洲人或澳大拉西亚人，永远不可能心甘情愿地去适应处于原始生态的新大陆。欧洲移民可以抵达，甚至可以征服这些异国他乡，但在这些地方变得比航海者首次看到它们时更像欧洲之前，他们还不能把它们开发成移民殖民地。对欧洲人来说，幸运的是，他们饲养的适应性很强的动物在引发那种变化时非常有用。

就像几千年来他们的祖先一样，欧洲殖民地未来的开拓者是畜牧民族。从文化以及基因的角度来说，新欧洲的这些建立者是印欧人的后裔。印欧人是欧亚大陆西部中心的一个民族，讲的语言是欧洲大多数语言（英语、法语、西班牙语、葡萄牙语、德语、俄语等）的鼻祖，早在哥伦布之前的4500年就实行耕牧混合农业，尤其强调放牧。[1]建立了首批越洋帝国的欧洲人也同样是耕牧兼营的农夫（他们比我们自己可能更容易理解印欧人的生活方式）。一般来讲，他们牲畜的成功就等同于他们的成功。

欧洲人随身携带了农作物，这是他们胜过澳大利亚土著人的一个很重要的优势。当地的土著人没有从事耕作的，而且学起来也很慢。但美洲印第安人拥有不少产量高、营养丰富的作物，入侵者通过亲自耕种很快就认识到了它们的价值。木薯是热带地区，尤其是巴西欧美混血儿的主要作物之一。玉米是几乎所有地区欧美混血儿的标准食物，它对18世纪晚期和19世纪早期的澳大利亚殖民地开拓者来说也是如此。[2]欧洲人取胜其海外殖民地上土著人的优势，与其说在于有品种优良的农作物，不如说是驯养了适应性很强的动物。

澳大利亚土著人只驯养有一种动物，即澳洲野狗。它是一种及膝高的狗，大小像英国人的猎狐犬。[3]美洲印第安人不仅有狗，还有美洲驼、羊驼、豚鼠和几种禽鸟，但也仅此而已。无论是被用做什么用途——做肉食、皮革、纤维或运载或拖拉重物——美洲和澳大利亚的牲畜都比不上旧大陆的家畜。假如欧洲人只带着20世纪的技术来到新大陆和澳大拉西亚，但没有带上马、牛、猪、山羊、绵羊、驴、鸡、猫等这些家畜，那么他们引发的

173

变化就不会那么大。因为这些动物都是自我复制者，能够改变各种环境，甚至是大陆环境，效率和速度超过迄今为止我们所发明的任何机器。

我们从猪开始介绍，它也许是大型家畜中繁殖最快、最难以控制的动物。猪把所吃五分之一的东西转化成人类所能消费的食物，而肉牛的转化率也只有二十分之一或更少（这些是 20 世纪家畜的最新数据，应该比以往的几个世纪要大得多。但我们可以断定，就生产食物的效率而言，猪和肉牛的差别在殖民地时期与今天大致相当）。对饥饿的人类来说不幸的是，猪所吃的浓缩碳水化合物和蛋白质适合人类直接食用，正是这一点降低了猪对我们的价值。即使如此，它们的重要性也是毋庸置疑的，尤其是在一个特定的殖民地早期，通常都有充足的碳水化合物和蛋白质，但没有多少殖民地居民去开发它。[4]

猪是杂食性动物。在大洋彼岸的早期殖民地，与其他经济效益高的引进动物相比，猪可以吃的食物种类更多。[5]实际上，它们食性十分庞杂，坚果、落果、根茎、青草以及任何因自身太小而无法自卫的动物通吃。卡罗来纳和弗吉尼亚的猪特别喜欢桃子，那里"种植了大面积的桃园用来喂猪。当吃腻了果肉，它们就会咬破果核吃果仁。"[6]在新英格兰，它们学会了用拱食蛤蜊，长得很强壮，"它们总会在浅水区找到这种美食"。[7]在悉尼，早期的一位游客写道，猪"被允许白天在灌木丛里跑动，在傍晚才给每头猪一只玉米棒，然后把它领回家……它们在河流两岸和沼泽边吃青草、香草、野根茎和当地的番薯，甚至不放过不期而至的小青蛙和小蜥蜴等动物"。[8]

因为显而易见的原因，猪在殖民地非常寒冷的地区生长得不好，在不毛之地的炎热地区也一样，因为它们忍受不了强烈直射的阳光和毫无遮拦的酷热。在热带地区，它们必须要生活在易于接近水源和方便乘凉的地方。但在美洲和澳大拉西亚，多数早期殖民地都有充足的水源和足够多的阴凉地可以满足猪的生活，再加上有大量的植物根茎和橡树果实，所以白人到来后不久，随之出现了很多猪。在早期的殖民地，猪繁殖得很快。这一规律的例外是草原——太无遮挡，光照太强。然而即使在南美大草原，猪也沿着水道成群地活动着。[9]

　　健康的母猪一窝能产很多仔，每次可达十头或更多。如果有充足的食物，猪能以高复利利息存款那样的速度增长。在伊斯帕尼奥拉岛被发现的短短几年里，野猪的数量"不计其数"，以至于"所有的山上都有猪群出没"。[10]15 世纪 90 年代，它们扩张到其他大安的列斯群岛和美洲大陆上去，在那些地方继续迅速繁殖。它们追寻着弗朗西斯科·皮萨罗（Francisco Pizarro，据说皮萨罗本人就是猪倌出身）的足迹，很快就在被征服的印加帝国地区以翻倍的速度进行繁衍。因为有食肉动物，猪在大陆上的增长速度比在西印度群岛低，然而猪不久还是在大陆上增加到成千上万只，又一次不计其数。像圣徒一样的拉斯·卡萨斯（Las Casas）曾说，这些猪群里的每一头最后都可以追溯到哥伦布从加那利群岛买来的那八头猪之中。哥伦布当时以每只 70 马拉维迪金币的价格买来，于 1493 年带到伊斯帕尼奥拉岛。[11]

　　到 16 世纪末，在巴西沼泽、丛林和热带稀树草原大量觅食的猪群可能源于其他地方，新斯科舍（法国第一个成功的美洲殖民地）罗亚尔港的猪也一样。在这些地方，它们不断繁殖，在 1606 年至 1607 年的冬天经常就睡在户外。[12]在弗吉尼亚早期，一些猪可能是哥伦布带去的那八头猪的后代，是由穿越大西洋信风带的英国殖民地开拓者途经西印度群岛时带上船的。不管来自何处，它们都在弗吉尼亚茁壮成长。1700 年左右，它们确实"像地球上的害虫一样到处都是，以至于当遗嘱执行人要对一位要人的财产清单进行登记时，是不会提及猪的，也不会把其列入评估报告。因为猪想到哪里就到哪里，自个儿在林中觅食，才不管主人是谁呢"。[13]

探险家、海盗、捕鲸人和捕猎海豹者给偏远海岛"播种"时，猪是他们的首选动物，这样下一批过往的欧洲人或新欧洲人就可以有新鲜肉食享用。结果，当那些小块海岛首次出现在书面记载里的时候，在拉普拉塔河的岛屿、巴巴多斯岛和百慕大群岛、新斯科舍沿海的塞布尔岛、加利福尼亚附近的海峡群岛以及分隔塔斯曼尼亚与澳大利亚大陆南部的巴斯海峡的诸岛上，猪已经野化了。[14]

在澳大利亚，猪从悉尼向内陆迅速扩张，和边远地区的发展同步或走在前面。猪几乎同绵羊一样成了寻常牧场（大牧场）中的一部分，在方圆数公里的废物中觅食。在管理不太健全的殖民点，人们至多一个月见到它们一回。当然，其中甚至还有很多没有被驯化到那个地步。[15]20世纪，澳大利亚野猪分布在占该大陆三分之一的东部大多数地区，尽管有数以千计的猪已经被射杀、毒死和电死。[16]

经过几代之后，野猪恢复原来的野生形态，和我们在围栏经常见到的那种完全不同：腿长，嘴长，侧面平坦，背脊狭窄，行动敏捷，性情暴烈，有长而尖利的獠牙。因此它们在美洲和澳大利亚赢得了同样一个美名即尖背野猪。[17]尖背野猪，特别是公猪，是一种脾气很坏的凶猛动物。阿根廷一头野猪让我们差点无缘读到《绿色公寓》（*Green Mansion*）和其他几本有关南美大草原的文学名著，它险些使年轻的威廉·亨利·哈德逊（William H. Hudson）摔下马。如果真是那样的话，它肯定会用锋利的獠牙生吞活吃了这位未来大名鼎鼎的作家。[18]

如今，除了在少数边远地区，从好的方面看，野猪是猎物，而从坏的方面看，它们是既令人讨厌又十分危险的动物。然而在过去，从15世纪90年代的安的列斯群岛到19世纪晚期的昆士兰，野猪是一种非常重要的肉食来源。它们的肉美味、营养又免费。如果情况许可，它们完全可以自食其力。在美洲和澳大拉西亚的大多数殖民地，欧洲第一代拓殖者吃猪肉比吃其他肉要频繁得多。

从人类的角度看，牛至少有两个优势胜过猪：它们有更有效的体温调节系统，更能忍受炎热和直射阳光；除了提供畜力，它们还擅长把人类不能消化的纤维素——青草、树叶和嫩枝等——转化成肉、牛奶、纤维和皮革。这些特点再加上其天生自力更生的能力，让它们在露天草地上就像猪在森林和丛林一样善于自我照顾。哥伦布在 1493 年从加那利群岛带到伊斯帕尼奥拉岛上的牛肯定也具有这种能力，它们的后代也一样。作为繁殖群，它们已经先后生活在以下地点：约 1512 年在西印度群岛；16 世纪 20 年代在墨西哥；16 世纪 30 年代在印加地区；1565 年在佛罗里达。到 16 世纪末，它们已出现在新墨西哥，于 1796 年来到达阿尔塔加利福尼亚。[19]它们的成功故事在各个地方不尽相同。在闷热潮湿的巴西以及哥伦比亚和委内瑞拉的大草原，伊比利亚牛用了好几代才适应这里的环境。然而在地势较高的地区，它们的数量激增，产仔速度让殖民地开拓者惊叹不已。到 16 世纪末，墨西哥北部的牛群数量每 15 年左右可能就翻一番。一位法国来访者给国王写信说："广袤的旷野一望无际，到处是数不清的牛。"[20]它们已完全适应了当地的生活环境，就像鹿和郊狼一样，成了当地动物群不可或缺的一部分，并且继续向北推进。175 年之后，托钵修会修士胡安·奥古斯丁·德·莫尔菲（Juan Agustín de Morfi）旅行经过墨西哥被称为得克萨斯的那片地区时，见到了数目"令人惊叹的"野牛群。[21]

发生在南美大草原牛身上的事更令人惊异。布宜诺斯艾利斯的第一个欧洲殖民地失败了，但西班牙人再次尝试，终于在 1580 年成功了。到那时候，欧洲的四足动物已经大量出现。它们也许是第一个殖民地时期走失动

177

178

物的后代，或是从其他欧洲边远居民点漂泊而来的野生动物的后代。拉普拉塔河以东即今天乌拉圭和南里奥格兰德州的野生牛群来源也不详。牲畜最早可能是由西班牙人、葡萄牙人或是耶稣会教徒引入的，他们后来也引入了牛和马。我们知道的第一个有据可查的时间是在 1638 年，耶稣会教徒弃置了这个地区的一个布道所，同时还留下了 5000 头牛。[22]我们完全有理由相信，这些被放生的动物就像南美大草原上的牛群一样，繁殖速度非常快。1619 年，布宜诺斯艾利斯的总督报告说，在不减少野生牛群的情况下，每年也能收获 80000 张牛皮。[23]值得信赖的菲力克斯·德·阿萨拉在上一章告诉过我们有关南美大草原杂草的事。据他估计，在 1700 年前后，位于南纬 26°和 41°之间的那片南美大草原上的牛达到 4 800 万头，野牛的数量可以和全盛时期北美大平原上的相媲美。[24]

其实，南美大草原上的牛群数目直到后来才有了一定统计，因此为了防止误解，对阿萨拉的估计应该有一个附加说明。那么 4 800 万头应该再加上或减去多少才准确呢？四分之一，甚至一半吗？如此庞大的牛群数量激发我们的不是统计数字，而是我们的敬畏。威廉·哈德逊在他的自传里回忆到，在 19 世纪中期的阿根廷，种植园和果园带有这样的围墙：

> 完全用牛的头盖骨建成的，七块、八块或九块像石头那样整齐地垒在一起构成厚墙，犄角凸立。成千上万只牛的头盖骨就作这种用途，一些年代久远的很长的墙头长满了从牛骨空隙里萌发出来的青草、野花和一些攀缘类植物，形成了一道非常别致但有点阴森恐怖的风景。[25]

从 16 世纪到 19 世纪，绝大多数美洲牛很可能是野生的。像猪的情况一样，环境造就了它们奔跑速度快、肉质精瘦以及性情暴戾的特点。当它们成年时，几乎可以应对任何挑战。这种牛被肉类企业主称为"8 磅纯精牛肉长在 800 磅的骨头和犄角上。"在西班牙统治的拉普拉塔总督辖区，据马丁·多布里茨霍费尔神父（Father Martin Dobrizhoffer）说，奶牛除非被捆住了脚、小牛犊又在场的情况下才能给它们挤奶。母牛和公牛一样，走动起来"带着一种可怕的傲慢"，像成年牡鹿那样高昂着头，速度也几乎相当。当盎格鲁拓居者在 19 世纪 20 年代开始进入得克萨斯时，他们发现这些牛比野马更难捕获，对付起来也更危险。[26]

和伊比利亚美洲牛相比，来到法属和英属北美殖民地的牛没有这么敏捷，也没有长着可怕的长犄角，当陌生人靠近时也不那样凶恶，但也很健壮耐劳。尽管森林茂密，开阔的牧场很少见，但随着欧洲农夫从大西洋岸边向西进发，牛总是比他们先行一步。[27]直到 19 世纪新欧洲人移入北美洲中部广袤的大草原时，他们牛的数量才可以和殖民地时期伊比利亚美洲牛有得一比，但在 18 世纪时它们的数目已经相当大了，给从来没有见过南美大草原的欧洲人留下了深刻印象。1700 年后不久，约翰·劳森就曾说卡罗来纳的家牛多到"令人难以置信，因为一个人拥有牛的数量从 1000 头到2000 头不等"。[28]

英国人的牛有些是野化的，有些是驯化的，不过都很强壮。在马里兰建立的最初 30 年里，殖民者不断抱怨说，他们的家牛"不断遭到野牛成群结伙的骚扰"。[29]两代人之后，南卡罗来纳和佐治亚边远地区的牛正向西迁徙，"是在牛栏看守人的保护下，从一个森林到另外一个森林（就像古代的族长或现代阿拉伯的贝都因游牧人一样），由于青草被吃光，或因为种植园主的到来"。[30]当然，我们不妨就什么取代了被吃光了的土生青草这一问题作一个合理的猜测。

为了对这些边远地区的牛和那些在新斯科舍到密西西比河下游之间林

179

180

子里活动的其他半驯化动物有一定控制，需要一种很容易获得的东西：盐。饲养员通过仔细分辨系在领头牛脖子上铃铛的声音找到畜群，再把拿着盐巴的手伸出去靠近它们。当牲口舔舐盐巴时，他就可以给它们套上挽具或轭，或挑选一些去屠宰。[31]

这些在森林和藤丛中四处活动仅半驯化了的畜群的日子一点也不好过。装满饲料的食槽、温暖的牲口棚和体贴的牧人对它们来说很陌生。它们中体质最弱的沦为了美洲狮和狼的美餐，或深陷沼泽而毙命，或冻死在暴风雪中，或"消瘦饿死"。可是那些幸存者会弥补这种损失，在天气转暖和草料丰富的季节繁殖出更多后代，继续前行，深入北美洲的荒野。[32]

19世纪，澳大利亚确立了自己作为世界上羊毛和羊肉生产大国的地位，但大自然并没有预先注定绵羊应该在澳大利亚占绝对优势，是欧洲纺织业的机械化促成了这一点。如果没有该因素的影响，野牛可能已彻底取而代之，就像在得克萨斯那样。

英国开拓殖民地的第一舰队于1788年到达澳大利亚水域，船上载有从南非开普敦获得的牲畜，数目多得让人不安。皇家海军护卫舰"天狼星"号的大副说，他的船看上去像一个马房。这些动物里有两头公牛和六头母牛。在抵达悉尼的头几个月里，这八头牛走失了。也有些人说它们是被一位名叫爱德华·考伯特（Edward Corbett）的暴徒给赶走了。[33]殖民开拓者认为，是土著人把它们杀了。七年以后，当人们再次看到它们时，这些牛的数量已达61头，正在不久后被称为奶牛场的地方吃草。约翰·亨特（John Hunter）总督出门查看，结果他和随行人员遭到"一头很大很凶恶的公牛十分猛烈的攻击，出于自身安全我们向它开枪。它是如此凶猛和强悍，直到被六颗子弹击中后，人们才敢靠近它。"[34]

亨特总督可能对南美大草原上的野生动物已经很熟悉了，所以决定不去理会那些牛，以便"今后它们会成为该殖民地一个非常大的资源优势"。到1804年，野牛群（澳大利亚人用"mob"来指一群动物）数目已多达3000到5000头。澳大利亚人最终成为驯养牲畜的高手，但需要加以时日。当时面对这些凶猛的非洲动物，他们所能做就是猎杀一些，用盐腌起来，并捕获一些小牛。其余的牛则像"山羊一样满山跑"，让追猎的人一点办法也没有。这些牛群变成了一种公害。更糟糕的是，它们为藏身于荒野的逃犯——臭名昭著的"丛林土匪"——提供了一种食物来源。此外，这些野牛还占据着大海和蓝山之间一些极好的土地，而且有继续扩大的趋势。[35]后来澳大利亚政府认识到新南威尔士的主人应该是人而不应该是牛，所以改变了对野牛的政策，于1824年下令围剿了1788年走失牛群的最后一批野生后代。[36]

　　在新世纪的第二个十年，澳大利亚人发现了翻越蓝山进入那边草原的一条道路，带着他们的牲畜一起翻山越岭迁徙。从所有迹象来看，那里牛的数量和原先数目相比要比绵羊或马增长得更快。[37]今天，这些牛大多数源自欧洲而不是非洲的祖先，但那并不意味着它们容易被驾驭。小牛像鹿一样难以接近，也几乎和鹿一样敏捷。很多小牛——"袋鼠，就如我们对它们的戏称一样"——可以跳过2米高的篱笆。[38]到1820年，在新南威尔士被驯化的牛已达54103头。十年之后，371 699头。再过一代人，澳大利亚将会有数百万头牛。[39]没有人知道究竟有多少野牛，其中一些牛群总是走在边远地区男女居民之前，有些甚至比探险家还要先行一步。1836年，托马斯·L. 米切尔（Thomas L. Mitchell）徒步穿越穆伦比基河附近的荒原时，偶然在一些水塘周围发现牛的很多足迹。这些足迹宽阔而坚实，像路一样，"而且终于看到活牛让我们渴望的双眼为之一亮，欣喜不已，更别提我们的肚子了"。这些动物不习惯人，以至于"我们很快就被一群野牛包围起来，至少有 800 头，它们一直盯着我们看"。[40]

在边远地区，甚至这些所谓的驯化牛根本见不到几个人——多数牧牛场也就只有 2 到 3 名牧场工人和一个"小屋看门人"。所以人们不禁要问，这些动物在多大程度上意识到人是它们的主人。公牛尤其专横，多数时间和牛群呆在一起，但在冬天会离群索居，春天返回争夺配偶。在澳大利亚边远地区，最令人难忘的声音之一就是返回的公牛挑战性的吼叫，"时而愠怒低沉，时而尖锐刺耳，嘹亮得像号角声……唤起周围数英里的回音，响彻幽谷和人迹未至的荒野"。[41]

大约在 8 000 至 10 000 年以前，马在美洲绝迹了。1493 年，哥伦布带了几匹马到伊斯帕尼奥拉岛，马重新回到美洲。在新大陆开始的时候，伊比利亚人无论走到哪里，在人数上都不占优势。不过他们发现在同美洲印第安人作战时马很有用，确实必不可少，所以无论走到哪里都带着马。[42]这些马在大多数殖民地繁殖得很快，或许比不上猪，但也速度惊人。[43]甚至在气候炎热不利于马生长的巴西沿海地区，到 16 世纪末也有了大量的马，殖民者还把它们用船运往安哥拉。[44]虽然两地纬度和气候相同，但马在非洲会死掉，而在美洲却会繁衍不息。

在墨西哥北方，马苗壮成长，很多都野化了。1777 年，托钵修会修士莫尔菲在得克萨斯埃尔帕索附近发现了不计其数的 mestinos（即野马，这是一个墨西哥词语，用来指北部平原上的马。北美人讹用了这个词，将它拼写成"mustangs"）。这些野马数量巨大，足迹纵横交错遍布整个平原，从而使空旷的地面看上去像是"世界上人口最众多的地方。"它们已经吃光了大片地区的青草，导致外来植物乘机而入。在圣洛伦索的水塘周围，他发现了大量在西班牙被称为 uva de gato（白景天）、在英国被称为 stonecrop（景天）的植物。它可能是欧洲景天属植物的一种或多种，自从航海家学会识别海洋风以来到处蔓延，在今天是一种很重要的地被植物。[45]

野马在北美洲的历史以及在18世纪末之前向北穿越北美大平原进入加拿大的故事众所周知，所以这里不再赘述。[46]那次迁移主要归功于美洲印第安人袭击者和商人，然而在18世纪70年代，是西班牙人驱赶着第一批马进入阿尔塔加利福尼亚的。在那里，这些动物走上了中亚大草原它们祖先的道路。1849年，淘金热开始时，野马很多，吃掉了太多的草。而牧民们还指望这片草地上的其他牲口能给自己带来收益，所以把数以千计的野马赶到圣巴巴拉的悬崖下。[47]

大西洋沿海地区殖民地上一些马的祖先来自墨西哥，由商人从大陆中部草原带到东部去，[48]但大多数直接来自英国和法国。早在1620年，马就来到了弗吉尼亚，1629年来到马萨诸塞，1665年来到新法兰西。约翰·乔斯林在17世纪的马萨诸塞发现了许多马，"间或会有一匹好马"。在冬天，它们的主人让大多数马在荒野上自己觅食。他说，这种做法让马"在春天之前很少长膘，因此鬃毛会倒下，以后再也直立不起来"。乔斯林来自欧洲，在那里马很金贵，值得精心照料。而在北美洲，它们相对来说便宜些，可以自由活动，和人类的关系无非是它们脖子上底部带一个钩子的颈圈。当它们试图跳跃篱笆吃庄稼时，钩子会挂在篱笆上。顺便说一下，猪脖子上套着三角形的颈圈，这样它们不会拱过篱笆。[49]篱笆不是用来把牲口关在里面的，而是挡在外面的。

只要愿意去抓就会有强壮的坐骑，这让边远地区的人受益无穷。但在一些地区，马过多也成了麻烦事（在英国，在这两个问题上，简直太不可思议了）。到17世纪末，野马在弗吉尼亚和马里兰成了祸害。矮小的公马使珍贵的母马怀孕，给人们制造的麻烦不断，所以人们通过立法规定，要求把它们关起来或阉割掉。在宾夕法尼亚，如果发现一只身高不到13手宽

（一手之宽等于 4 英寸，用来衡量马的高度等——译者注）的公野马，任何人有权就地对它进行阉割。[50]

在北美洲西部地区，今天还有很多空旷地区，所以数以千计的野马仍然同我们在一起。尽管有干旱和暴风雪、动物流行病、贪婪的宠物食品工业以及人们为了寻找免费坐骑而进行周期性的挑选，1959 年在美国西部一打左右的州和加拿大的两个省里，仍有野马自由自在地四处活动。[51]

就像之前提到牛的故事一样，南美大草原上的第一批欧洲殖民地开拓活动没有成功，然而当西班牙人在 1580 年重返布宜诺斯艾利斯时却看到大群野马正在那里吃草。它们以前所未有的速度大群地繁殖着，到下一个世纪初，图库曼（阿根廷西北部城市——译者注）的野马"多得遮满地面。当它们穿过马路时，旅行者需要等上一整天甚至更长的时间让它们先过，以免它们把驯化的马也带走"。在布宜诺斯艾利斯周围的草原上，马泛滥成灾，"到处是逃脱的母马和马群。无论它们走到哪里，从远处看就像是一片树林"。[52]这样的报道不免让人怀疑，但很可能是真的。拉普拉塔河以东和以西的南美大草原是马的天堂。甚至在 19 世纪，当马早先享受的许多有利条件已不复存在后，一些被留下做骑兵坐骑和保护起来不让狩猎的马群每年仍增加三分之一。[53]

耶稣会信徒托马斯·福克纳（Thomas Falkner）发现，18 世纪南美大草原上马的数量"庞大"，二到三岁龄小雄马的价格当时也就半元钱。他写道，有时野马远在天边，南美大草原显得很空旷；有时它们却无处不在：

> 它们逆风而行，从一个地方到另一个地方。1744 年，在对内陆进行的一次考察时，我在这些平原上驻留了三个星期。它们的数目庞大，在两个星期里一直围着我。有时它们成群结队全速从我身边经过，队

（左侧页码）185

伍如此浩浩荡荡，全部经过需要两到三个小时。在此期间，我和随行的四名印第安人费了九牛二虎之力设法保全自身，以免被它们踩为肉泥。[54]

数量这么巨大的驯化和野化马在地球上的其他地方绝无仅有，对南美大草原社会的影响比黄金的发现更巨大、更持久。金属不会持续太久，而庞大的野马群是南美牧人文化不可或缺的要素，持续了两个半世纪。

1788 年，七匹马随英国第一舰队来到澳大利亚。第二年冬天，澳大利亚总督报告说："这些马生长得很好。"但事实并非如此，至少好景不长。[55]其中只有 2 匹马在最初几年活了下来。直到南非良种母马在 1795 年到来之后，马的数量才开始真正增加起来。1810 年，有 1 134 匹马，10 年之后翻了四番，拓殖者甚至开始少量向外出口。[56]许多马开始四处自由活动了。在澳大利亚，野马不是被称为 "mustangs" 而是 "brumbies"。这个词语可能源于土著语 "baroomby"，意为 "野生的"，或来自 "Baramba"，它是昆士兰一条小溪的名字，或和 James Brumby（詹姆斯·布伦比）有关。詹姆斯·布伦比在大约 1794 年只身来到新南威尔士，在此居住了下来并在一百英亩的土地上放牧。1804 年，他离开此地，前往塔斯马尼亚探险。传说在离开之前，他把马聚拢起来，但丢失了几匹马，正是这些丢失的马后来成就了澳洲野马的天下。[57]

数以万计的野马曾经一度奔驰在澳大利亚内陆，而且就在 1960 年，澳大利亚西部还生活着 8000 到 10000 匹野马，"没有受到马刺和缰绳的约束"。野马不是可爱的动物。150 年前，由于它们的胸膛和两肩太狭窄，因此所备马鞍也需要比为欧洲马准备的要窄很多。1972 年，研究澳洲野马的一位专家宣称："它们的脑袋像水桶一样大。"可是它们很有耐力，却吃得

不多。无论冬夏，除了自己觅食外，它们无需更多的饲料。它们非常适合
作畜力牲口，很有灵性，能够"在巴掌大的地方转身"。[58]

187   就像在其他地方一样，马在澳大利亚生长好、繁殖快，以至于新欧洲
人忘记了几乎不花钱就可以得到强壮的马匹简直就是人间奇迹，反而身在
福中不知福，诅咒野马太多了。澳洲野马成了公害，它们疾驰而过，把被
驯化了的马也一起带走，"让它们的主人懊悔不已"。最糟糕的是，它们饮
用和吃掉可以创造效益的绵羊、牛和驯良的马所需要的水源和青草。[59] 19 世
纪 60 到 90 年代，野马在新南威尔士和维多利亚是主要祸害，是"动物里
的杂草"。为了获取它们的皮，猎人们捕杀了大量野马。1869 年，悉尼的
马皮多到每张只卖 4 先令。一些澳大利亚人在干旱季节索性用篱笆把水塘
围起来，以此除掉这些野马。还有一些人不愿意等到野马渴了再动手，想
出很多办法刺杀或射杀野马，好让它们在死掉之前可以跑远一些，这样可
以避免在同一地点堆积太多死马而污染环境。20 世纪 30 年代，当时上交马
耳朵有悬赏，因纳明卡有两个人一年里就射杀了 4000 匹马。之后不久，有
人仅在一个晚上就捕杀了 400 匹马。[60]

          有关这些驯化了的四足动物变野的故事就讲到这里。对它们特别适应
新欧洲或新欧洲特别适合它们生长这一点无须赘述。我们也可以继续详细
地讲述有关山羊、狗、猫甚至骆驼等的情况，进一步指出驯化禽类如鸡在
新欧洲也繁衍不息的例子。不过，这一点已经说得很清楚了。事实上，说
起来好像矛盾，它们在新欧洲比在故乡旧大陆生活得还要好。让我们来看
看也许称得上新欧洲唯一的驯化昆虫即蜜蜂的故事。如果旧大陆的这个昆
虫在新欧洲生活得也像猪、牛和马一样好，那么推动旧大陆移生动物成功
的力量确实应该是无处不在了。

188   全世界有很多种蜂和其他昆虫产蜜，但只有蜜蜂这种昆虫既产蜜量高，

又顺从人的操纵。蜜蜂原本是地中海地区和中东土生土长的一种昆虫。早在有史记载之前，那里的人们已经开始采集蜂蜜（和蜂蜡。对很多民族来说，它比蜂蜜更重要）。也是在那里，参孙发现了"一头狮子尸体上的蜜蜂和蜂蜜"，[61]给人留下了《旧约》里最伟岸的人物形象之一。

在 15 和 16 世纪，西欧水手成为了航海者，引发了很多不同的结果，其中之一就是蜜蜂在活动范围和繁衍数量上的大规模扩张。这些蜜蜂在欧洲人到来之前，可能在"大西洋的地中海"诸岛上已经存在。即使如此，但还没有扩大到所有岛屿。如果在"我们坎德拉里亚的圣母玛利亚"出现之前，特内里费岛上有蜜蜂，那她为什么被迫靠奇迹为制作蜡烛而去生产蜂蜡呢？它们显然很晚才到拉丁美洲，而且在多数情况下来自北美而不是欧洲。在美洲热带，土著人在科尔特斯到来之前就从蜜蜂那里采集蜂蜜，并一直这样做。甚至当科尔特斯糖在拉丁美洲变得很充裕也很便宜后，土著人依然如此。这两个因素阻止了对蜜蜂的引进。今天阿根廷是世界上的产蜜大国之一，但这是相当近期的发展。相比之下，蜂蜜过去在北美是必不可少的甜味剂，蜜蜂很早就到达那里了。[62]

第一批被带到北美洲的蜜蜂早在 17 世纪 20 年代就已到达弗吉尼亚，在那里蜂蜜成了 17 世纪一种普通食品。在马萨诸塞，蜜蜂到来的时间不晚于 17 世纪 40 年代。根据约翰·乔斯林（John Josselyn）的说法，到 1663 年，蜜蜂在那里已经"非常"兴旺。在 17 世纪的英属美洲殖民地，这种移入昆虫生活得同欧洲人一样好或更好。[63]在一定程度上，它们的扩张是由于人类的介入。人类带着蜂箱，乘着木筏和马车进入印第安人领地。但在多数情况下，这些旧大陆昆虫的先驱者是独立向西迁徙的。17 世纪，它们在沿海地区的殖民地已经归化了，到 19 世纪，它们在那里已经无处不在了，[64]但阿巴拉契亚山脉对它们来说是一个真正的障碍，阻止了它们向西前进。

189

有些蜜蜂是被人带过山的，有些据说是被一场飓风吹过去的。不管怎样，它们终于到了山的另一边，然后在密西西比河流域似乎比在阿巴拉契亚山脉以东扩张得更快。1811 年，在以蒂珀卡努战斗为高潮的战役中，前进中的美国军队在印第安纳荒野的树洞里发现了很多蜂巢。有一个人写道，他和他的朋友在一个小时里就发现了三棵筑有蜂巢的空心树。[65]密西西比河以西的第一批蜜蜂应该于 1792 年在丘屯（Chouteau）夫人圣路易斯花园里已经安家。[66]

北美洲农村人最喜欢的消遣之一就是寻找野蜂巢，从中盗走蜂蜜。由此还形成了一整套技术：怎样找到采蜜的工蜂，如何跟上它们回到蜂巢树，哪怕擦破胫部跌进小溪也在所不惜，以及如何把蜜蜂熏出巢，把树砍倒。做所有这一切，除非迫不得已，不然最好不要被蜜蜂蛰到。接下来便享受冒险成果，就像华盛顿·欧文（Washington Irving）于 19 世纪 30 年代在俄克拉荷马边远地区所亲眼目睹的一样：完好无损的蜂巢被放进水壶带回营地或住地，

> 而那些掉下来已破碎的则当场吃掉。人们会看到每个健壮的捕蜂人手里都有一大块蜂蜜，从指缝间往下滴，就像块奶油塔摆在一名有着过节胃口的小学生面前一样，很快就被吃光了。[67]

蜂蜜对北美土著居民来说是一种利好的东西，他们以前只用槭糖作强甜味剂。但蜜蜂这个"英国苍蝇"对他们来说是一种接近白人边远地区的不祥征兆。圣约翰·德克雷夫科尔写道："当他们发现了蜜蜂时，这天大的消息口口相传，让所有人心里充满忧伤和惊恐"。[68]

澳大利亚有小而无刺的蜜蜂，因产蜜量高而深受土著人的喜爱。但同

美洲一样，澳大利亚原本没有蜜蜂。蜜蜂是 1822 年 3 月 9 日与 200 名囚犯一起乘着"伊莎贝拉"号抵达悉尼的。[69]在新南威尔士一立足，这些蜜蜂就像在美洲一样，以旺盛的精力繁殖和分群。1832 年或稍早些时候，它们被引入塔斯马尼亚。在那里过了一个夏天之后，第一个蜂箱就分群了 12 次或 16 次，而 12 次或 16 次的结果取决于你愿意相信哪一个记载。[70]澳大利亚本地的几种桉树属于世界上最好的蜜源植物之列。[71]安东尼·特罗洛普（Anthony Trollope）在 19 世纪 70 年代早期到过澳大利亚。他发现外来的蜂比本地蜂更多，蜂蜜是"所有殖民者的一种常见美食。"[72]一个世纪之后，澳大利亚成了世界上最大的蜂蜜生产和出口国之一。[73]

到目前为止，我们所讨论的这些动物来到殖民地是因为殖民者需要它们，但其他动物都是穿越泛古陆裂隙的不速之客。这些害兽是一群很有趣的动物。虽然也有人认为仓院生物之所以在海外生存下来和欧洲人的促成不无关系（其实未必，但还是让我们姑且接受这一观点），但没有人会认为比如说老鼠的存在是因为殖民者想与它们为邻。相反，新欧洲人已经付出了巨大的努力去消灭它们。如果老鼠在新欧洲繁衍生息，那么促使旧大陆动物在殖民地成功的力量一定非常强大。

欧洲常见的老鼠实际上分为黑棕两种。前者较小，更善于攀缘；后者　191较大、较凶悍，更善于打洞。殖民地史料中提及的老鼠大多数时候很可能属于前者（常常被称作"船鼠"），但编年史仅笼统地提到"老鼠"。这两种或任意一种都可以帮助我们说明问题，所以我们将对它们不加区分，仅用一个词来兼指这两者。让问题更加复杂的是，殖民地时期的西班牙人无论大小老鼠用的都是同一个词。

在美洲，伊比利亚人走到哪里，老鼠就作为偷渡客乘船一道前往，但西班牙征服者的史料里却没有提及它们。然而我们还是对它们早期在南美

洲太平洋沿岸的情况有所了解（就像对杂草一样），这要归功于博纳布·
科波（Bernabé Cobo）和加尔西拉索·德·拉·维加（Garcilaso de la Ve-
ga）。秘鲁和智利都有一些当地的啮齿动物，但它们在适应欧洲文明生活方
式上没有哪一种能够和移入老鼠相提并论。从皮萨罗抵达美洲到 1572 年之
间发生了三次鼠疫，移入老鼠很可能是元凶。加尔西拉索·德·拉·维加
说："它们无节制地繁殖，在大地上泛滥成灾，毁坏庄稼和直立生长植物，
把果树皮从根部到嫩芽都啃光。"后来它们在沿海地区一直保持这样巨大的
数量，以至于"没有猫胆敢正视它们"。[74]老鼠（可能是当地的，也可能是
外来的）成群出没于葡萄藤中和麦田里，几乎从殖民地伊始就一直困扰着
布宜诺斯艾利斯。殖民地开拓者召唤圣西门和圣犹大进行神的干预，做弥
撒恳求神的怜悯。200 年以后，也就是在 19 世纪初，老鼠多到人们晚上在
街上走路都会踩到它们："每个房子都有鼠群，谷仓承受了很大的压力。事
实上，鼠类的增长似乎已经跟上了那些地区牛的增长。"[75]

外来的老鼠几乎让弗吉尼亚的詹姆斯敦不复存在。1609 年，当这个殖
民地建立仅仅两年时，殖民者发现他们储存的粮食已经被来自英国船上的
"数以千计的老鼠"吃掉了。他们被迫依靠打猎、捕鱼和种地这些粗劣技
能获取食物，也依赖印第安人的慷慨帮助。[76]与此同时，在新斯科舍罗亚尔
港的法国人也正和鼠类进行着战斗，那些老鼠一定也是无意中被带入的。
附近的美洲印第安人也成了牺牲品，深受这种全新的四足害物之苦，它们
已开始"偷吃或吸食他们的鱼油。"[77]

悉尼早期的情况也基本一样。1790 年，老鼠（不难想象是当地的有袋
类，但几乎可以肯定是殖民者带来的啮齿动物）充斥食品店和庭院。时任
总督估计，老鼠造成的面粉和大米损失多达"12 000 多个重量单位。"[78]而
且老鼠还在不断到来。19 世纪，一家塔斯马尼亚报纸严肃地宣称："从停

在海港押送囚犯的那只船上下来的老鼠多到你不见就难以相信的地步。"[79]
今天，旧大陆老鼠肆虐澳大利亚的港口和航道，甚至离开了紧邻人类的地
方，钻入灌木丛，重拾几千年来它们已经很少践行的生活方式。[80]

　　新欧洲人并没有想要引入老鼠。他们已经投入了数以百万计英镑、美
元、比索和其他货币来防止它们的蔓延，然而总是无济于事。对新欧洲的
其他几种有害动物来说也是如此，例如兔子。这似乎表明人类很少能把他
们引发的生物变化尽在掌握之中。他们从绝大多数的变化中获益，但受益
与否，人类的角色更多的不是判断和选择，而是随着决堤的大坝顺流而下。

　　有没有从新欧洲来的动物充斥欧洲和旧大陆呢？这种交流对等吗？读 193
者这次期待的答案一定也是否定的。美洲的火鸡确实去了旧大陆，但它在
那里没有野化，也没有像蝗虫那样在非洲和欧亚大陆遮天蔽日，泛滥成灾。
在英国的很多地方，体型相对较大且更具攻击性的北美灰松鼠已经取代了
旧大陆的红松鼠。但这些红松鼠在 20 世纪早期因为一种不明瘟疫数量大
减。美洲麝鼠 1905 年首次在波西米亚被放生，加上其他轻率引入的助推，
从此广为分布。到 1960 年，它的分布范围从芬兰和德国一直延伸到鄂毕河
几条支流的源头。[81]尽管如此，类似于旧大陆驯化动物在新欧洲野化泛滥的
事从来就不曾在旧大陆发生过。在旧大陆和新大陆动物之间的交流，无论
是驯化的还是野化的就像杂草一样，一直是单向的。从这个角度来讲，澳
大拉西亚看来对欧洲没有贡献过什么重要的东西。就如同杂草的情况一样，
具体原因将在第十一章加以探讨。

　　美国有一首关于边远地区生活的古老民谣。歌里唱的是一位来自密苏
里派克县的漂亮姑娘贝琪，她穿越大山，可能是落基山脉或内华达山脉，
"同行的还有她的恋人艾克、两对同轭公牛、一只大黄狗、一只高个上海公
鸡和一头斑点猪"。[82]贝琪是古老传统混合农业的继承人。然而有必要指出，

她的公牛被阉割过，其他动物也没有伴侣，不过贝琪一行不是翻山越岭的
唯一群体。别的马车队里有公牛和母牛，还有她所没有的母鸡、狗和猪。
(贝琪还挺有远见，带着艾克。) 在崇山峻岭的另一边，移生物种大量繁殖
将是必然规律。贝琪不是作为个体移民而来的，而是属于突然到来的一个
庞大群体。这个群体能够自我复制，可以改变世界，里面充满猪哼哼、牛
哞哞、马嘶嘶、公鸡喔喔、鸟啁啾、狗汪汪、蜜蜂嗡嗡等。

第九章

疾病

> 尽管土地荒芜，人烟稀少，但由于当地土著人容易对新来的殖民者让步，一个文明国家的殖民地，往往比其他任何人类社会都要富强得更快。
>
> ——亚当·斯密：《国富论》（1776 年）

旧大陆的病菌就像漂亮姑娘贝琪、她的心上人艾克以及他们的牲口一样，是有形状、重量和数量的实体，需要借助交通工具才能漂洋过海，而航海者们无意中提供了这一条件。一旦登陆寄居在新土地上的新受害者体内，它们的繁殖率（通常每 20 分钟翻一番）能让它们在繁殖和地理扩张的速度方面胜过所有其他更大的移生物。病原菌是所有生物里繁殖最快、最难控制的物种之一。我们必须审视一下旧大陆病原菌的殖民历史，因为它们的成功为我们了解生物地理学因素在欧洲帝国主义者海外成功中所扮演的作用提供了一个最佳范例。造成土著居民大量死亡和为移民开辟出新欧洲的主要责任承担者，不是残酷无情的帝国主义者本身，而是他们带来的病菌。

　　直到最近，人类历史的编年史学家还对病菌一无所知。大多数人认为流行病是超自然力量引起的，对此只能虔诚地忍受，很少详细记载。所以泛古陆裂隙之外欧洲殖民地的流行病史就像由 10 000 件小块组成的拼图玩具，我们仅掌握其中的半数，它们足够让我们对其原始规模及主要特征有所了解，但不足以还原其全貌。虽然信息零散不免让人遗憾，但它们数量巨大，而且和一些近代与世隔绝的部落被迫与国际社会接触后的经历很相似，所以对其整体的可信性不容置疑。在我们研究旧大陆病原菌在美洲和澳大拉西亚的历史之前，为了熟悉一下流行病灾难发生的几率，让我们来看看最近几个在科学上被称为处女地流行病（病原菌在从未受到传染人群197 中的迅速传播）的案例。1943 年，随着阿拉斯加公路的延伸，特斯林湖的美洲印第安人和以前相比，被迫和外界进行更为全面的接触。仅一年内，他们就经历了麻疹、风疹、痢疾、卡他性黄疸、百日咳、流行性腮腺炎、扁桃体炎和流行性脑（脊）膜炎多种疾病的侵袭。1952 年，加拿大魁北克北部昂加瓦湾的美洲印第安人和爱斯基摩人中流行麻疹，99% 的人发病，尽管其中一些人得到了现代医药的治疗，但还是有大约 7% 的人死亡。1954 年，同样的"小"传染流行病在巴西偏远的兴谷国家公园的土著人中爆发。得到现代医药治疗患者的死亡率是 9.6%，而那些没有得到医治的人死亡率是 26.8%。1968 年，巴西-委内瑞拉交界处的雅诺马马人突然遭到麻疹侵袭，尽管得到了一些现代医药治疗，还是有 8%—9% 的人死亡。几年之后，亚马孙河流域的科林-阿科罗勒人首次与外界接触，他们仅遭遇一次普通流感就损失了至少 15% 的人口。[1] 这些事例说明，与外界隔离的状态一旦解除，大规模的死亡就会开始。所以雅诺马马人完全有理由认为"白人引发疾病。如果白人不曾存在，疾病也就永远不会发生"。[2]

在过去的几百年之前，美洲和澳大利亚的土著人与旧大陆的病菌是隔绝的，这一点毋庸置疑。不仅很少有人跨越宽阔的大洋，就是那些这么做的人也必须身强体健，否则他们就会带着病菌死在途中。当然，不是说土著人就没有他们自己的传染病。美洲印第安人至少有品他病、雅司病、性病梅毒、肝炎、脑炎、脊髓灰质炎、几种不同种类的肺结核病（不是通常和肺病联系在一起的那些病）以及肠内寄生虫病。但他们之前似乎从来没有经历过旧大陆的这些疾病：天花、麻疹、白喉、沙眼、百日咳、水痘、腺鼠疫、疟疾、伤寒热、霍乱、黄热病、登革热、猩红热、阿米巴痢疾、流感以及很多蠕虫感染病。[3] 澳大利亚土著人也有自己的传染病，沙眼便是其中之一。但除此以外，在库克船长到来之前，他们不熟悉的旧大陆传染病名单和美洲印第安人致命疾病名单也许相似。值得注意的是，直到 20 世纪 50 年代，要从生活在澳大利亚中部沙漠附近贫瘠地区的土著人身上采集到葡萄球菌培养物还是相当困难的。[4]

美洲印第安人和澳大利亚土著人对旧大陆传染病的易感性在白人入侵之后几乎马上就表现了出来。1492 年，哥伦布绑架了一些西印度群岛上的土著人，想把他们培养成翻译以呈献给费迪南德国王和伊莎贝拉王后。但其中几个似乎死在了去欧洲的暴风雨途中，所以在西班牙除了一些黄金小饰品、阿拉瓦克人华丽的服饰和几只鹦鹉外，哥伦布只有 7 名土著人可供展示。一年以后，他返回美洲水域，七个中只剩下两人还活着。[5] 1495 年，为了寻找一种可以在欧洲出售的西印度商品，哥伦布运送了 550 名年龄大约在 12—35 岁之间的美洲印第安奴隶跨越大西洋。有 200 人死于艰难的航

198

海途中，只有 350 人幸存下来，被迫投入在西班牙的工作。他们绝大多数很快也死了，"因为这块大陆不适合他们"。[6]

英国人从来没有把大量的澳大利亚土著人作为奴隶、仆役或其他用途运往欧洲。但在 1792 年，两位澳大利亚土著人贝尼朗（Bennelong）和雅默朗万耶（Yemmerrawanyea）作为受尊敬的宠儿确实乘船去了英国。虽然他们受到了就算是我们也会认为是很好的待遇，但他们的遭遇比第一批在西班牙的美洲印第安人也好不了多少。贝尼朗日渐消瘦、身体虚弱并出现肺部感染的症状，不过他总算活着回到了故土。而他的伙伴却死于这个传染病（也许是 18 世纪末在西欧盛行的肺结核），坟墓上的碑文如下："纪念雅默朗万耶，新南威尔士的土著人，卒于 1794 年 5 月 18 日，享年 19岁。"[7]

我们现在对澳大利亚土著人患病和死亡的原因已经有所了解：肺部感染。但是什么在 1493 年和 1495 年夺去了很多阿拉瓦克人的命？虐待？寒冷？饥饿？过度工作？是的，毫无疑问和这些都有关系。但仅仅是因为这些吗？哥伦布肯定不想让他的翻译死，奴隶贩子和奴隶主也根本无意屠杀掉他们的私有财产。这些受害者都是或几乎都是年轻人，通常也是我们中适应力最强的成员，除非遭遇不熟悉的传染病，否则不会轻易死亡。人在风华正茂时，免疫系统的功能十分强大。如果受到前所未有的病毒入侵，它就会产生过激反应，通过炎症和水肿的方式来抑制正常的机体功能。[8]导致第一批美洲印第安人在欧洲死亡的原因很可能和在随后几十年里夺去很多其他阿拉瓦克人性命的一样：旧大陆的病原菌。[9]

下面我们将把目光转向欧洲殖民地。但由于本章篇幅所限，我们显然无法对所有欧洲海外殖民地，哪怕仅仅对新欧洲地区的流行病史进行一个概述。我们仅限于来探讨一种旧大陆病原菌在殖民地的传播旅程，即最引人瞩目的天花病毒。天花是一种经常通过呼吸传播的疾病，也是最容易传染和致命的一种。[10]在旧大陆，它是一种由来已久的人类传染病，但直到16世纪突然爆发之前，它在欧洲还算不上是什么严重的疾病。但在接下来的250年至300年里——疫苗接种出现之前——它成了大病，到18世纪时危害达到顶峰。那个世纪初，天花导致死亡的人数占一些西欧国家死亡总数的10%—15%。它的典型特点是，80%的受害者年龄在10岁以下，70%的年龄在2岁以下。在欧洲，它是最严重的儿童疾病。多数成年人都曾得过它并且对它有免疫力，尤其是那些住在城市和港口的人。而在殖民地，它不分老幼地侵袭土著人，是最严重的一种疾病。[11]

1518年年底或1519年年初，天花首次穿越泛古陆裂隙——确切地说传播到了伊斯帕尼奥拉岛。在接下来的四个世纪里，它在白人帝国主义海外前进中扮演了和火药一样——甚至比火药更重要——的作用，因为土著人确实拿起来了火枪，后来是步枪抵抗入侵者，但天花却很少与土著人一起作战。入侵者通常对它有免疫力，就像他们对其他旧大陆儿童疾病一样，但多数疾病在大洋的这一边却是崭新的。天花很快导致伊斯帕尼奥拉岛上三分之一或二分之一的阿拉瓦克人死亡，接着几乎马上越过海峡到达波多黎各和其他大安的列斯群岛，在那里造成同样的灭顶之灾。它从古巴传播到墨西哥，又通过一个生病的黑人士兵传入科尔特斯的军队。这名士兵是入侵者中少有的几个对天花没有免疫力的一个人。此病夺去了很大一部分阿兹特克人的性命，为外来者进入特诺奇提特兰城（今墨西哥城——译者注）中心以及建立新西班牙扫清了道路。它抢先西班牙征服者一步，不久就出现在秘鲁，使大批印加帝国的臣民丧生，也要了印加国王本人和他所选定继承者的性命。内战和混乱紧随而来，接着是弗朗西斯科·皮萨罗。这位西班牙征服者和成功追赶上他的科尔特斯所取得的辉煌胜利，在很大程度上是天花病毒的胜利。[12]

新大陆第一次有记载的流行病也许传播到了远至新欧洲的美洲地区。当时美洲印第安人口比后来几个世纪更稠密，很容易感染上天花。16世纪早期，卡鲁萨部落的人经常划独木舟从佛罗里达到古巴做买卖，有可能是他们把天花带入大陆。而且从该病流行的地区一直到今天美国东南部的人口稠密地带，墨西哥湾周围的部落至少会有零星接触。密西西比河也完全有可能给这个传染病提供了深入内陆的便捷通道，因为它沿岸村庄之间的距离大多不到一天的行程，至少最北远到俄亥俄河是这样。至于南美大草原，这个流行病一定是从印加帝国传到了今天的玻利维亚，再从那里彼此相距不远、星罗棋布的新拓居点蔓延到巴拉圭，继续沿着拉普拉塔河及其支流一直传到南美大草原。16世纪二三十年代，天花可能已经波及从五大湖区到南美大草原之间的大面积范围。[13]

天花是一种脚蹬一步七里格靴的疾病，传播速度惊人。它的症状十分可怕：高烧和剧痛；迅速出现的脓疱有时会破坏皮肤并使受害者看上去血淋淋的，十分恐怖；高达1/4—1/2或更大的致死率。健康的人常常携带病毒逃走了，留下得病的人坐以待毙。天花病毒的潜伏期为10—14天，足够让暂时健康的病毒携带者有充足的时间步行、乘舟、或再后来骑马赶很长的路逃到对其威胁一无所知的人们那里，把疾病传染给他们，驱使其他新的病毒感染者再逃离，去传染给新的无辜受害者。举一个例子（一个确切的而不是耸人听闻的例子），马丁·多布里茨霍费尔神父18世纪中叶时在巴拉圭和阿维彭人生活在一起。当天花出现时，他们多数逃走了，有的逃到80公里之外。在有些境况下，这种通过逃走而隔离的方法能够奏效，但通常它只会加速疾病的传播。[14]

北美英属或法属殖民地第一次有记载的天花流行病是17世纪30年代

早期在马萨诸塞的阿尔冈昆人中爆发的："夺去整镇整镇人的生命，在有些地方，几乎无人幸免。"[15]向南几英里之外的普利茅斯殖民地，威廉·布莱福特（William Bradford）提供了更多的详细信息，讲到附近的阿尔冈昆人在这些传染病中受到了多大的打击，死亡率飙升到多么高。他写道：

> 一些受害者得了病后就再也站不起来了。最后他们根本无法互相帮助，又无力生火做饭，连打水喝也成了问题，更没有人去埋葬死者。但他们会做垂死挣扎，当再也得不到柴火时，他们就烧掉吃饭用的木盘和木碟，甚至对他们来说重要的弓和箭。有些人会爬出去找水，有时就死在了路上，再也没有回来。[16]

天花席卷新英格兰，往西进入圣劳伦斯河——五大湖区，没有人知道从那里开始它到底又传播了多远。17世纪三四十年代，天花反复肆虐纽约及其附近地区，据估计，休伦和易洛魁部落联盟的人口因此减少了50%。[17]

那之后，天花发作的间隔时间似乎从来没有超过20年或30年。[18]无论是耶稣会和门诺派的传教士，还是蒙特利尔和查尔斯顿的商人，他们有关天花和土著人的故事如出一辙，令人毛骨悚然。1738年，天花导致一半的切罗基人死亡；1759年，它导致一半的卡托巴人死亡；在19世纪的开始几年，2/3的奥马哈人口以及密苏里河和新墨西哥州之间地区约一半的人口因天花死亡；在1837—1838年，几乎所有的曼丹人和高原上约一半的人口都死于天花。[19]每一个在北美建立过重要殖民地的欧洲民族——英国人、法国人、荷兰人、西班牙人和俄国人——都曾时而忧虑，时而窃喜地记载下了天花在以前从不了解它的美洲人中肆意传播的恐怖情形。

这一疾病经常越过欧洲人拓殖的边界，常常传播到几乎从来没有听说过白人入侵者的人们中去。1782 年或 1783 年，天花很可能传到太平洋西北沿岸的普吉特海湾，这里当时比地球上其他任何地方都要远离人类主要聚居地。当探险家乔治·温哥华（George Vancouver）在 1793 年驶入这个海湾时，他发现满脸痘痕的美洲印第安人以及散落于发现湾海岸上的人类累累尸骨——如头盖骨、肢骨、肋骨和脊梁骨，让人觉得这里是"附近整个地区的一个大坟场"。因此他断定，"在不久前，这里的人口比现在要多得多"。他可以把这一估计准确地推及到整个大陆。[20]

如前所示，天花早在 16 世纪二三十年代可能已传入南美大草原。1558 年或 1560 年，天花再次（或首次）出现在拉普拉塔河流域的草原上，据传闻说导致"10 万多印第安人"死亡。[21]对此我们只有一份相关资料，但几乎与此同时，天花在智利和巴拉圭肆虐，接着于 1562 年至 1565 年之间在巴西爆发，大批土著人丧命。这为天花恣虐拉普拉塔河下游地区居民的报道提供了有力的佐证。[22]

从 16 世纪的最后十几年一直到 19 世纪的后半个世纪，天花不断席卷美洲南部草原及其附近地区。从上一次流行病结束后，似乎只要有足够的易感者出生可以再经受得起一场流行病时，它就又出现了。17 世纪初，布宜诺斯艾利斯殖民当局请求西班牙王室准许其进口更多的黑人奴隶，因为天花造成很多美洲印第安人死亡。在不到 100 年的时间里，仅那座城市就经历了至少四次天花瘟疫（1627 年、1638 年、1687 年和 1700 年），在接下来的两个世纪中还发生过多次。直到 1695 年，在南里奥格兰德才有了第一次关于天花的确切记载。但在此之前，这种疾病大流行肯定已经波及那个同时邻近流行病不断爆发的葡萄牙和西班牙殖民地的地区。[23]

天花的死亡率非常高。1729 年，米格尔·西梅内斯（Miguel Ximénez）和卡塔尼奥（Cattaneo）两位牧师在 340 名瓜拉尼人的陪同下从布宜诺斯艾利斯出发前往巴拉圭的布道所。沿着拉普拉塔河逆流而上八天后，瓜拉尼人中出现了天花。除了 40 人外，其他人都受到传染。它持续了两个月，最后 121 人康复，179 人死亡。比大多数教派都更注重数字准确性的耶稣会估计，在 1718 年的天花流行中，巴拉圭布道所死亡 50 000 人；1734 年，瓜拉尼人的村庄中死亡 30 000 人，1765 年死亡 12 000 人。还有多少人处于危险之中？我们把这个问题留给人类历史学家去解答吧。[24]

　　我们永远无法知道南美大草原上的游牧部落中有多少人死于流行病。他们事前逃走的本领肯定让他们躲过了一些流行病，但他们躲避传染病的时间越长，当它真的袭来时造成的杀伤力就越大。例如车彻赫特人，直到 1700 年他们还是南美草原上众多部落中人数较多的一支，因而可能躲过了许多最严重的瘟疫。但 18 世纪初当这个部落在布宜诺斯艾利斯附近染上天花后，几近灭绝。车彻赫特人当时试图逃离危险，但这次只是增加了他们的损失："在逃亡途中，他们每天都抛下生病的亲友。除了一张可以竖起来挡风的兽皮和一大罐水之外，这些被遗弃的人孤苦伶仃，无依无靠。"他们甚至杀死自己的巫师，"想看看是否通过这种方法瘟疫就会停止。"作为一支独立存在的部落，车彻赫特人再也没有恢复元气。到 18 世纪末，甚至他们的语言也消亡了。今天我们只有他们语言中的 15 个单词和一些地名，与我们对关契斯人语言的了解几乎一样少。[25]

　　这一疾病继续周期性地卷土重来，对南美大草原的部落造成重创。直到疫苗接种的推广以及阿根廷草原上最后一批部落被消灭、监禁或驱逐以后，天花才终结。埃里西奥·坎顿（Eliseo Cantón）博士是一位内科医生、科学家和阿根廷医学史学家，他直截了当地说，美洲印第安人作为南美大草原上一支有生力量，他们的灭绝不是由于阿根廷军队以及其雷明顿枪的威力，而是由于天花病毒的传播。[26]

澳大利亚的医学史始于天花或与它很相似的疾病。1788 年，英国第一舰队抵达悉尼港。在此后的一段时间里，不管是在上千名的殖民地开拓者还是在土著人中，传染病的问题并不严重。坏血病那时正在困扰殖民者，但即使如此，到 1790 年 2 月，还是有 59 名新生儿降生。[27] 至少在英国人看来，澳大利亚土著是一个健康的民族。后来，在 1789 年 4 月，英国人开始在港口周围的海滩和岩石上发现土著人的尸体。他们的死因一直是个谜，直到带有活跃天花病症的一户土著人家进入殖民点。第二年 2 月，一个从天花中已康复的土著人告诉白人，悉尼附近他的足足一半的族人都死了，其他人携带病毒逃走了。[28] 被抛弃的患者活不了多久，常常死于饥渴。约翰·亨特写到：

> 一些人被发现蹲在地上，头斜倚在两膝之间；另外一些人靠在岩石上，头枕在上面。我就亲眼见过一位女人就地而坐，膝盖蜷缩到肩部，而脸则伏在两脚之间的沙地上。[29]

天花在沿海和内陆横行无忌，不定期地爆发，不断在土著人中进行扫荡。它穿过蓝山，远在内陆河沿岸的土著人第一次见到白人以前就已经袭击了他们，然后通过河边的部落传到海边，几乎灭绝了墨累河沿岸 16 000 多公里范围里的人口。几十年过后，脸上带有麻子和痘疤的土住老人不断出现在新南威尔士、维多利亚和南澳大利亚的内陆深处。天花甚至可能已传到了这块大陆的东北和西部海岸。只要有新的土著人尚未感染，就没有什么能遏制天花的出现。[30] 19 世纪，天花三次卷土重来，在土著人中广泛传播，但第一次流行无疑是对澳大利亚土著部落人口冲击最大的一次。19 世纪研究澳大利亚土著人的重要专家爱德华·M. 科尔（Edward M. Curr）估

206

计，它可能夺去了三分之一的澳洲土著人口，而只有这块大陆西北地区的部落尚未受到影响。这些部落直到 1845 年后才不可避免地遭遇了天花并受到极大创伤。[31] 几代人以来，每当澳大利亚土著人提及天花，依然会战栗不已，流露出一种"真正的恐惧表情，没有其他任何灾难能让他们迟钝的天性产生这样的感觉"。1839 年，当被问及他们脸上的麻子是怎么来的时候，雅拉、古尔本和吉朗部落的老人们回答："老早以前，痘痘来了，要了很多黑人家伙的命。"[32]

我们今天生活在一个已经利用科学灭绝了天花病毒的世界里，天花对当时澳大利亚和美洲土著人的影响，远远比我们所能想到的更为致命，更让人困惑，更具毁灭性。人口减少的统计数字是客观的，目击者的讲述开始令人同情，最后让人毛骨悚然。天花的影响是如此使人惊惧，只有处于创作鼎盛期像弥尔顿那样才华横溢的伟大作家才能驾驭这个题材，而在 1519 年的伊斯帕尼奥拉岛或是 1789 年的澳大利亚新南威尔士则根本没有这样的人。为了更好地了解这个问题，我们只有把视线转向受害者而不是目击者。他们成就传奇，却没有谱写史诗。19 世纪，居住在北美大平原南部的基奥瓦人经受过至少三次或四次天花瘟疫。他们中间有一个关于此病的传说。传说这个部落的神话英雄赛因迪（Saynday）偶遇一个身穿黑衣、头戴高礼帽像传教士的陌生人。陌生人首先开口：

"你是谁？"

"我是赛因迪。我是基奥瓦部落的赛因迪大叔。我总在这一带转悠。你呢？"

"我是天花。"

"你从哪里来？是做什么的？为什么到这里来？"

"我从遥远的地方越过东边的大海而来。我和白人在一起——他们是我的同胞，就像基奥瓦人是你的同胞一样。有时候我走在他们前面，有时候我悄悄跟在他们后面。但我总与他们结伴而行，你可以在他们的营地和房子里找到我。"

"你是做什么的？"

"我带来死亡。我的呼吸使孩子们像春雪中的幼苗一样夭折。我带来毁灭。不论一个女人有多漂亮，只要她看我一眼，马上就会变得像死神一样难看。对于男人，我不仅带来死亡，还夺去他们的孩子，摧残他们的妻子。最强健的勇士也会在我面前倒下。见过我的人再也不可能变得像从前一样了。"[33]

208

白人对这些外来的疾病则持较为乐观的态度。约翰·温思罗普（John Winthrop）是马萨诸塞湾殖民地的首任总督，同时也是一名训练有素的律师。1634 年 5 月 22 日，他写道："土著人几乎都死于天花，上帝赐予我们拥有这里一切的权利。"[34]

天花只是航海者带给海外土著部落很多疾病中的一种——也许最具毁灭性的，但毋庸置疑是最突出的一种——不过只是其中一种而已。我们根本还没有谈到很多土著人与地平线上出现的陌生人接触后经常会患的呼吸道传染病如"痨病"热。举个例子，在 20 世纪 60 年代的一次调查中发现，50%—80% 的澳大利亚中部地区土著人患有咳嗽和异常呼吸音，从沙漠地区搬来不久的人中这个比例会更高。[35] 我们一点还没有说到肠道传染病。毫无疑问，在过去的几千年里，这类疾病的死亡人数比其他的都要多，今天仍然如此。1530 年左右，西班牙的美洲探险家卡韦萨·德·巴卡（Cabeza de Vaca）步履艰难地穿越德克萨斯时迷路了，十分绝望。他无意中把某种痢疾传染给了美洲印第安主人，导致这个部落一半的人死亡。而他和他的队友却荣升为祭司神医，也因此非常戏剧性地获得赦免，捡回一命。[36]我们对昆虫传染病还只字未提，尽管在 19 世纪，疟疾是整个密西西比流域最严重的疾病。[37]我们更没有提及性传染病，它们在提高从拉布拉多到西澳大利亚珀斯地区死亡率的同时，降低了土著人的出生率。旧大陆各种可怕的病原菌在泛古陆裂隙之外肆意传播，削弱、致残或杀死数百万人类的地理先驱者。世界上最大的人口灾难是由哥伦布、库克和其他的航海者引发的，而欧洲的海外殖民地在它们现代发展的第一阶段成了藏骸所。后来，在热带地区的殖民地，混合了欧洲人、非洲人和土著人的社会逐渐形成了，有别于以往的任何社会，只有澳大利亚北部是一个主要例外。温带地区殖民地的发展不是那么特色鲜明，它们变成了新欧洲，非白人只是少数民族。[38]

　　我们承认在欧洲人抵达之前墨西哥和秘鲁到处都是美洲原住民，首先因为他们的石建古代遗迹规模宏大得让人无法视而不见，其次也因为他们的后代仍然大量生活在这些土地上。今天的新欧洲地区则全是新欧洲人和来自其他旧大陆的人，但这些地方过去曾经有大量的土著人口，而他们却被外来疾病灭绝了。要把新欧洲的过去和今天联系起来需要历史想象力的一个巨大飞跃。让我们来分析一个新欧洲地区人口灭绝的具体例子。

　　我们来选择一个拥有先进文化的土著农业者居住的新欧洲地区：东西位于大西洋和北美大平原之间、南北处在墨西哥湾和俄亥俄河流域之间的那一片美国东部地区。当欧洲人已经在此居住，他们经常为了寻找新的阿兹特克帝国、通往中国的商路以及黄金和皮毛而踏遍此地，掌握了这个地区的主要特点时，1700 年左右，当地居民就是美国历史教科书里人们熟知的美洲印第安人：切罗基、克里克、肖尼和肖克塔等部落。除了一两个例外，这些部落和其他部落没有明显的社会分层，没有贵族和神职人员引起

209

210

的先进艺术和手工艺，也没有什么宏伟公共建筑可以比肩中美洲的庙宇和金字塔。他们的人口比我们想象的兼业农户、狩猎者和采集者的人口多不了多少，在很多地区则更少。没有几个部落的人口达到上万人，大多数则要少得多。

然而在 1492 年，北美这一地区的景象却并非如此。土墩建造者（对分布在方圆数千平方公里以内，大多历时千年的、属于十几个不同文化的百种族落的总称）已经建成或正在建造众多的土墩坟墓和寺庙，很多只有膝盖或臀部那么高，但有些却属于世界上人类所建造的最大土建筑。僧侣土墩位于伊利诺利州的卡霍基亚，是 120 个土墩中最大的一座，体积有623000立方米，占地 6.5 公顷。[39]这座巨大土墩块的每一部分都是靠人力搬运和建造起来的，没有借助任何畜力。美洲仅有的两座比它还大的前哥伦布时代建筑分别是特奥蒂瓦坎古城的太阳金字塔和乔鲁拉大金字塔。卡霍基亚在公元 1200 年左右处于鼎盛时期，是世界上最大的祭祀中心之一。据一些考古学家估计，为它服务的那个村子的人口超过了 40000 人。（1790年，费城是美国最大的城市，人口 42000 人。）[40]卡霍基亚的坟墓和其他这样的遗址中，有来自苏必利尔湖的铜器、阿肯色和俄克拉荷马的燧石以及可能来自北卡罗来纳的云母片和很多质量上乘的艺术品。除了尊贵死者的遗骸外，这些墓穴中显然还有下葬时殉葬的男女遗骸。在卡霍基亚的一个埋葬坑里有四名没有头和双手的男性遗骸以及 50 名年龄在 18—23 岁之间的女性遗骸。很显然，这些无不证明存在某种残酷的宗教和等级森严的阶级结构——后者在任何地区的文明起源中都是一个关键因素。

18 世纪和 19 世纪，当白人和黑人在卡霍基亚附近和类似中心（阿拉巴马的蒙斯维尔，佐治亚的埃托瓦）居住时，当地的美洲印第安社会实行的是相对的平均主义，人口稀少，工艺品虽然不乏可取之处，但已算不上出类拔萃，他们的贸易网络是地区性的。这些人对几代之前早已弃置的土墩和祭祀中心一无所知。白人认为它们是北欧海盗、失踪的以色列部落或已经从地球上消失的史前人类所为。[41]

　　土墩的建造者当然是美洲印第安人。在有些情况下，他们毫无疑问就是旧大陆殖民者到来时正居住在这些地点附近土著居民的祖先。当欧洲人首次靠近美洲海岸时，这些祖先的人数还很多。为了找到同他在秘鲁所见到的一样多的财富，埃尔南多·德·索托（Hernando de Soto）正是穿过这些人的土地，踩着他们的尸体，在1539—1542年开辟出一条道路来。他的编年史家让我们清楚地了解到，当时这些地区人口稠密，很多村庄周围是广阔的耕地；社会等级分化，由上层铁腕统治；几十座庙宇坐落在平顶金字塔上。这些金字塔虽然往往比较低矮，而且是用土而不是砖石建造的，不免还是让人们想起在特奥蒂瓦坎古城和奇琴伊察的类似建筑。

　　在我们今天所知的有关北美土著社会的著名人物形象里，德·索托足智多谋的对手"科法奇奎夫人"（Señora of Cofachiqui）总是占有一席之地。科法奇奎所在地很可能包括今天佐治亚州的奥古斯塔地区。她出行坐着由贵族抬的轿子，一群奴婢前呼后拥。在方圆500公里范围里，"人们对她惟命是从，只要是她吩咐的都会卖力而高效地执行"。[42]为了将这些西班牙人贪婪的目光从她的臣民身上移开，她打发他们去洗劫一座墓葬屋或墓葬庙。它30米长、约12米宽，屋顶装饰着海贝和淡水珍珠，"在阳光下十分耀眼"。屋里安放着装有死者遗体的柜子，每个柜子上刻着死者的雕像。墙壁和天花板上挂着工艺品，房间里堆满了精雕细刻的权杖、战斧、长矛、弓和镶有淡水珍珠的箭。阿隆索·德·卡莫纳（Alonso de Carmona）是一位曾经在墨西哥和秘鲁生活过的盗墓大王，他认为这座建筑以及里面的物品是他在新大陆所见过的最精美的文物之一。[43]

212

　　科法奇奎和今天美国东南部很多地区曾经居住的美洲印第安人是文明的墨西哥人令人敬畏的乡亲。从总体文化成就上来说，他们也许可以和苏美尔人的直系祖先相媲美，而且人数很多。最新的学者研究估计，16 世纪初，佛罗里达这样一个边缘地区的人口可能已高达 900 000 人。[44] 即使我们对此怀疑，把这个数目减去一半，余数也令人咋舌。但到 1700 年左右，当法国人来拓居时，美国东南部与以前相比，已经荒无人烟。

　　到 18 世纪时，有某种东西消灭或赶跑了科法奇奎和其他许多之前两个世纪里文化成就相似而且人口稠密地区的大多数人。这些地区有：莫比尔湾和坦帕湾之间的墨西哥湾沿岸、佐治亚沿海地区以及红河河口以上的密西西比河流域。在阿肯色东部和南部以及路易斯安那的东北部地区，德·索托曾发现了 30 个城镇和地区，法国人却只找到了几个村庄。在那里，德·索托曾经站在一个庙丘上可以看到几个村庄和它们的土墩群，除此之外全是玉米地，现在这里却成了荒野。不管是什么蹂躏了这个他曾途经的地区，这个罪魁祸首也有可能到了更远的北方。俄亥俄南部和肯塔基北部一带曾是这块大陆上自然食物最充裕的地区之一，可是当白人首次从新法兰西和弗吉尼亚进入这里时，它却几乎空寂无人。[45]

　　在邻近墨西哥湾地区以及从海岸边往内陆几十公里范围内甚至发生了一场很大的生态变化。它和美洲印第安人数量的减少同步发生，而且很可能与此有关。16 世纪，德·索托的编年史家在从佛罗里达到达田纳西随后再返回海边，沿途没有看到任何野牛，或是他们确实看见了这些神奇的动物，却没有提及它们——这似乎有悖常理。考古学的证据和对美洲印第安人的地名研究也显示，在德·索托路线沿途没有野牛，在它和与海边之间的地区也没有。一个半世纪以后，当法国人和英国人来到时，他们看到了这种长满粗毛的动物，从山脉几乎一直到墨西哥湾，甚至到大西洋至少都有零星的野牛群存在。在此期间发生了什么，从理论上来讲是很容易解释的。那就是一个生态位打开后，野牛便乘虚而入。有某种因素曾让这些动物远离美洲印第安人不时用火和锄头开辟的大片大片公园般的林中空地。这种因素在1540年以后减少或消失了。这种因素很有可能就是美洲印第安人本身，他们自然要猎杀野牛为食和保护他们的作物。[46]

　　美洲印第安人减少和灭绝的原因很可能是流行病。没有其他因素似乎能够在北美这么大范围里消灭这么多人。在德·索托到达科法奇奎之前，这种可怕的种族大屠杀已经开始了。在这一两年之前，一种瘟疫已经反复侵袭过那片地区，死了很多人。塔罗米克就是前面提到的西班牙人在那儿洗劫了一个墓葬庙的地方，就是几个没有人居的空城之一，因为瘟疫导致很多人非死即逃。入侵者在那里发现有四个大房子，里面堆满了死于这场瘟疫的死者遗体。西班牙人因此断定法科奇奎曾经人口稠密，该地居民说在瘟疫发生之前，他们的人口要多得多。德·索托是在一场疾病灾难之后进入法科奇奎的，就像他和皮萨罗在秘鲁遇到的情形一样。[47]

　　就算这场瘟疫是由旧大陆传入的，那么它又是如何从欧洲人定居点深入到这么远的大陆腹地呢？在墨西哥，任何流行病都有可能通过海边部落传遍墨西哥湾，沿着人口稠密的水路深入内陆。许多从哈瓦那出发顺着墨西哥湾洋流航行的船只被暴风搁浅在佛罗里达沿岸的浅滩，那些挣扎上岸的幸存者可能携带着传染病。而且那时少数一些白人已经生活在这块大陆上了。德·索托开始入侵佛罗里达时，就曾抓了一名白人做翻译。这名白人就是卡韦萨·德·巴卡穿越得克萨斯迷路的那场流产探险中的幸存者。德·索托的人在法科奇奎发现了一把基督教徒匕首、两把卡斯蒂利亚斧头和一串念珠。这些东西可能是通过美洲印第安贸易线路从沿海，或甚至从墨西哥到达那里的。传染病像其他任何人类之间的交流一样，能通过商业

214

活动有效地进行。当德·索托的人跳入水中拖船上岸时，旧大陆和它的很多生物已经深入北美内陆了。[48]

　　流行病继续不断来袭，行使自己的灭绝使命，就像我们了解到它们于16 世纪和 17 世纪在美洲各地所做的一样。这里只援引一个例子，1585—1586 年，弗朗西斯·德雷克（Francis Drake）爵士率领一支庞大的舰队到达佛得角群岛。在那里，他的船员染上了一种危险的传染病。尔后舰队起215　航前去袭击西班牙的美洲大陆。但因为很多英国人非死即病，所以这次冒险以惨败告终。为了寻求补偿，他袭击了位于佛罗里达圣奥古斯丁的西班牙殖民地，使当地人感染上了"佛得角流行病"。美洲印第安人"一离开我们的人后便很快死去，坊间流传说是英国的神让他们死得这么快"。这一疾病可能继续向内陆传播。[49]

　　当法国人深入墨西哥湾沿岸的内陆，也就是德·索托曾经和很多部落进行过无数次交战的地区时，却没有遇到多少人来抵抗他们的入侵。美洲印第安人的数量在继续减少。事实上，有可能在加速锐减。纳奇兹人是最后一批土墩建造者，以他们建在金字塔顶部辉煌的庙宇以及最高首领"大日王"而闻名天下。六年之后，他们的人数也减少了三分之一。其中一个法国人写道，"接触了这些野蛮人以后，有一件事我不得不对你说。那就是，上帝显然希望他们把土地拱手让给新来的移民"。[50]这无意中与新教徒约翰·温思罗普的观点不谋而合。

　　旧大陆与它的美洲和澳大拉西亚殖民地之间的传染病——即病菌，就像看得见的物种那样，是有地理原产地的生物——交流是令人惊奇的单方面的，就像在人口、杂草和动物方面之间的交流一样是单方面、单向的。从目前的科学来看，就算澳大拉西亚有自己独一无二的传染病，它也从未把任何一种人类疾病出口到外面的世界去。美洲确实有其独特的病原菌，至少有卡里翁病和查格斯病。奇怪的是，这些令人非常讨厌、有时很致命的疾病不会传播得很远，从来没有在旧大陆立足。[51]性病也许是新大陆唯一外传的重要疾病。虽然臭名昭著，但它却从来没有阻止过旧大陆的人口增长。[52]尼古阿斯病被费尔南德斯·德·奥维耶多称为热带美洲恙螨，在 16 世纪时给赤脚西班牙人造成很大困扰。它于 1872 年传播到非洲，很快席卷这块大陆，成了一种会让人失去脚趾继而引发致命破伤风的流行病。但从那以后，它回归为讨厌的疾病之列，从来没有改变过旧大陆的人口历史。[53]欧洲在向泛古陆裂隙之外输出疾病痛苦的数量和质量方面是很慷慨的。相反，它的殖民地，首先在传染病学方面是一贫如洗的，甚至在向海外输出自己的病原菌时也犹豫不决。这种交流的不平等性（是生物地理学因素的产物，将在第十一章探讨）让欧洲入侵者获得了压倒性的优势，却给那些祖先居住在泛古陆裂隙失败一边的人们带来了毁灭性的劣势。

216

第十章

新西兰

人类不同种族之间的关系就像动物不同种群之间的关系一样，遵循着"物竞天择，适者生存"的法则。在新西兰，我们悲哀地听到那些身强体健、精力充沛的土著人说，他们知道这块土地注定会从他们的子孙那里旁落他人。

——查尔斯·达尔文：《"贝格尔"号航行日记》（1839 年）

处女地开垦后就无法恢复原貌，开拓者所经历的世事沧桑不可能被再次经历，外来植物、动物和禽类对它的入侵不会重演，它的古代植物也无法复苏——从弹丸之地新西兰的地图上再也找不到"未发现的地域"这样的字眼。

——H·格思里-史密斯（H. Guthrie-Smith）：
《图提拉，新西兰羊站的故事》（1921 年）

为了梳理出欧洲殖民地成功背后生态因素的证据，我们就新欧洲的美 218
洲和澳大利亚的杂草、动物和病菌等话题进行了讨论，但我们没有试图重
写比如说南美大草原的历史。新欧洲所有大陆的历史都既漫长又复杂，由
于本书篇幅所限，不能一一穷尽。所以我们选择新西兰这个较小的岛国，
它的历史在所有新欧洲中是最短的，但史料却最详实。新西兰是一份新近
才由几个人重写的手稿。当航海者首次到来的时候，如果新西兰的土著人
是旧石器时代人或新大陆新石器时代的人——更清楚地说，纯粹是非旧大
陆新石器时代的人，就像其他所有新欧洲的土著人一样，那就更有助于说
明问题。虽然他们不是，但他们很接近这样的人，因为其亚洲和波利尼西
亚祖先穿越太平洋的长途迁徙，让他们丢掉了除了少数几个之外所有新石
器时代的特征，后面我们会看到这一点。他们几乎完全满足我们说明问题
的需要。无论上述所说的少数特征可能会给我们带来多大的困难，都可以
用以下事实来弥补：欧洲人来到新西兰的时间较晚，他们是在叶维居
（1769—1832，法国动物学家，创建比较解剖学和古生物学。——译者注）
和达尔文时代的科学家以及有科学头脑的人们的密切关注下给它的生物群
落作了首批和最重要的引入。

新西兰是在80—100万年前从澳大利亚分离出去的，从此一直处于完
全与世隔绝的状态。[1]它由北岛和南岛两大块陆地以及后者南端较小的斯图
尔特岛组成。新西兰从暖和的雷因格海角到凉爽的南角南北总长1600公
里，是白令海峡和南极洲以及澳大利亚和秘鲁之间唯一一块面积较大的海
上陆地。从地质学的角度来讲，新西兰很年轻，有许多活火山，山脉绵延， 220
广大地区起伏不平。新西兰有平地，但只有一个地带称得上辽阔平坦，即
坎特伯雷平原。它由河流冲刷和沉积而成，覆盖着岩石粉而呈乳白色，沿
着南阿尔卑斯山脉自西向东海拔逐渐降低，绵延至太平洋。

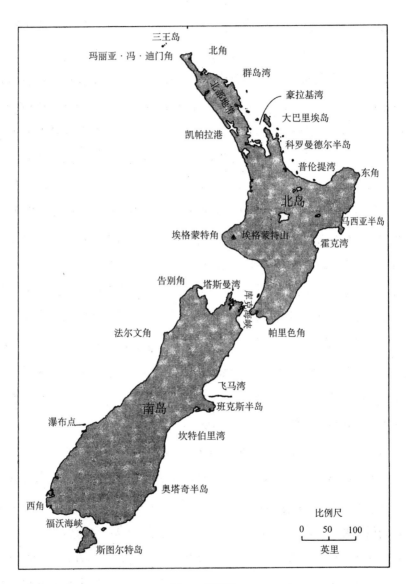

三王岛
玛丽亚·冯·迪门角　　　　　北角
　　　　　　　　　　　群岛湾
　　　　　　　　　　豪拉基湾
北蒂迪半　　　　大巴里埃岛
凯帕拉港
　　　　科罗曼德尔半岛
　　　　　普伦提湾　　东角
　　　　北岛
　　　　　　　马西亚半岛
埃格蒙特角　埃格蒙特山
　　　　　　　霍克湾
告别角　塔斯曼湾
库克海峡
法尔文角
　　　　帕里色角
　　　飞马湾
南岛　班克斯半岛
瀑布点
坎特伯里湾
奥塔奇半岛
西角
福沃海峡
斯图尔特岛

比例尺
0　　50　　100
英里

219　　　　　　　　　　　　　图 7　新西兰

　　像不列颠群岛一样，新西兰位于盛行西风带上，附近海洋长年不结冰。它的气候冬暖夏凉，像英国一样潮湿。它的植物叶子也同样绿，尽管经常比本土英国人自凯尔特时代及以前挑选林木以来熟悉的颜色更深一些（在阴天几乎呈黑色）。在山脉的雨影区（山坡背风面降雨极少的地方——译者注）有相对干燥的区域，尤其是在南阿尔卑斯山附近。但即使在那里，降雨量对西欧式的农业来说也是绰绰有余了。在气候上，新西兰是农牧业的理想地，特别适合过去几千年来已成为欧洲特色的牧业。

　　这种最适合欧洲混合农业的气候类型在没有人为影响的情况下就能形成茂密的森林。大约一千多年前，当人类即波利尼西亚人初来乍到的时候，新西兰的绝大多数地区都被森林所覆盖。然而，它不是欧洲类型的森林，无论过去还是今天仍然是由树木和被各种藤本植物缠绕的附生植物构成的温带丛林。新西兰土生植物群的历史和欧洲的截然不同。它是被地质学家称为冈瓦纳大陆的泛古陆南半块而不是包括欧洲在内的北半块的进化物。约瑟夫·班克斯是在 1769 年随库克船长来到新西兰的博物学家，只认识在新西兰观察到的 400 种植物中的 14 种。令人惊奇的是，新西兰植物群中 89% 的部分都是它独有的。蕨类植物和其盟友占了整个植物群的 1/8，而英国这个比例仅仅是 1/25。[2]所有动物群里最具特点的一些动物就生活在这样独一无二的植物群里，以它为食，与它相依。当波利尼西亚人刚来的时候，这里除了蝙蝠没有陆地哺乳动物。动物学家认为新西兰的动物群"发育不全"。虽然就其目和科的数量而言，他们说的一点没错，但它也有地球上最不同寻常的一些物种。例如，它有一种半米长的蠕虫，还有一种名为巨沙螽的昆虫，体型大，身长超过 10 厘米，在这个小生境中就像其他地方的老鼠一样多。新西兰大蜥蜴是一种中等大小的爬行动物，不及人的臂长，是世界上喙头目动物的唯一代表。当泛古陆还是一个整体的时候，这一目的动物处于幼年期。波利尼西亚人遇到的所有生物中最让他们印象深刻的是不会飞的鸟类，不过现在它们大多数已经绝迹。其中最大的鸟类填补了直到牛、绵羊和山羊到来前这些岛屿所缺乏的哺乳食草动物的位置。这些鸟类即恐鸟里有一些迄今最高和几乎最重的鸟。一般能捕获到的最大恐鸟有3—3.5米长，其双腿更像大象的而不像麻雀的腿。[3]总而言之，新西兰的本地生物群落按照人类在这个星球上所度过的大部分时光的土地上的标准衡量，十分稀奇古怪，至少它和欧洲的或地球上其他任何地方的都不一样。

那个生物群落对于首先到达新西兰的波利尼西亚人来说非常陌生，对于八个世纪后的欧洲人来说也是如此。毛利人（即新西兰的波利尼西亚人）一定发现自己比英国人更难适应这个新家园，因为前者来自气候为热带的太平洋中部，后者虽然离故乡有半个地球之遥却很习惯新西兰的这种气候。毛利人从热带到温带的过渡以及数千公里的长途海上跋涉让他们丢掉了获取生活必需品的很多习惯方式。他们只会种植少量作为波利尼西亚人主食的芋头，失去了在太平洋其他地方很重要的猪。毛利人唯一的家畜是狗。狗对他们而言更多的是一种食物来源而不是伙伴。但狗太小，无法完全替代猪。他们确实带来了一种美洲印第安人的甘薯——库马拉（kumara），它于是变成了他们最重要的作物。[4]

当欧洲人上岸并且进入新西兰内陆时，恐鸟已经不复存在，因为被毛利人消灭了，它们的很多栖息地被烧毁。毛利人在北岛和南岛的北端这样一些较温暖的地区种植着大量的库马拉甘薯和其他少量作物。在这些地方，人口最稠密，但总体上说，毛利人仍然严重依赖野生的动植物来获取食物。这并不是说，他们是拙劣的农夫。事实上，这些世界上最南端的毛利人工作勤劳，技术娴熟，但他们的作物只有少数适合在新西兰生长，而且他们与世隔绝，没有机会获得其他作物。

当航海者首次到来时——1642 年，阿贝尔·塔斯曼在凶手湾停留期间，他的四名海员被毛利人杀害；1769 年，詹姆斯·库克在那里待了半年[5]——至少从外表上看，当地的地貌景观以及动植物群与欧洲的完全不同，甚至可以说是反欧洲的。毛利农夫和手持火把的猎人已经改变了北岛部分地区和南岛东部大部分地区的植被，用矮树丛、蕨类植物和草地取代了森林，但所有岛屿整整有一半的表面（不包括林木线以上的广大区域）依然被森林覆盖，茂密得像亚马孙森林一样。[6]新西兰当时只有四种陆地哺乳动物：蝙蝠、毛利人和他们的狗以及一种小老鼠。这种鼠也被称为毛利鼠或波利尼西亚鼠，是毛利人穿越太平洋时特意带来的。新西兰有农业，但没有谷物——除了在欧洲地中海地区几个地方种植的甘薯外，确实没有欧洲熟悉的任何作物。除了狗外，没有其他家畜，而这种狗矮小不起眼，嚎叫而不是狂吠。毛利人是狂热的食人族，除了彼此外，毛利人仅有的其他红肉来源就是他们很喜欢的老鼠、海豹和一只偶尔搁浅的鲸鱼。[7]即使如此，新西兰还是养活了至少 10 万名或更多毛利人。[8]他们身材高大，强壮有力，非常好战。到访欧洲的第一个毛利人说，和一个毛利人说到战争，他的眼睛会睁得"像茶杯一样大"。[9]

让人吃惊的是，一贯精明的库克船长竟认为这块土地会成为一个很好的殖民地："如果有一个勤劳的民族在此定居，他们不仅很快就能有生活必需品，而且还能拥有大量的奢侈品。"毛利人也许不喜欢闯入的外来移民，但他们不团结，而"通过友善和温和的方法，殖民地开拓者就能团结起来，建立牢固的联盟。"[10]

对新欧洲历史一无所知的观察家可能会认为库克的预言是痴人说梦。就新西兰在 1769 年的境况而言，它看上去不太可能会成为一个欧洲殖民地。它已经充满了土生动物、植物、微生物和成千上万的土著人。也就是

223

224

说，新西兰没有空间来容纳从大陆来的生物，除非它们设法为自己争取一席之地。但这样的侵略者从来不可能来到新西兰，除非被其中唯一能驾驭大海的生物即海员和他们的学生带到那里去。什么会吸引这些欧洲人不断绕过大半个地球来到这些海洋中的孤岛上来呢？

1769 年的新西兰确实有欧洲人愿意不辞劳苦想得到的几样东西：沙滩和岩石上的海豹和水域中丰富的鲸鱼。豹皮和鲸油在世界市场上有需求。除此之外，还有新西兰的当地亚麻。毛利人已经学会如何从土生的龙舌兰中提炼它，而且它有可能替代用来制造船舶绳索和缆索的大麻植物。新西兰还有绝好的木材，它的树木坚实、高大、笔直，很适合做桅杆和船用圆材。毛利人自己也是一个因素：他们的灵魂需要羔羊宝血的洗涤，身体需要被开发利用。

几乎四分之一世纪过去了，库克的新西兰存在很多海豹的消息吸引了威廉·雷文（William Raven），他指挥"不列颠"号带领一批海豹猎人在南岛的达斯奇湾着陆。从此以后，由欧洲人、北美人、一些澳大利亚土著人等组成的海豹猎队纷纷来到新西兰凉爽的南部海岸地区。他们经常雇用毛利人，与他们交往和作战。他们对土著人的影响巨大。但这些侵略者从来没有超过几十人，到 19 世纪 20 年代，他们捕光了几乎所有的海豹，然后或离开，或另谋出路。[11]

其中一些人很可能加入了海岸捕鲸者的队伍中，对那些每年因为迁徙来到新西兰的大型哺乳动物虎视眈眈。海岸捕鲸站由像猎海豹营一样混杂的各种人经营，沿着海岸如雨后春笋般涌现出来，特别是在库克海峡附近和较南端的地方。一些海岸捕鲸站维持了不少年，站里的员工一般通过与毛利人结婚而建立了长久的关系。但这些外来者只有几百人，随着鲸鱼数量的减少，他们也难以维持生计，因此缩短了在当地的停留时间，减小了他们的影响。他们惯常的做法是，用鱼叉叉住幼鲸，把它们拖到浅水区。尾随而来的母鲸就会在那里搁浅，很容易被杀掉，而它原本有可能成为未来数只幼鲸的来源。到19世纪40年代后期，海岸捕鲸活动急剧减少。[12]海岸捕鲸者除了在某种程度上给新西兰引进一些外来生物外，也像海豹猎人一样，昙花一现。然而这些事件无论多么重大，也了无记载。

猎海豹和捕鲸业把帕基哈人（Pakeha是一个毛利人词语，常用来指欧洲和新欧洲白人。它在新西兰已经被毛利人和白人共同使用了一百五十多年）。带到新西兰，但除了在可以听得见海浪声的范围以外，他们很少进入较远的内陆。伐木业吸引外来者进入内地，他们通常是沿着河逆流而上来到茂密的森林区，采伐用以制作船桅的绝佳树木即贝壳杉，以及后来工业价值很高的桉树。然而白人被伐木业本身吸引到新西兰的人数很少，长时间留下来的人就更少。澳大利亚是离新西兰最近的市场，有自己的木材，尽管一开始它不尽人意，却是殖民地开拓者的首选。而欧洲市场又太遥远。另外，伐树、把它们运到河边以及再到海岸的多数实际工作都是由廉价而众多的毛利劳工来完成的，根本不需要伐木移民工。

亚麻贸易作为一个杠杆，本有可能撬开新西兰的大门。可是亚麻产品在太平洋西南从来无法与大麻竞争成功，而且从来没有大量白人登陆来收割和加工此种纤维。就像北美的皮毛商人一样，亚麻商人从土著人那里收集他们想要的东西，而这样的收集者往往寥寥无几。海岸边的大量毛利人卷入了这个行业，但并不是说所有毛利人，他们也只是在这个贸易红火的那几年参与而已。到1840年，这一行业基本已成为过往历史。[13]

毛利人是异教徒，除非有人引领他们认识上帝，否则他们永远上不了天堂。这吸引了不少白人传教士，他们有意引入各种欧洲的思想、工具、设备和生物。在过去的500多年里，数量相当的传教士在很多不同的地区

226 一直这样做着，但却没有几个变成新欧洲。传教士就像毛利人棕色汪洋里的一滴白水。顺便提一下，在到达后的 15 年里，他们仍然没有使一位"身体非常健康又正值壮年的"毛利人皈依基督教。[14]

雇用毛利人是一件很有吸引力的事。一些毛利人也很愿意接受帕基哈人提供的在海岸或海上的工作。他们可以成为优秀的海员，在太平洋远洋捕鲸船上随处可见他们的身影，有几个毛利人甚至到了北大西洋的楠塔基特岛和其他一些捕鲸港口。赫尔曼·梅尔维尔熟悉捕鲸业和毛利人，认为他们是很有价值的船员，尤其是对极其危险的工种来说："这些家伙十分勇敢，一般会被选作鱼叉手。而这种工作能让一个胆怯神经质的人吓得灵魂出窍。"[15]成百上千的新西兰土著人工作在帕基哈人的船上，但他们只占总人口的极少数，很多人再也没有回到家乡。毛利妇女则成为帕基哈人的奴仆、伴侣或妓女，这无疑作为一种渠道把帕基哈人的影响带进了新西兰。但她们的人数和来到新西兰的帕基哈男人成正比，几百个或几千个蓝眼毛利人婴儿不足以让这些岛屿成为新欧洲。事实上，在其他土地上，这样的混血后代往往成为母族一方在阻挠欧洲扩张中最精明的人。

毫无疑问，居住着石器时代毛利人的新西兰最终会沦为蒸汽和钢铁时代的帕基哈人的猎物，但欧洲人的征服未必会让一个国家成为新欧洲。要做到这一点，人口占领是必要条件，而新西兰没有多少东西能吸引来大量的帕基哈人和他们的役使生物。如果 1769 年的新西兰只拥有它看起来拥有

227 的那些东西，那它可能会成为另外一个巴布新几内亚。巴布新几内亚是一块 19 世纪晚期被欧洲帝国占领的地区，被争夺的原因是因为各个帝国竞争激烈，而不是因为它本身很有价值。巴布新几内亚今天由土著人居住和治理。相反，新西兰就人口和文化而言，是前英国所有主要殖民地中最英国化的地方。

从库克的"奋进"号开始，帕基哈人的船只不断航行到新西兰，在那里输入欧洲社会的工具、武器、便宜货、思想以及最重要的生物，从而有助于实现这一点。这些船像附着在一个超级细菌壁上的巨型病毒，为了达到目的，向其注入自身的 DNA，侵害其内部机体。这些船主和海员的目的（通常是下意识的）就是让新西兰欧洲化，让它更像家乡。这样就会吸引更多的帕基哈人来到这里，更像一个温暖的家。这一转化过程甚至直到今天还没有完成。历经二百多年翻天覆地的变化后，新西兰毫无疑问仍然不是欧洲。但这些变化足以吸引成千上万的欧洲移民，使它成为一个新欧洲。

欧洲化并非是一个不可避免的过程，尽管无论是对入侵者还是对土著居民来说，它常常看起来就是这样。在这一过程变得可持续发展和不可逆转之前，至少需要满足三个基本条件。①需要某种东西能够吸引足够多的欧洲人和他们的伴随生物来破坏土著人的生态系统从而改变毛利人的社会。②必须使大量的外国人觉得自己离偏远的新西兰足够近，以至于被吸引到那里去。欧洲和它所有的殖民地，包括澳大拉西亚在内，要么为了满足自己的需要而来，要么离新西兰很遥远，所以广泛的商业活动在那里极不可能发生。③需要某种东西可以激发毛利人努力工作以满足外国人的需求。为了欧洲化过程的有效进行，毛利人需要变得积极主动，甚至是充满热情地参与其中，把他们的国家转变成一块他们势必会沦为少数民族的土地。

228

我们将在库克到达新西兰后的第一个世纪中去寻找这三种因素，直到那个世纪末，库克船长的预言应验了。那个世纪可分为三个历史时期：1769—1814 年，帕基哈人和毛利人开始接触的几十年。使人恼火的是，在此期间所发生事件的重要性和今天所掌握的信息量之间不成正比（相反，成反比）。1814—1840 年，从传教士和大量捕鲸者的涌入到被英国兼并这一阶段。1840 年到 19 世纪 70 年代，在此期间，数以千计的帕基哈人纷至眷来，而毛利人的抵抗从爆发到逐渐衰退，新西兰最终加入了新欧洲的行列。

1769—1814 年

塔斯曼来了又离开新西兰，像一颗擦过凶手湾花岗岩的火枪子弹一样。库克像一位天外来客，永久地打破了毛利人的隔绝状态。他在那里住了几个月，留下了一些思想和生物，正是它们开启了新西兰向新欧洲的转化。毛利人观察着以前无法想象到的英国人和他们的船只、他们的金属工具和武器以及他们的火枪和大炮。与世隔绝的毛利人不习惯"新"植物，新杂草和作物给他们留下了深刻印象——它也许比新兴工业民族注意到的还要深刻。加那利草是一种地中海地区的植物，它的籽带有很小的羽翼可以随风飞翔，也设法跟随库克登陆上岸，1773 年，它已经扎根在那里了，静静地等候随库克船长第二次远航来新西兰采样的博物学家格奥尔格·福斯特（Georg Forster）的到来。这种草是在温暖的北部漫山遍野，19 世纪早期在毛利人的休耕地里经常可以看到，它从那里再蔓延到帕基哈人的田间地头。[16]甘蓝也到来得很早，到 1805 年，它在北岛的岛屿湾已经无处不在，看上去就像当地植物一样。[17]

发痒蔾豆（根据 20 世纪的词典，它是一种木质藤本植物）是另外一种早期的机会主义移入杂草。毛利人说它是法国探险家马里翁·杜弗雷斯（Marion du Fresne）在 1772 年留下的，一起留下的还有他和其他一些法国海员的尸体，他们低估了毛利人的脾气。[18]

可以肯定的是，其他几种欧洲杂草也是在后库克时代首批到来的，但我们不知道它们的身份或它们是否那么早就适应了这里的环境。它们一定是被引进的，因为探险者像很多后来的访客一样，确信随意撒播旧大陆的种子对植物学方面发育不全的新西兰只会有好处，所以毫无顾忌地这么做。在种子总是很"混杂"（即含有很多草籽）的时代，这种做法保证了"植物中的流浪者"到处大量繁殖。朱利安·克罗泽（Julien Crozet）在马里翁·杜弗雷斯遇害以后负责起法国探险队，记录到："无论我走到哪里——平原、峡谷、斜坡，甚至山脉——我都会种下一些果核和种子。我也到处撒播一些不同的谷物，与多数军官的做法毫无二致。"[19]几十年过去了，帕基哈人从来没有想到，给一个生态系统撒播外来生物，无异于为了缓解火药库的黑暗点燃一根蜡烛，是再危险不过的事了。

毛利人习惯帕基哈人所带来新作物的速度与杂草的蔓延速度不相上下。实际上，两者同时发生。有趣的是，在18世纪已经被种植的多数重要外来作物源自美洲印第安人。毛利人喜欢美洲印第安人的玉米，但他们长期食用根块作物如库马拉甘薯和芋头的经历决定了他们最喜欢新的块茎作物。帕基哈人带来了很多甘薯新品种，其产量超过库马拉。最重要的是，他们引入了白甘薯，新西兰的气候和土壤对它来说近乎完美。白薯是在18世纪70年代由库克或马里翁·杜弗雷纳首次带来的。这种美洲作物产量惊人，一点不像毛利人以前认识的其他植物。从温暖的北部地区到毛利人世界的最南端，它都可以生长得很好。毛利人通过种植白薯获得了为外国人生产大量盈余粮食的途径。也正是通过白薯，他们涉足了在1769年对他们来说难以想象的领域：欧洲人正在随意创造的世界市场。[20]

温和潮湿的气候、充足的阴凉处以及几乎取之不尽的多汁蕨类根茎让新西兰成了猪的天堂。猪是库克船长首次引入的——今天，野猪仍被称为库克猪——但它可能直到18世纪90年代才成功地适应了当地的环境。到1810年，大量的野猪开始沿着北岛海岸出没，几年之后，它们在该岛似乎到处都是。[21]不论是野生的或家养的，猪是毛利人获得的第一个大型陆地动

230

物。他们通过养殖猪来生产大量的蛋白质和脂肪去出售。

新作物让外来者和当地人都富裕起来，但新疾病却偏爱土著人。像关契斯人、美洲印第安人和澳大利亚土著人一样，毛利人中也没有 B 型血。这是人长时间与世隔绝的特征，也是一种没有疾病经验的显示。他们从一个气候完全不同的地区即热带突然来到现在的新家。在这一点上，他们就像关契斯人和其他一些有类似经历的人一样。他们也一定摆脱了不少他们祖先的寄生生物和微寄生物，最明显的例外是老鼠。他们来到一块几乎没有任何哺乳动物的土地上，所以也没有几种可以危害哺乳动物的大小寄生物，危害人类的就更少。用库克的话说，毛利人处于非常好的"健康"状态。为了阻止他们袭击英国水手，库克开枪射击。那些有幸存活下来的人恢复神速，验证了他对毛利人健康状况的评估，也表明不存在可能会让一位欧洲人伤口感染的细菌。毛利人对大陆病原菌就像亚当和夏娃对狡猾的蛇一样毫无防备。[22]

新西兰人对传染病缺乏抵抗力既有文化方面也有免疫方面的因素。对他们而言，正如直到最近对很多民族一样，疾病的来源是超自然的，寻找预防和治疗的药物是牧师和巫师的职责。通常的做法就是把病人浸入冷水中去净化他们，这肯定会引发很多继发性肺部感染。另外一个常见的做法就是有意疏于照顾病人，认为他们根本没有任何康复的希望。整个部落聚集在一起悼念死去贵族的习俗会有可能使传染病接触到每一个容易受感染的部落成员。[23]

毛利文化面对性病尤其没有抵抗力。毛利人实行一夫多妻制，至少其中一些人是这样。他们认为婚前性行为很正常，还实行我们或许可以称为性款待的做法：为重要的男性宾客提供女伴。在航海者抵达新西兰时，世界上很多地方都有这一惯例。[24]在一个处于危险中的民族历史上，性病可以

231

起到决定性作用，因为性病摧残生育力，让下一代无法赢回在这一代可能要失去的。如果一个民族已经在实行某种形式的人口控制措施，性传染病将会加大它的影响，出生率会急剧下降。毛利人有杀婴的做法。当个别妇女或家庭处于危急或饥荒时，这是一种很管用的人口控制方法，但如果整个部落受到威胁，这无异于种族大屠杀。[25]

毛利人是一个与外界隔离相对来说比较健康的民族，却遇到了也许是地球上和外界接触最广泛的欧洲人。欧洲人的家园属于世界性的商业体系市场，包括了六个越洋帝国的首都。除了非常炎热地区发生的疾病如雅司病外，大多数人类的主要疾病在欧洲都曾很常见，至少偶尔流行过。大不列颠成为了新西兰和旧大陆的主要接触点，是细菌滋生的温床，因为在那里城市化正如火如荼，与之息息相关的疾病也因此迅速传播。在 18 世纪末和 19 世纪初，肺结核在西欧达到前所未有的高发病率，在英国的工业城市和港口很流行。[26]那些港口和毛利人之间的联系纽带是冰冷潮湿的船只，为其工作的人员经常营养不良、衣衫褴褛且备受折磨。这些水手生活在帆船行进速度很慢的大航海时代，不可能有正常的家庭生活。肺结核和性病对他们来说就是职业病。

库克船长和他的船员把很多病原菌带入新西兰，危害最大的莫过于肺结核。在他第一次前往太平洋的探险远航中，肺结核导致三位船员死亡，[27]但除了性病外，没有任何确凿证据表明，和帕基哈人接触的开始几年里，毛利人中还发生过其他严重的外来疾病。[28]1769 年，英国人在岸上压根没有发现这一疾病。但在 1772 年，法国人在英国人曾经靠岸的新西兰海岸边的土著人中发现了它。其实法国人也感染上了他们欧洲同胞所留下的这种传染病。库克在 1773 年远航时部分是沿着第一次的路线，发现性病在夏洛特湾很普遍，他的几名船员也从"放荡女"那里染上了此病。[29]这犹如放在毛利人生存根部的一把利斧。

如果毛利人口述传说可信的话，那么在 19 世纪与 20 世纪交替的时候，除肺结核和性病外，更直接致命的病原菌曾在新西兰四处传播。多年以后，毛利人传说中提到一种叫瑞瓦-瑞瓦（rewa-rewa）的疾病，它波及整个北岛，甚至扩散到了南岛，造成很多人死亡。究竟死了多少人，而它又传播到多远，这些问题将永远是个迷。提科-提科（tiko-tiko）疾病在水银湾爆发。帕帕里提（papareti）是一种以毛利人平底雪橇命名的疾病。幸存者把如此多人的死亡比作像帕帕里提雪橇迅速滑过一样。[30]这些故事都是在以上所说的疾病爆发了也许几十年后才从"原始人"那里收集到的。在怀疑其真实性之前，请注意它们好像是其他民族——关契斯人、美洲印第安人和澳大利亚土著人——许多相似以及通常有详细记载经历的翻版。这些民族和航海者接触之前原本与世隔绝。夏威夷人被曾经引领毛利人的库克船长骤然拖入国际社会，首次遭受了也许是这个群岛历史上最严重的名叫奥库（okuu）的瘟疫，是瑞瓦-瑞瓦爆发后不久的事。[31]

要确认这些在夏威夷或新西兰带有神话色彩的流行病根本是不可能的事，但有一点我们可以肯定，那就是它们不是给美洲和澳大利亚造成灾难的天花。早期的欧洲访客没有看见过任何满脸痘疮的土著人，后者也没有讲述过有什么超自然的愤怒把很多人变成了看起来非常恐怖的这类故事。偏僻的地理位置仍然在保护着这些波利尼西亚人。

从库克首次出现在新西兰的地平线上直到 1814 年的这一段历史，人们对此知之甚少。而在库克之后，更多的探险家相继到来：1769 年，让·弗朗瓦索·叙维尔（Jean Francois Surville）；1772 年，马里翁·杜弗雷斯；1773—1774 年和 1777 年，库克再次来到新西兰；1791 年，乔治·温哥华以及其他探险家。早期的海豹猎人、捕鲸者和锯木工来来往往。几种外来杂草也最终立足了。毛利人尝试着养猪、种植新作物、使用金属工具，高举着帕基哈人装备中最让人着迷的火枪神气地走来走去。性病和其他新传染病可能造成很多人的死亡。但新西兰生物群落的稳定性和毛利人作为岛上主人的地位依然没有动摇。帕基哈人的船只到目前为止注入的东西能够被当地人吸收，但尚未引发巨大变化。1805 年，外科医生约翰·萨维奇（John Savage）在岛屿湾登陆时发现，毛利人当时"健康强壮"。然而基于对美洲印第安人和澳大利亚土著人经历的了解，他预测到很多可怕事情将会发生在下一代毛利人身上。[32]

1814—1840 年

如果一位巨人想要举起新西兰，他可能要通过它的手柄抓住它，即从北岛的主干向西北方向延伸出去被称为北部区的那个狭长的半岛。这里正是帕基哈人开始掌控新西兰的地方，他们在这里建立外来者定居点，学会如何在新西兰生活以及怎样和毛利人共处。这些村庄和据点周围的毛利人越来越远离自己的传统，帮助把欧洲人的思想、技术、设备和恶行进一步传入新西兰。在北部区，植物、动物和病原菌出入最自由，年复一年地把它改变成对帕基哈人来说越来越像家，而对毛利人来说越来越不像家的地方。

第一批帕基哈定居者不是作为巨人，而是作为恳求者来的。1814 年，北部区岛屿湾的纳普希族许可一小群英国圣公会传教士进入该部落的领地。岛屿湾是一片广阔的水域，周围约有 150 个岛屿，还有很多小海湾和受保护的停泊处。作为回报，纳普希族人并不想要当时对毛利人还毫无用处的基督教，而是需要传教士有关欧洲商品、装备和权力方面的知识以及获取的渠道。传教士用 12 把斧头买了 200 英亩土地，这是教会在毛利人国家大量拥有土地的开始，给后来留下无穷的遗患。[33]在接下来的25年里，其他传教站也相继建立起来，其中多数是英国圣公会，少数属于卫斯理教派，还有一个是罗马天主教。但就对毛利人和新西兰历史的影响来说，它们中没有一个比得上岛屿湾附近的那些传教点。传教士和紧随他们（以及基督十诫）之后的捕鲸者把岛屿湾变成了整个新西兰最重要的新欧洲中心。

传教士用了十年多的时间才成功地让第一位毛利人皈依基督教，但他们的早期影响还是不可估量的，极具讽刺意味的是它的次生效应。他们通过加速欧洲化进程增加了新西兰对帕基哈人的吸引力。这一加速进程让很多异教徒在有机会选择从善之前已经罪孽深重。基督徒随同带来了作物和动物——小麦、各种蔬菜和果树、马、牛、绵羊等其他动物——并指导毛利人怎样去养殖它们和从中获益。毛利人确实需要帮助：一开始，毛利人把小麦连根拔起，想看看它的块茎怎么生长；他们也很困惑，[34]分不清一只吃草奶牛的头和尾。但他们学得很快，新西兰可供出口的盈余不断在增长。可是买家在哪里呢？

毛利人找到了鲸油的买家。鲸油是欧洲及其海外殖民地居民的夜间照明用油。在18世纪末，来自北美的欧洲和新欧洲捕鲸者绕过合恩角，发现了太平洋丰富的捕鲸场。一代人之后，数以千计的英国人、美国人和法国人，以及一些澳大利亚人定期往返太平洋，寻找抹香鲸。捕鲸者需要食物，最好是熟悉的食物类型，还有淡水、受保护的停泊处、维修和燃料用木材，如果可以，也不反对找一点乐子。在中太平洋，能满足他们这些需求的最好港口是火奴鲁鲁。在南太平洋，最好的停泊处是岛屿湾。为了这里的猪肉、土豆、玉米、甘蓝、洋葱以及作为赠品的岛屿湾女人，他们往往会不辞劳苦航行数千公里。捕鲸者是推动新西兰欧洲化进程达二十年之久的力量。传教士恐惧地看到："这里人们酗酒、通奸、谋杀等无恶不作……撒旦随心所欲地维持着自己的统治。"[35]

是什么激励毛利人为了这些绕过大半个地球的买家而去追逐数千头猪，烧光山坡来种植块茎作物、谷物、甘蓝和其他蔬菜？常见的商品例如毯子、印花布、镜子、珠子项链、烟草和威士忌等，不足以把毛利人转变成对当代英国经济学家来说很亲切的经济人。但火枪做到了这一点。

从 18 世纪 70 年代早期开始，毛利人就已毫不掩饰他们对金属工具和武器的渴望。1814 年，他们愿意用一头或两头大肥猪换取一把小斧头。同年，他们用 150 筐土豆和八头猪换了一把火枪。[36]一个部落必须有火枪，开始是因为其神秘的力量，即玛纳（毛利人语，"魔力"的意思。——译者注），后来是因为其强大的火力。拥有火枪可以让一位首领拥有很多奴隶。没有火枪会让他必死无疑，让他的族人沦为奴隶。

直到 19 世纪 30 年代，多数枪支通过岛屿湾流入新西兰，捕鲸者把它们当货币使用，支付他们所需要和想要的东西。在那个地区，毛利人中最伟大的首领是纳普希族的酋长洪吉·希加（Hongi Hika）。1820 年，他前往英国，为的是得到一些火枪和一把双管枪，而后者是一个男人在这个地球上能拥有的最大财产。[37]他返回时带着枪支和一副盔甲——乔治四世送给他的礼物——引发了这片土地历史上最血腥的一系列军事战役。他穿着盔甲战斗，用仆人为他装弹的 5 支火枪射击。1827 年，一颗火枪子弹穿过他的肺。他胸口带着弹孔活了一年多，空气通过这个穿孔时会发出嘶哑的哨子声，让他觉得很好笑。[38]因为与帕基哈人甚至和传教士关系密切，纳普希族与盟友部落在他的带领下影响力大大加强。最重要的是，他们装备了由捕鲸者提供的火枪，杀敌数千并把俘虏变成奴隶，把女人租给帕基哈人，给对手以重创。洪吉·希加让火枪成了毛利人的必需品。仅仅几年之后，他的火枪手就把火药的影响从北部区扩散到整个北岛，尔后通过独木舟作战

237

船队又扩散到了南岛。在那里，手持长矛和棍棒的人们严阵以待去抗击手握火枪的敌人。

在 1830 年和 1831 年的两年时间里，悉尼出口到新西兰的火枪超过了8000支，弹药70000磅，而当时新西兰的白人不过几百人而已。[39]在接下来的10 年里，随着火枪的传播越来越广泛，战争的节奏也就减慢了。除了岛屿湾，大量的火枪也从其他海岸中心进入新西兰。部落之间终于达到了某种**238** 僵局，这自然维持了对枪支的需求。除此之外，一个部落又能有什么其他办法成功地参与到这种制衡中来呢？

从岛屿湾周围开始，毛利人耕作数百块田地，种植外国作物，以支付从帕基哈人那里购买的武器和其他商品。这样做破坏了当地生态系统，为外来植物入侵打开了方便之门。查尔斯·达尔文在 1835 年到过岛屿湾，注意到杂草"像老鼠一样，是我不得不承认的老乡，"尤其是韭葱，它是由法国人引入的，还有普通的酸模，"我担心它们将永远成为英国人鄙劣行径的证明。他们把这种野草充当烟草植物卖给当地人。"[40]一些外来植物在欧洲不太可能似杂草蔓延，在新西兰却恰恰相反。1838 年，乔尔·S. 波拉克（Joel S. Polack）居住在岛屿湾，和毛利人关系密切，写到芜菁、萝卜、大蒜、芹菜、水芹，甚至（就像大约 1700 年在卡罗来纳发生的一样）桃树也蔓生了。波拉克买了一个农场，上面原本只有两棵桃树，后来发现母树周围又长出了一百多棵小桃树。[41]

19 世纪二三十年代，登陆的帕基哈动物种类不断增加，似乎都能很好地生长。但就对毛利经济和新西兰生态以及从长远的发展来看，对帕基哈人在新西兰的历史影响来说，没有什么能比得上旧大陆仓院的主要动物：猪、马和牛。毛利人饲养了数量可观的猪以供出售，林中还有无数的野猪在出没，有些重达 140 公斤。这些猪拱土觅食把大面积的土地拱翻，给外来种子造成可乘之机。无论捕杀了多少头猪，剩下的似乎还是数不胜数。获取动物蛋白质易如反掌，而在欧洲肯定不是这样。[42]我们对马在19世纪二三十年代的情况所知不多，只知道它们自己觅食，产的马驹健康强壮，毛利人很喜欢这种可以提供畜力和运载力的大型四足动物。有关这个时期的野马群尚无任何记载。新西兰直到19世纪后半叶才有了野马。牛比马更　239　容易适应林中放牧，在北岛可能比马生长得好，但也没有多少相关记述，也没有一个统计数字。不过我们可以肯定，它们并没有像在南美大草原那样肆意繁衍。新西兰的大片草地在南岛而不在北岛。尽管如此，有些牛还是野化了，家牛和野牛的数量都增加得很快，给毛利人留下了深刻印象。因为嫉妒传教士家庭的高出生率，毛利人指责基督徒像牛一样繁殖。[43]

　　新西兰马和牛的总数不大，但是不断在增长。数量依然较小可能不仅因为缺少牧场——北岛更适合养猪而不是马或牛——而且还因为引进的时间不够长。直到开始的一系列繁殖之后，几何级数增长才明显大大超过算术级数增长。

　　这些大型外来四足动物数量增加的最大障碍之一就是缺乏牧草。北岛有不少草地，特别是蕨草植物，但没有几种土生植物能够经受得住长期大量放牧，当地的草就是一个例子。对北岛的帕基哈人来说，绵羊似乎永远不会对新西兰有多重要（今天新西兰的绵羊数量达6 000万头），因为没有足够的草料。[44]帕基哈人采用克罗泽的方法设法解决这一难题，口袋里装满草籽，把它们撒在林地里。有些生长茂盛，但草在浓荫处通常生长得不好。北岛今天的多数牧场可以追溯到19世纪后半叶或更晚些时候，当时的外来　240　移民和毛利雇工滥伐烧毁了成百上千平方公里的森林。

　　一些在其他新欧洲地区自然发生的现象在新西兰却进展缓慢，因为它的生物群落比较小而简单。我们来看一看白三叶草的故事，它在秘鲁和北美被誉为冠军草。当传教士在新西兰引入并播下白三叶草的种子时,它长得浓密、翠绿、生机勃勃,就像人们期待在一个湿润而温和的气候里看到的那样。但它不能结籽。在所有新欧洲中,新西兰在气候上可能最接近英国,这个冠军草却需要每季重新播种。问题出在新西兰缺少一种有效的花粉媒虫。一种植物蔓延得多么快速或多么茂密都不重要,除非有什么东西可以把它的花粉从雄蕊传到雌蕊。没有这种东西,新西兰的毛利人也可以人丁兴旺,而且已经这样生活了很多世纪,而新西兰的帕基哈人却不能。[45]

1839 年,一位传教士的妹妹芭比小姐把蜜蜂引进新西兰北岛的赫基昂加湾的奥波诺尼。从英国远道而来的两个蜂箱被安置在布道所的墓地,"这是个被认为最不可能为当地人好奇心打扰的地方,因为他们以前从没见过这种蜂。"紧接着,在 1840 年和 1842 年再次引入。这些引进的昆虫在新环境里如鱼得水,每年分群 5 次、10 次,甚至 25 次,产出大量的蜂蜜和蜂蜡,为数百万株三叶草授粉。三叶草马上开始证明自己无愧于在美洲的冠军草大名。因此在使新西兰变得适宜欧洲牲畜和帕基哈人方面,蜜蜂功不可没。[46]

面对帕基哈人和他们的不懈推进,毛利人不是天真的傻瓜。洪吉本人

241 担心白人士兵会从澳大利亚来侵占它的国家,[47]但帕基哈人的帝国主义威胁不是那么简单。最危险的威胁不是来自外面世界的士兵,而是来自外面世界的病菌。

毛利人在国外比在国内生命似乎更脆弱。岛屿湾杰出的酋长努阿塔拉(Ruatara)去了伦敦,于 1814 年作为传教士的门徒和毛利人在那个时代潜在的伟大政治家返回故里:"我现在把小麦引入新西兰。新西兰会因此成为一个伟大的国家。只要两年多的时间,我就能让小麦出口到杰克逊港(悉尼),来换取锄头、斧子、铲子、茶叶和糖了。"但回国不久,他就死于在

国外期间得的传染病，有可能是痢疾和肺结核的并发症。塞缪尔·马斯登（Samuel Marsden）牧师是新西兰传教工作的负责人，也是努阿塔拉的良师益友，对他的去世感到非常震惊："我实在难以置信，上帝怎么会从人间把一位对他的国家看来举足轻重的人带走。"随着他的死亡，作为北部区最重要的酋长，洪吉·希加唯一真正的对手消失了。当洪吉去英国购买火枪和盔甲时，他也染上了一种危险的胸部疾病，不过康复了。毛利人在海外面对的传染病危险太多了，以至于在19世纪20年代，传教士停止了把毛利门徒送往欧洲甚至到澳大利亚的做法。这一政策被证明无异于谋杀。[48]

　　与此同时，在毛利人的家园，发病率和死亡率正在猛增。1838年，麻疹袭击南岛，影响不得而知，[49]但距离还是起到了抵抗天花的屏障作用。不幸的是，总有一些致命疾病比较擅长旅行。腹泻看起来一直是慢性的，但因为它常常是其他疾病的一个症状而不仅仅是独一无二的腹泻本身，它的存在说明不了多少问题。直到18世纪后半叶，毛利人才遭到明显的伤寒侵袭。[50]在19世纪二三十年代，呼吸道疾病是毛利人发病和死亡的一个元凶。　242
他们来自热带，对这一危险毫无防范。帕基哈人的食物和烟草也许降低了他们的抵抗力，而他们居住的拥挤、昏暗和不通风的小屋也非常有利于呼吸道疾病的滋生和传播。"卡他病"（一个模糊的维多利亚时代的词语，但比起试图去区分一个半世纪前流行的感冒、流感、支气管炎、肺炎等疾病来，使用这个词更安全）在1814年以后不断在这些部落中流行。1827年和1828年在岛屿湾毛利人中爆发的卡他病对于年迈和年幼的人尤其致命。土著人怪罪帕基哈人，他们很可能是对的，因为同样的疾病正在悉尼肆虐。百日咳对那些以前没有接触过它的人来说常常很致命，在那些年也传入新西兰。在接下来的20年里以及后来，各种呼吸道疾病频频爆发，所以试图在前一场流行病的结束和下一场的开始划清时间界限是徒劳的。"卡他病和感冒无处不在", 乔尔·波拉克在 1840 年说。[51]

作为毛利人的天敌, 对他们危害最大的莫过于肺结核和性病。这两种疾病构成了 19 世纪毛利人历史的基础。它们第一次是随着库克船长到来的, 但可能直到鲁阿塔拉在 1815 年的死亡才再次出现。五年之后, "单峰骆驼" 号上的帕基哈人抵达北岛, 运载一批圆材货物。他们也说某种传染病或一系列传染病正在侵袭毛利人。费尔福尔 (Fairfowl) 医生把它诊断为: "急性肺炎, 也有……肺结核、肠炎、胆囊炎、痢疾、风湿病等。" 我们不妨大胆猜测一下, 粟粒性结核正在北岛毛利人中爆发, 当然, 毛利人的苦难实际上可能远不止这些外来传染病。"[52]

243   到 19 世纪 20 年代, 疾病诊断变得容易多了。奥古斯特·厄尔 (Auguste Earle) 是一位艺术家, 于 1827—1828 年住在岛屿湾。他看到一些妇女形同 "活着的骷髅" 一样, 而这些妇女在几个月前还非常健康。19 世纪为人们所知的 "奔马痨" 非常符合毛利人对于死亡超自然原因的看法: "神灵阿图阿进入她们的体内, 吃光她们的五脏六腑。因为病人能感觉到那些器官逐渐消失, 尔后她们变得越来越虚弱直到体内空空如也。最后神灵送她们去极乐岛。"[53]

岛屿湾是捕鲸者的一个快乐的停泊港。他们的存在让性款待变成了猖獗的卖淫活动。性病变成了无处不在的瘟疫。部落酋长最初只提供女奴隶, 不久也开始提供自己部落的成员, 一些目击者说, 他们甚至还提供自己的家庭成员。在那个年代, 法国人比英国人对性事更坦诚, 是我们了解这个行业信息的最好来源。当法国 "贝壳" 号 1824 年在岛屿湾靠岸时, 150 名妇女涌向这艘船和它的 70 名船员以寻找顾客。"船长试图摆脱这群淫荡的女人, 但无济于事。因为每当有 10 个女人从船的这一边离开, 就会有二十多个女人从船的另外一边吃力地爬上来。我们被迫放弃执行这么多人想要违反的禁令。"[54]外科医生约翰·沃特金斯（John Watkins）在 1833 年底和 1834 年初就呆在岛屿湾。他证实他认识的一个男人经常把猪和女人一起带到来访的船只上，把猪和女人的使用权"一起"出售。在他的印象中，岛屿湾每 50 个女人中，找不出一个没有得过性病的。[55]

对帕基哈人作为一个种族来说，这无关紧要。因为那个种族未来依赖的女人不会和岛屿湾以及海岸捕鲸站的声色场所有直接接触，而且如果考虑到水手和"体面"社会之间存在几乎可以被称作隔离的状态，那么她们与这些地方非常间接接触的机会也没有。而对毛利人来说，这意味着灭顶之灾，因为这些声色场所就在自己的土地上，他们的性习俗使性病能够传播到社会的各个阶层。早在 19 世纪 20 年代，其中一些人对性病已闻之色变，并在某种程度上视它如一位欧洲神。[56]

19 世纪 20 年代，北部区的毛利人，特别是洪吉的纳普希族，赢得了一个又一个胜利。但到了 19 世纪 30 年代早期，他们又发现自己处在一个尴尬的世界：对手拥有同样多的火枪，自己的人数却不断在减少，传统的价值观逐渐消失，而帕基哈人的价值观却难以理解。毛利人裹着帕基哈人的毯子直到它们粘满污垢，醒着的时候一直在抽烟——传教士对此嗤之以鼻，而捕鲸者则窃笑不已。岛屿湾的土著人陷入萎靡不振、万念俱灰的状态之中。他们告诉达尔文，继承这片土地的将不是他们的子孙而是帕基哈人。[57]

一些毛利人离开白人，把他们的苦难迁怒于入侵者。一位传教士说："他们指责我们是他们灾难的制造者，给他们带来了很多疾病。他们说，在我们到来之前，年轻人不会英年早逝，都会活到很老以至于不得不爬行。他们说，我们的上帝很残忍，所以不想认识他。"[58]

一些毛利人通过宗教综合体寻找治愈困惑的良药。由帕帕胡瑞希亚（Papahurihia），又称为特·阿图阿·维拉（Te Atua Wera），创建的一个新

244

教派于 1833 年出现在岛屿湾。它融合了毛利、犹太和基督的传统，宣扬它
的信徒是犹太人，庆祝的是犹太教而不是基督教的安息日。传教士们曾推
测毛利人是失踪的以色列十部落的后裔，此教派也许正是这一推测的产物。
它混合了帕基哈和毛利的象征物，例如《创世记》里的蛇和毛利人蜥蜴神
灵的化身纳雷拉（ngarara），宣扬天堂里充满了毛利人想要的一切：船只、
枪支、糖、面粉以及感官享乐。它也许包括了传教士绝对禁止的娱乐如战
斗和杀戮。[59]

19 世纪 30 年代后期，此教派走向衰落——也许更准确地说是转入了地
下——淹没在绝大多数毛利人为了应对帕基哈人的挑战而做出的巨大努力
中：接受其学识、生活方式和宗教信仰。北部区的毛利人穿上白人的衣服，
不过常常上下颠倒，前后穿反。他们勇敢地去尝试酒精和烟草而且不幸成
功地喜欢上了它们，也满怀热情地接受基督教和《圣经》的熏陶。因此就
在火药热从岛屿湾向南迅速传播几年之后，新西兰又迎来了一股基督教和
识字浪潮。

传教士通过他们传教站的榜样为这股浪潮提供了很大的推动力。在那
里，他们把帕基哈人文化中一些积极的方面介绍给毛利人：信仰和希望、
使用役畜和犁耕种的先进农业以及简单的技术。1835 年，查尔斯·达尔文
在离岛屿湾一天徒步行程的北怀玛特发现了一个传教站。它的田野里种有
大麦、小麦、土豆和三叶草，花园里有各种欧洲蔬菜以及苹果树、杏树和
桃树，仓院有猪和家禽，还有一个坚固的水磨坊。而这里五年之前只有蕨
类植物。他写道："传教士的布道就像巫师的魔杖。房子拔地而起，窗子形
成了，田地有人耕作，甚至树木也被（当地）新西兰人嫁接好了。在磨坊
里，一位新西兰人就像其英国的碾磨工同行一样，浑身沾满了白色的面
粉。"傍晚，传教士的孩子和布道所的毛利人聚在一起打板球。[60]

这些传教士中除了少数外都是新教教徒，视识字是一种主要美德，投身到毛利人的扫盲活动中去，好像文盲是必须从基督坟墓上搬走的大石块一样。他们学会了毛利语言，设计了一个毛利字母表，于 1837 年出版了毛利文《新约全书》。到 1845 年，新西兰全国平均每两个毛利人就拥有一本这样的书。[61]

传教士提供给毛利人一种新宗教、新技能、新工具和字母表的魔力。不过是毛利人自己接受（不，是抓住了）这些机遇。基督教和识字最有效的转播者是被纳普希族和盟友抓获的俘虏——下等人中的下等即奴隶——他们以最大的热情拥抱这个新宗教。后来，随着战争减少，他们自由了，带着圣言返回家乡。当传教士深入北岛中南部地区时，他们发现那里的毛利人已经有强烈要求教育和书籍的渴望，一些毛利老师开办的村庄学校也已经在运作中。[62]

直到 1825 年，还没有一个毛利人皈依基督教，在 1825—1830 年只有几个——通常是垂死的人。10 年以后，仅英国圣公会一派就宣称有 2000 名领受圣餐的人，还有数以千计的成人和孩子正在接受基督教教诲，学习基本的识字技能。[63]

一个人可能很容易皈依宗教，但学会识字却不是一件容易的事情。托马斯·图希（Thomas Tuhi）在 1818 年参观了英国一间陶瓷作坊，亲手制作了几只杯子。就像他后来所说："是的，学会用手指干活轻而易举，但读书识字可是很难的。"[64]在他说那番话的时候，仅仅有少数毛利人识字，其中大多数可能还是在澳大利亚以及在公海上。1833 年，这个数字大约有 500 人。一年左右以后，根据临时造访的爱德华·马克姆（Edward Markham）所说，有八千到一万人能"阅读、写字和算术"——这个数字可能有些夸大，也许非常夸张。但当一个识字的人教两个，而这两个再教四个，以此类推，至少粗略的学习还是可以加速实现的，特别是当这一学习乘着宗教的狂热浪潮时。厄恩斯特·迪芬巴赫（Ernst Dieffenbach）是一位科学家，在 1840 年左右和毛利人有过广泛的接触。他对毛利人的健康表示担忧，因为他们不经常运动，而是整天坐着，已经"变成了爱读书的人"。[65]

我们可能对毛利人宗教皈依和读书识字的巨大影响而感到吃惊。J. 沃特金斯（J Watkins）牧师写到，一些毛利人相信传教士有一本名为《普卡·卡卡里》（*Puka Kakarie*）的书，它会让拥有者棍棒和刀枪不入。还有人认为，帕基哈人手里有一本书，如果把它放在死者的胸口上，可以让死者复生。沃特金斯在怀科艾特（Waikouaite）找到了其中一本书，结果是一种叫做《诺里摘要》（*Norie Epitome*）的出版物。[66]但如果我们对毛利人迷信有所了解的话，就不会对他们求全责备了。不管他们对新宗教和书籍的本质在认识上有多大的偏差，事实依然是他们没有屈从无益的迷信、酗酒或自暴自弃，而是怀着拿起火枪般的热情来接受基督教和识字学习。

但这么做并没有马上给他们带来多大好处。就在他们为了主宰自身的命运努力欧洲化自己的时候，他们在这场战斗中注定要失败的速度却加速了。他们脚下的新西兰正变得很陌生——也许比以前更好，不过对逐渐衰弱的毛利人和对越来越强大的帕基哈人来说同样具有吸引力。越来越多的捕鲸者来到岛屿湾——如在 1836 年，至少有 93 只英国船只、54 艘美国和三艘法国的船只[67]——有时可能会有千名白人同时上岸，其中多数是醉汉或想来个一醉方休。越来越多有胆识的帕基哈人移民而来，希望借机大赚一笔。有些人在岛屿湾周围购置土地，有些继续向前在其他地方获得土地。他们无非希望在日后随着移民的增加，土地价格上涨后，能再倒卖。在多数殖民地常见的地产倒爷也来到了新西兰。传教士继续着他们的善举，这也需要获得土地，他们的高出生率继续让毛利人感到震惊。

1839 年，根据亨利·威廉斯（Henry Williams）牧师的记述，新西兰有一千多帕基哈居民，他们不是匆匆过客，而是常住居民。当时局势混乱，他抱怨说："所有白人都不受法律约束。"没有一个公认的权威，社会可能会变得危险从而失去控制。1839 年 8 月，一群美国水手在岛屿湾登陆后认为他们受到了不公的对待，高举美国国旗捍卫正义，结果推倒了一位英国公民的房屋。[68]

毛利人正陷入一种他们既无法左右也愈来愈难以理解的境遇。如果一位拥有两位妻子的毛利人要变成基督徒，须把一位妻子让给另外一个男人。那么每个男人的义务究竟是什么？如果她和她的亲戚反对的话该怎么办？如果猪跑进耕地糟蹋了作物，谁应该负责任？是猪的主人还是太懒不修篱笆的地主？万一有时会发生这样的事——获得新技能或地位的奴隶凌驾于主人之上——又该怎么办？"这些事让我们犯错：女人、猪和相互间的争斗"。[69]

新南威尔士总督是离新西兰最近的欧洲法律制定者。他委派一位英国公使去新西兰维持秩序，但这位公使既无真正的权威也没有多少实权。1837 年，200 名传教士和移民请愿，寻求大不列颠王室的保护。[70] 很显然，英国下一步就是出面干涉，把新西兰划入大英帝国的版图。这一步已经被以前的很多先例神圣化了。在伦敦，人们敦促采取这一行动。它将打消法国对太平洋这一地区可能抱有的野心，也为刚刚进入声势浩大的宪章运动时期的英国提供一个能够输出所谓多余人口的地方。但当时的政府对节省开支更感兴趣，而不是热衷于在地球的另一端获取更多的土地。兼并真的必要吗？从长远来看，新西兰值得拥有吗？

兼并的争论本身并没有多少让我们感兴趣的地方，但就大臣们和议会委员会所关心的新西兰能否成为一个新欧洲社会这个话题，人们却给出了

249

不少有趣的答案。如果英国对地球另一端的这个国家负起责任，输送去整船整船的移民，这个殖民地能自给自足还是永远成为英国的财力负担？用我们的话来说，它会成为一个好的新欧洲国家吗？专家们，也就是到过那里的人们，给出了肯定的答复。事实上，他们说，新西兰已经证明了自己有这种潜力。它的气候很理想，与英国的气候非常相似，甚至更好。一位狂热分子说，小麦在那里变成了一年两生作物，也许一年四季都能从根部不断生长！[71]曾担任达尔文所乘"贝格尔"号的船长，后来成为新西兰总督的罗伯特·菲茨罗伊（Robert FitzRoy）声称，至于牲畜，如果把它们放养在新西兰内陆，马、奶牛、绵羊和鹿会大量繁殖。当然，他说的一点都没错。新西兰土地公司当时正在极力劝说英国人移民新西兰，在 1839 年对它的优势做了总结。与其他土地公司不同的是，它所列举的都是事实："不管被种在（新西兰）哪个岛上的任何地方，欧洲的蔬菜、水果、草和多种谷物都生长得非常好，而迄今被引入的各种动物如兔子、山羊、猪、绵羊、牛和马，成长得更茁壮。"托马斯·麦克唐纳（Thomas McDonnell）自称在赫基昂加湾拥有 150 平方英里的土地。他的话可以代表对新西兰的资源评估："的确，一个人如果不能在新西兰谋生，他的日子一定很难过，因为那里是世界上穷人的乐园。"[72]

新西兰这锅汤里唯一醒目的苍蝇就是毛利人：至少有 100000 健壮的土著人。他们有强大的军事传统、充足的火枪和弹药供应，而且已经占据了这片土地。至少他们能把大不列颠卷入一场代价巨大的战争，因为英国的补给线要绕过半个地球。怎么对付他们呢？专家的回答非常简单：实际上不需要对付他们；他们正逐渐消亡。亲历者认为，毛利人面临的主要问题是腺体感染：淋巴结核，即淋巴结结核感染，尤其是颈部的淋巴结。[73]英国公使詹姆斯·巴斯比（James Busby）在落款日期为 1837 年 6 月 16 日写给殖民大臣的信里对毛利人的现状这样评估：的确，毛利人口在锐减，部分是因为性病和战争造成的死亡，但整体情况比这要复杂得多，不可挽回的凄凉——从他们的角度来看：

疾病和死亡在那些追随英国传教士并占尽好处的土著人当中也很盛行。甚至由传教士抚养的土著孩子有些也被夺去了性命。这预示着用不了多久，这个国家的土著人将会一个不剩。土著人非常清楚他们的人口在减少。他们把自己的处境与婚姻多育且子孙健康的英国家庭比较以后得出结论：英国人的上帝正在灭绝土著居民，为的是给英国人腾地方。在我看来，这种思想导致他们对生命普遍采取一种轻率和冷漠的态度。[74]

巴斯比的看法与很多非常博学的毛利人的观点不谋而合。北岛的酋长们被部落间的纷争弄得精疲力竭，茫然地行走在一个充满了尔虞我诈的世界里，周围的人比神话故事中的人物还要陌生。看着自己的亲属和族人正在走向灭亡，他们再次向帕基哈人求助。1840 年，在英国新任公使和新西兰未来第一任总督威廉·霍布森（William Hobson）的见证下，几百名毛利人在怀唐伊会面。霍布森提出解决他们问题的兼并方案。有些人极力反对这一提议。他们知道发生在澳大利亚土著人身上的事，有些人也许亲眼目睹了这一切，担心帕基哈人也将使他们沦为奴隶和乞丐。纳塔卡瓦族（Ngatakawa）的酋长特·科马拉（Te Kemara），指着自称是毛利人朋友的亨利·威廉斯牧师大声吼道，"你，你，你，你这个秃头，你抢走了我的土地。"[75]

争论的趋势是反对这一条约。就在这时，一位卫斯理教皈依者塔玛提·瓦卡·尼奈（Tamati Waaka Nene）站出来讲话。年轻时，他曾是洪吉的一名副官，熟知帕基哈人给毛利人带来的巨大变化。这种变化翻天覆地，已到了不可逆转的地步。毛利人已经融入了国际社会。他首先对同胞部落酋长们发表了一番演说，问他们有没有比霍布森提议更好的替代方案。如果他们拒绝此提议，他说：

> 接下来我们该怎么办？各位尊敬的新西兰北部区首领啊，请在这里告诉我，我们今后将何去何从？朋友们，我们吃的是谁的土豆？用的是谁的毯子？这些长矛（举起他的泰阿哈）再也不会有人用了。纳普希族还有什么？帕基哈人的枪、子弹和火药。他们呆在我们的棚屋里已经好几个月了。他们的很多孩子就是我们的孩子。这块土地不是已经失去了吗？它难道不是到处充斥着，到处都是我们无法左右的人，还有陌生的外国人——就像青草和牧草一样？

然后他转向唯一可靠的权威霍布森："别离开我们。留下来做我们的慈父、法官与和平守卫者。你决不能让我们沦为奴隶。你必须保护我们的风俗，永远不要让我们的土地被他人夺走。"[76]

252 大约 50 位酋长在条约上签字或摁下他们的文身图案（即他们独特的面部刺青图案，几乎像指纹一样独一无二），出让了他们的领土主权以换取对其土地所有权的一个保证——英文文本大致是这样说的。毛利文本说他们放弃了总督管辖权以换取对其酋长地位的认可。其他几十位酋长后来也陆续签了字，条约被船运到伦敦，得到政府批准，新西兰从此变成了大英帝国的一部分。[77]

1840 年—19 世纪 70 年代

尼奈的希望（仅仅是希望，不是期望，因为他是一个理智的人）在很大程度上落空了。改变的进程不但没有停止，反而加速了，而且迅速变得无处不在。他意识到这个进程远比单纯的政治变革要复杂得多。以前只有一个岛屿湾，现在有很多这样的地区。在北岛的奥克兰、惠灵顿和新普利茅斯开始出现了完全的帕基哈人定居点。在南岛的纳尔逊、基督城和丹尼丁第一次出现了真正的殖民点。岛屿湾的帕基哈人已经罪孽深重，而新定居点的帕基哈人一般都是虔诚的教徒。但在 1840 年以前，新西兰只有数百名白人，而很快便有了数千人，所以他们是不是基督徒也就没有什么差别。实际上，他们于酋长们和霍布森在怀唐伊会面的前一个月就开始抵达惠灵顿。特·旺瑞波利（Te Wharepouri）在这之前已经同意卖给他们土地，因为他不相信白人移民将会纷至沓来，以至于达到他和他的族人无法控制的地步。当这些人登陆时，他意识到自己彻底错了："我看见每艘船上都有两百人，现在我深信会有更多的人来。他们物资充沛，内心坚强，因为他们不说话就开始建造房子。对我们来说，他们太强大了。我的心很忧虑。"[78] 在 1840 年的第一天，新西兰的帕基哈人不超过 2000 个，到 1854 年，已达 32000人。新西兰的欧洲化相应地加速了。[79]

1841 年 6 月，厄恩斯特·迪芬巴赫代表未来的殖民者对北岛中部进行勘察时到达了罗托鲁瓦湖。当地的毛利人不习惯白人，所以看到他十分吃惊。他在那里发现了车前草、繁缕和其他一些熟悉的欧洲杂草。毫无疑问，它们的种子是被毛利商人以及野猪和鸟类无意中带到内陆地区的。[80]半年后的冬天，第一位在新西兰定居的植物学家威廉·科伦索（William Colenso）在北岛发现"一些地点长满了极其茂密的植被，却没有一种是土生的。这

些外来的新植物似乎生长快速，以至于要灭绝和取代原有植物了"。[81]约瑟
夫·D. 胡克是英国最早的植物学家，也同时是那个时代最伟大的科学家之
一，当时也在新西兰进行考察。就像在澳大利亚一样，他对外来植物在新
西兰的成功同样震惊。十年后，他公布了一份在新西兰已经本土化的61种
植物名单，他深信远不止这些。其中36种来自欧洲，包括红茎芹叶太阳花
（在同一个十年里，弗里蒙特和胡克分别在加利福尼亚和新西兰发现了
它）、卷叶酸模、蒲公英、繁缕、苦苣菜和其他一些约翰·乔斯林在17世
纪的马萨诸塞已经发现的植物。[82]

旧大陆的猪、绵羊、牛、山羊、狗、猫、鸡、鹅等继续在北岛扩大它
们的地盘，然而最引人瞩目的生物爆炸正发生在南岛。那里，数以千计的
帕基哈人和他们的生物犹如进入一块无人之境。在19世纪四五十年代，就
土地面积的比例而言，发生在南岛的生态变化和250年前发生在南美大草
原的非常相像。南岛没有多少毛利人，因为他们不久前才获得了一些可以
让他们在凉爽南部大量生活的动植物。除了野狗，他们没有其他食肉动物，
而且大多数野狗用士的宁毒药就可以对付。移民来的牧羊人习惯了食肉动
物，不得不臆造出一种当地的食羊动物——啄羊鹦鹉。它是一种叫声沙哑
的大型鹦鹉。据说它会从空中猛扑下来，把身子紧贴在绵羊背上使其无法
还击，尔后把这只可怜的羊啄死！如果这样的事发生一次，肯定不同寻常。
如果发生两次，简直让人难以置信。[83]牲畜疾病很少见，除非是被引入的四
足动物带来的。在很多年里，唯一严重的动物疾病是绵羊疥疮。不过它只
是一种小病，称不上什么灾难。[84]

和以前一样，让我们从猪开始。猪显然是在《怀唐伊条约》（The treaty
of Wailang）签订前不久开始扩大到南岛，然后像新来的移民一样迅速繁
衍。像往常一样，我们只有一些印象报告，没有统计数字。根据这些资料，

（左侧页码标注）254

该岛北端的猪至少比当时新西兰其他地方的都多。在 19 世纪 50 年代，纳尔逊的旺加皮卡谷是数以千计野猪的生息地。它们把这里几乎数公顷的土地都拱耕过。在 20 个月的时间，有三个人在那里猎杀了不少于 25000 头猪，但还有数以千头的猪在继续繁殖。[85]

较大四足动物的数量爆炸则发生在更靠南的两个地方：坎特伯雷，一个可以追溯到 1853 年的圣公会殖民地；奥塔哥，由长老会会员在 1848 年建立。这里四野茫茫，除了丛生草摇曳在从南阿尔卑斯山脉吹来的微风中之外，几乎什么也没有。到 1861 年，有 600000 只绵羊、34500 头牛和 4800 匹马在奥塔哥的山坡上吃草，而坎特伯雷几乎有 900000 只绵羊、33500 头牛和 6000 匹马，[86]还不包括野生的那些。

如果帕基哈人像布宜诺斯艾利斯的第一批西班牙殖民者那样，离开半个世纪后再回来，那么 1650 年左右发生在南美大草原的一幕也可能会在这里重演：数量庞大的野生牲畜被成群结队骑着马的毛利人追猎。然而，帕基哈人留下了，和他们的牲畜齐头并进。因此，新西兰南岛的历史和南美大草原的历史截然不同。即使如此，这里的环境也非常适合牛和绵羊，两者野化的数量足以给移居者制造不少麻烦。就像在美洲一样，深山里的野牛甚至变成了长角牛。野绵羊也不少，"由于长了六七年，尾巴长，羊毛撕裂拖曳着，样子很难看。"这是当地没有捕食性动物存在的最好证明。[87]

就像在南美大草原一样，大量的牲畜群改变了新西兰的植物群。外来杂草占据了穿过平原地区的所有道路两边。通常被称为两耳草的红三叶草生长茂盛，一些植物不断向周围生长，直径可达 1.5 米。酸模沿着所有河岸蔓延，顺着溪流而上进入深山。苦苣菜无处不在，在海拔 2000 米的地方也可以长得很茂密。水田芥堵塞河流。作为一个新城市，基督城每年需要耗费 600 镑来清理埃文河，疏通航道。据说是得到了蜜蜂的协助，白三叶

255

草到处扩散，长得密密麻麻，遏制了当地草的生长，因此无愧于它在新大陆的名声。从坎特伯雷写给胡克的信中，博物学家 W. T. L. 特拉弗斯说，当地植物"似乎无法和这些更苗壮的入侵者竞争"。[88]至于旧大陆植物为什么会在新西兰成功，特拉弗斯的解释有些模糊，说是因为一些相同的力量，"它们在被欧洲人殖民已久的加那利和其他群岛已导致了这样的变化"。[89]

生活对 19 世纪中叶新来的帕基哈人来说就像对他们的随行生物一样美好。当新来者说新西兰人只死于溺水或酗酒时，[90]他们是在说自己，而且经常这么说。对毛利人来说，下坡路越走越陡。1840 年，即《怀唐伊协议》签订的那一年，据熟悉新西兰的白人传教士和军官估计，土著人数在 100000—120000 之间。而在 1857—1858 年，第一次真正的毛利人口普查结果显示，这个数字只有 56000。[91]帕基哈人没有屠杀毛利人，种族间大屠杀已成历史。杀婴、酗酒、不良饮食和绝望起到了一定消极作用，但它们只是进一步证实和放大了主要杀手即传染病的影响。

麻疹在 1854 年首次传播到北岛，据一位目击者称，死了 4000 人。[92]从那以后，几乎没有什么详细描述的疾病瘟疫，因为能够穿越长途海洋跋涉的多数疾病已悉数到达，新西兰偏僻的位置依然起到了自我保护作用，让它免受其他疾病的侵害。天花需要静等越洋蒸汽船时代的到来。天花确实登陆了，但没有四处传播。这是一个奇迹，毛利人应该永远对此心存感激。1840 年 11 月，"玛莎·里奇韦"号在惠灵顿靠岸，船上有天花病例。最后它被笨拙但成功地隔离了，而当它再次出现时，大多数毛利人已接种了疫苗。好运挽救了新西兰免遭类似夏威夷的厄运。天花于 1853 在夏威夷爆发，尽管采取了隔离和大规模接种的措施，还是有数千人死亡，或许占总人口的 8%。[93]

在 1820 年、1830 年和 1840 年，导致很多人死亡的病原菌继续向每一个最后的毛利村庄渗透。亚瑟·S. 汤姆森（Arthur S. Thomson）医生是 19 世纪有关新西兰最可靠的信息来源者之一。他在 19 世纪 50 年代末直截了当地说，淋巴结核是"新西兰土著人的魔咒"。他看见有些地区 10% 的人都带有这种结核的疤痕，而在另外一些地区，这个数字高达 20% 。不过他指出，并非所有的淋巴结核都带有这样明显的特征。这位医生写道："淋巴结核是新西兰土著人很多疾病的直接诱因或间接原因。它引起儿童消瘦、发烧和腹泻，导致成人肺结核、脊柱病、溃疡和其他各种疾病。"[94]值得注意的是，在 1939 年，肺结核死亡仍占毛利人总死亡率的 22% 。[95]

除了最偏远的部落外，性病当时肯定在所有部落间传播，这至少是帕基哈人的印象。最终我们有了一些统计数字：在 19 世纪 50 年代末，弗朗西斯·D. 芬顿（Francis D. Fenton）对整个毛利人口进行普查，收集到 444 名毛利妻子的数据，这被认为是很有代表性的样本。它清楚地表明，性病正在破坏整个毛利种族的繁殖力。在这 444 人中，只有 221 人有子女存活了下来，155 人完全不育。芬顿把那个时代的毛利人描述为：处于"一种衰老的状态"。[96]在同一个 10 年，在旺加努伊一位名叫里斯（Rees）的殖民地外科医生注意到，在采集到的 230 名毛利妇女样本中，124 位要么没有孩子，要么没有存活的孩子。[97]毛利人的不育有很多可能的解释——杀婴，特别是杀死女婴，这种做法很可能还在延续——但这种悲剧的罪魁祸首无疑是性病。它导致父母死亡、生育力丧失、胎死腹中、儿童夭折以及让人失去生儿育女的愿望。

我们对外来病原菌带给毛利人影响的这些介绍远非全部——的确只是个简述而已——但其毁灭性之大，可见一斑。然而，人们可能希望有更多的统计数字，特别是那些能够有助于我们了解与同一时代的欧洲人相比，毛利人生活状况的资料。当然，按照我们今天的标准，欧洲人当时也不是

258

很健康。汤姆森医生在他 1859 年发表的珍贵著作《新西兰的故事：过去与现在——野蛮与文明》的第 323 页上，为我们提供了一些我们想了解的信息（表 10. 1）。

表 10. 1 英格兰某一大城镇居民ª与新西兰土著人ᵇ中各类疾病发病率的比较

疾病类型	在英国某一医院就诊的病例数	在新西兰的医院中就诊的病例数	每个种族的发病率；每 1000 病例中患病人数	
			英国人	新西兰人
发烧	390	190	20	74
肺病	2165	435	109	169
肝病	228	—ᶜ	12	—ᶜ
胃肠疾病	1418	304	71	119
脑部疾病	1031	15	52	5
水肿	451	2	23	—ᶜ
风湿病	2365	495	119	191
性病	86	99	4	38
脓肿与溃疡	2195	278	111	108
创伤与损伤	1952	89	92	34
眼病	703	91	35	35
皮肤病	801	181	45	70
淋巴结核	1173	210	59	82
其他疾病	4908	191	248	75
总计	19866	2580	1000	1000

　　a. 从谢菲尔德医院 22 年来接诊的病例总览中汇编而成。R. Ernest, M. D. Farr's "Annuals of Medicine, 1837." 选自 R. 厄内斯特和 M. D. 法尔所著《医学年鉴，1937 年》。

　　b. 从以下几位医生的报告汇编而成：岛屿湾的福特医生；奥克兰的戴维斯医生；惠灵顿的菲茨杰拉德医生；旺加努伊的里斯医生和新普利茅斯的威尔逊医生。

　　c. 资料不详。

这个表离我们理想的资料还差得很远。这 19886 人在何种程度上可以代表大不列颠的人口？而这 2580 人又在何种程度上可以代表新西兰的土著人口？无疑，来医院就诊的毛利人中很少有从偏远地区来的，而那些偏远地区的人很可能是整个族里最健康的人。"发烧"这种包罗万象的分类又代表的是什么呢？"脑部疾病"究竟指的是什么？情绪失常吗？虽然这个表不尽人意，但比历史上其他涉及健康和疾病时我们见到的印象数据准确多了，同时也印证了汤姆森医生、彼得·巴克 ［Peter Buck，也称特·朗吉·希罗阿（Te Rangi Hiroa）］和其他很多人的观点。和比帕基哈人相比，毛利人患呼吸道疾病、肠胃病、性病和淋巴结核病的比例更高。两个人种死亡率的鲜明差异、新西兰在太平洋远离旧大陆的地理位置以及紧随库克第一次到访后的那个世纪里毛利人健康和人口的下降——这些事实无一不佐证他们不熟悉帕基哈人带来的许多传染病的论断。根据 1896 年的人口普查[98]（表 10.2），新西兰的波利尼西亚土著人口从大约 200000 人以及在 1769 年不少于 100000 人下降到了 42113 人。

表 10.2. 新西兰的毛利人口规模，1769—1921 年[a]

年度	人口（人）
估计：	
1769	100000—200000
1814—1815	150000—180000
1830 年—19 世纪 30 年代	150000—180000
1837 年左右	"没有超过" 130000
1840	100000—120000
1846	120000
1853	56400—60000

续表

年度	人口
人口普查：	
1857—1858	56049
1874	47330
1886	43927
1896	42113
1901	45330
1911	52723
1921	56987

a. 1769—1853 年间的人口统计数字有些仅凭猜测，有些基于合理的估算，因而存有异议。查看统计数据，参阅普尔《毛利人口》一书第 234—237 页；查看论据，参阅该书第 48—57 页。1853 年以后的统计数字相对来说比较可靠，也就是说，即使无法让人口学家满意，也至少能让大多数历史学家所接受。

《怀唐伊条约》带给毛利人的不是救助而是更多的帕基哈人。在巨大的痛苦中，毛利人急得团团转，绝望得就像一头上钩的牡鹿，四面遭到猎犬的围攻。于是一些人更加努力地向帕基哈人靠拢。在 19 世纪 40 年代，超过一半的毛利人是积极的基督徒，并且一半的人具有阅读能力。[99] 1849年，乔治·格雷总督声称，据他估计，毛利人识字的比例比欧洲其他民族都高。[100] 汤姆森医生告诉我们，他所认识的一些毛利人不仅识字，而且会两种语言，会借助指南针航行，会下棋，还可以"计算出一小块土地的面积以便在它上面种植两蒲式耳（英制的容量及重量单位，1 蒲式耳约等于27.22 公斤。——译者注）的小麦，或估算出一头猪的毛重以及以一磅三便士单价算出它的总价，再扣除掉五分之一的下水"。[101]

一些部落投入农业和畜牧业生产当中，甚至开始从事工业，把东西不仅卖给在登陆的最初几年非常需要帮助的帕基哈人，而且一直卖到澳大利亚。接着，他们把赚来的钱再投资用来购买更多的马匹、绵羊和纵帆船，从 19 世纪 40 年代晚期开始，又热衷于建面粉坊。"每个小部落都要有一个磨坊，"一位传教士不屑一顾地说，"两个好磨坊足以完成怀帕河和怀卡托河上所有小麦的加工，而现在这里已经建成了六个。"[102] 1857 年，普伦蒂湾、陶波和罗托鲁瓦大约 8000 名毛利人种植了 3000 英亩小麦，3000 英亩土豆，2000 英亩玉米以及约 1000 英亩甘薯。他们拥有将近 1000 匹马、200 头牛和 5000 头猪。他们还有 96 把犁，41 艘每只吨位约为 20 吨的近海船舶以及四座水力磨坊。[103]

在 1849 年，乔治·特·瓦鲁国王（King George Te Waru）和施洗者约翰·卡哈维（John Baptist Kahawai）送给维多利亚女王一份面粉样品，它是北岛中心他们自己地里种植的小麦，并且在自己的磨坊研磨出来的。毛利人的磨坊主要都是在帕基哈人指导下，用自己的双手建起来的。为此他们要花费 200 英镑，这可是他们在一年多的时间里卖猪和卖亚麻省下来的钱。他们在送给女王面粉样品的附带信中写到："啊，女王陛下，我们渴望过和平日子，种植小麦，饲养牛马，从而能像白人一样生活。"[104]

詹姆斯·E. 菲茨杰拉德（James E Fitzgerald）是定居在当地的一位记者、政治家和慈善家，可是他没有胜利者对失败者惯有的鄙视。他坦率地说，据他所知，"在世界历史上的任何时期，从来没有一个民族能在如此短的时间里取得如此巨大的进步。"[105] 说的可能一点儿都没错。但无论毛利人怎么努力，都无法阻止自身下滑的趋势，帕基哈人可没有兴趣去同化他们。毛利人最大也是最直接的危险就是失去土地。当特·科马拉在怀唐伊指着威廉斯牧师时，这个问题就已经充满变数，变成了毛利人和帕基哈人之间的导火索。在毛利人最集中的北岛，这个问题尤为突出。北岛当时同时居住着毛利人和帕基哈人。虽然毛利人当时各方面都每况愈下，但直到 1860

262

年，他们仍然占绝大多数，并且土地集体拥有，人们对土地所有权持有一种近乎神秘的观念。而帕基哈人在各个方面都蒸蒸日上，土地个人拥有，土地所有权是一种特别简单的概念。欧洲人的观念被称为继承者有绝对权利处理地产：我，作为个体拥有这片土地，或者你，作为个体拥有它，你自己可以把土地完全、永久地卖给我。通过各种方式——合法的或不合法的，但或多或少都走了法律程序——土地从毛利人那里流向了帕基哈人手中。当毛利人在怀卡托河上划桨时，他们唱到：

> 像一只爬虫，
> 土地在移动；
> 一旦失去它，
> 人何处安身？[106]

　　毛利人一开始并没有不做抗争就轻易接受失败。随着时间的推移，抵抗帕基哈人侵占毛利人土地的活动愈演愈烈，有时会导致暴力事件的发生。每一次事件都表明，零星的反抗毫无意义。不过毛利人从帕基哈人那里学到了一样东西：民族主义。在19世纪50年代，北岛的一些部落开始去做几年前还不敢想象的事：永远摈弃掉部落间的争议，团结在一个首领之下。他们利用了帕基哈人的很多国家象征，推举出了一位国王，创建了一个王室和一个议会——全部按照毛利人的传统仪式和服饰并使之合法化。第一位毛利人国王于1858年登基：特·韦罗韦罗（Te Wherowhero），他自称为波塔陶一世（Potatau I）。两名曾在维也纳学习手艺的毛利人印刷工开办了一家毛利人出版社。一份毛利人的报纸应运而生，取名为《特·霍基奥伊》（Te Hokioi），是根据一种神鸟命名的。这种鸟人们从来没有见过，只听说过它的尖叫声。它的出现据说预示着战争或瘟疫。这份报纸有助于拥王派之间的团结和信息传播，第一次无意中在新西兰发出了可以堪称自然资源保护主义的呼吁。在这块土地上，毛利人刀耕火种了几个世纪。但现在，它经常被帕基哈人拓荒的大火弄得浓烟蔽日。《特·霍基奥伊》呼吁读者不要点火毁林，"否则我们的子孙后代就不会有任何林木了。也不要点火烧荒，否则麦卢卡（一种灌木）和鳗鱼梁（拦截游鱼的枝条篱——译者注）会被烧光，这片土地也将毁于一旦"。[107]

拥王派呼吁停止土地买卖，重拾过去的生活方式，和帕基哈人严格划清界限。"让那些疯狂的酒鬼滚回欧洲，"他们唱到，"我们的国王将坐拥全岛。"[108] 在 1860 年，这场不可避免的战争被推迟了几个月，据说因为一场流感瘟疫使毛利人的绝望处境雪上加霜。这场瘟疫席卷整个怀卡托地区，导致当地一半人口的死亡，也夺去了第一位毛利国王的性命。事实上，他的死也许加速了战争的爆发，因为他是个举棋不定的人。临终前，他一方面号召追随者们成为好的基督徒，另一方面又恳请他的帕基哈人朋友威廉·马丁爵士（Sir William Martin）"善待毛利人"。[109]

当他死的时候，最佳的和解时机可能已经错过了。在接下来的战争中，毛利人骁勇善战，与英国正规军和帕基哈非正规军周旋于北岛茂密的灌木丛和崇山峻岭中，不断及时调整战略，令人钦佩。但他们没有真正地团结起来：很多毛利人根本不响应参战的号召，认为（也是正确的看法）战争只能让事情变得更糟，而另外一些人竟然协助帕基哈人。发动战争的部落缺少取胜的一个关键要素。他们无法像大英帝国或新西兰帕基哈人那样：打一场经得起数年考验的持久战，而且如果需要似乎能永远打下去。

19 世纪 60 年代中期，这场战争不再是正式的对抗，而是演化成了一种游击和反游击战，带着这类战事惯有的残酷。随着毛利人境况的日益恶化，

264

一种宗教在最好战的毛利人中间传播，使人很容易联想起 19 世纪 30 年代的帕帕胡瑞希亚教派。它也是奇特地融合了基督教和毛利人信仰：天使长加百列（Garbriel）出现在先知特·瓦·豪梅尼（Te Ua Haumene）的面前，告诉他竖起高高的旗杆，在那里就像在祭坛一样做礼拜。作为回报，将会出现很多奇迹：毛利人想从帕基哈人那里得到的所有东西将会物归其有，会瞬时学会英语，而帕基哈人将被打败而离开；虔诚的信徒如果以一定方式抬起胳膊，口中念念有词，就能刀枪不入等。遗憾的是，他们念叨的经文全是些没有任何意义的毛利人和帕基哈人的成串词语，只有隐含意义，从字面上看不出有什么特别含义：

> 山脉，大山脉，长山脉，大旗杆，长旗杆——立正！
>
> 北，北偏东，东北北，东北偏北，东北殖民地——立正！
>
> 来喝茶，所有人，围着旗杆——立正！
>
> 闪（基督教《圣经》中挪亚的长子），驾驭着风，风太大了，来喝茶——立正！[110]

这一新教派最狂热的追随者豪豪（Hauhau）（他们的名字源于在战斗中为了让子弹偏离方向而不断要重复的词），恢复了过去吃人肉的习俗，在绝望中制定出了人们难以想象的一些可怕仪式——而且因为坚信自己刀枪不入，他们积极投身前线，这实际上缩短了战争的进程。

毛利人无论做什么也无法抵消帕基哈士兵在数量和韧性方面所占的优势。随着毛利人力量的衰落，帕基哈人的安全感增强了。于是在 1870 年，最后一支英国兵团撤离新西兰。随着殖民地开拓者掌握了非常规战争的丑恶伎俩，他们高效地继续战斗，这场战争才逐渐平息。在此后很长一段时

间里，生活在北岛内陆的帕基哈人离开了枪没有人会觉得安全，但到 1875
年，谁是新西兰的主人已经不再是一个问题。新西兰成为了新欧洲国家。

　　毛利人在输了这场战争之后很长一段时间里，还继续坚持战斗。或许
他们在输掉之后才开始斗争。在查理（Charlemagne）加冕称帝时，新西兰
只有一种哺乳动物，库克船长到达时只有四种哺乳动物。1870 年，也就是
在第一位英国公民首次发现新西兰一个世纪之后，这块土地已有 80000 匹
马、400000 头牛、9000000 只绵羊和 25 万帕基哈人，而毛利人只有 5 万人。
在战争期间，人们在南岛发现了黄金。两年后，奥塔哥的白人数量增长到
几乎和整个新西兰的毛利人一样多。[111]

　　1770 年，库克船长发表了他的宣言，认为新西兰会成为一个很好的欧
洲殖民地，言下之意是说新西兰和欧洲或至少和大不列颠之间有很大的相
似性。然而，说起来有点矛盾，在接下来的世纪，没有任何证据表明新西
兰有任何生物，无论是植物还是动物，微观的还是宏观的，在欧洲的任何
地方成功地适应了当地的环境。相反——不过和库克船长的观点一致——
很多旧大陆生物在新西兰定居，在那 100 年的时间里以数十亿的速度繁殖。
帕基哈人并没有独自登陆。如果他们这样做的话，那么他们的命运就像英
勇的骑士一样，训练十分有素且装备精良，但犯了孤军和敌人作战的致命
错误。

　　新西兰生物群落的广泛被侵占和毛利人口的衰落同时发生，土著人并　　266
非没有看到这一点。在《怀唐伊条约》签订之前很多年，毛利人就意识到
了他们的命运与生态系统的命运之间的密切关系。在帕基哈人到来之前，
他们和这个生态系统已经休戚与共达 40 代人之久。毛利人和毛利老鼠关系
密切，它是他们的老伙伴和许多节日宴会上的主菜。旧大陆的黑老鼠或船
鼠可能很早就适应了新西兰的环境，没有给当地造成太大的破坏。与此相

反，棕鼠或挪威鼠大约在 1830 年登陆，又大又凶猛。在仅仅两年时间里，这种毛利人认为不可食的老鼠就消灭了北部区很多地方的毛利鼠，接着继续又向南扩散，让当地竞争对手在它面前落荒而逃。在接下来 10 年左右的时间里，这一入侵者灭绝了北岛除了个别偏僻角落和孤立小岛外所有的毛利鼠。每当对毛利人发火时，帕基哈伐木工就会告诉他们，白人会像新老鼠灭绝旧老鼠一样除掉他们。随着毛利人处境的恶化，这种感觉在土著人中已经广为流传。厄恩斯特·迪芬巴赫 1830 年曾说："他们最热衷的话题就是猜测欧洲人消灭他们，是否会像英国鼠灭绝当地鼠一样。"

19 世纪 50 年代，随着帕基哈人及其相关物种的突然大量涌入，出现了更多促使毛利人灭绝的可能模式。外来杂草像水银一样，沿着路边流入灌木丛。在外来猫、狗和老鼠长驱直入的同时，本地特色的鸟类节节败退。当地的反吐丽蝇会把卵产在绵羊的皮肉里，帕基哈人因此对它深恶痛绝。无意中从旧大陆输入的家蝇被证明可以很有效地驱赶它，所以当牧羊人深入偏远地区时，他们都会用罐子装着自己的苍蝇一道前往。棕鼠在南岛鼠害横行，同样灭绝了这里几乎全部的毛利鼠，在 19 世纪 60 年代深入南阿尔卑斯山，体型变得硕大。地质学家尤利乌斯·冯·哈斯特（Julius von Hasst）于 1858 年到达新西兰，他给达尔文写信说，毛利人有一句谚语，"就像白人的老鼠赶走了本地老鼠一样，欧洲人的苍蝇赶走了我们自己的苍蝇，三叶草消灭了我们的蕨类植物，毛利人也会在白人面前消失。"[112]

具有科学素养的帕基哈人和毛利人观察到的现象一样，也得出了类似的结论。达尔文对英国和新西兰生活型之间的单向交流感到不可思议。在《物种起源》一书里是这样阐述的："大不列颠的物种繁殖在规模上比新西兰大得多。然而即使最娴熟的博物学家通过对这两个国家调查之后，也不可能预测到这样的结果。"[113]10 年以后，也就是距离库克船长首次出现在新西兰海岸整整 100 年之后，作为帕哈基博物学家以及新西兰政治家，W. T. L. 特拉弗斯特注意到，南北两岛的生态系统"已经到了这种地步，好像用互不相干的材料建成的房子，随处一击，就会晃动危及整个房屋的结构"。他相信，"如果所有人从这些岛屿同时撤离……引入的物种就会成功取代土著动植物"。毛利人也无法和欧洲人竞争，这样的结果不可避免，但并非难以容忍：

> 如果由于欧洲强壮民族的入侵，欢快的农庄和繁忙的市场要取代荒蛮人简陋的林中空地和小屋，有数百万人口的一个大国凭借其艺术和文字、成熟的政策和自由民族的崇高热情取代现在只有几千人、显然生活茫然且停滞不前的零星部落，哪怕是最敏感的慈善家，对这样一个过去在人类历史中进化不够全面的民族的灭亡，即使不自鸣得意，也可能学会坦然接受。[114] 　268

然而事实证明，无论是沮丧的毛利人、震惊的达尔文，还是自满的特拉弗斯，没有一个人说的全对或基本正确。毛利人口在 19 世纪 90 年代降至最低点，只有四万多人，但从此以后他们的士气和人口逐渐回升。1981年，有 280000 名新西兰人自称是毛利人。[115]新西兰的当地生物群落也没有绝迹。所有牧场主都认为，土生植物群是无法根除的。只要牧场的牲畜撤离，它就会很快卷土重来，占据这个牧场。当地动物群就像植物群一样，曾经遭到严重破坏，但它也安然度过了过去的一个世纪，比人们期望的还要好。几维鸟仍然在腐殖土壤里拨拉觅食昆虫和幼虫。

即使如此，我们不能说毛利人、达尔文和特拉弗斯都是傻瓜。他们观察到的重塑新西兰的力量没有保持它迅猛的步伐并把新西兰变成一个欧洲，但把它变成了一个新欧洲。1981 年，新西兰有 2700000 名帕基哈人、70000000头绵羊和 8000000 头牛，生产 326000 吨小麦、152000 吨玉米、大约 7000 吨蜂蜜和——看在旧时代的份上——10000 吨库马拉甘薯。[116]

第十一章

解释

"让你犯错的也许就是最简单的事。"

——埃德加·爱伦·坡 (Edgar Allan Poe)：《失窃的信》 (*The Purloined Letter*)

"如果我们把杂草的概念限定为适应人类干扰的物种，那么人类便是第一种重要的杂草，其他的杂草都是受它的影响而进化的。"

——杰克·R. 哈伦 (Jack R. Harlan)：《作物与人类》 (*Crops and Man*) (1975 年)

正如目前的构成一样，新西兰以及其他新欧洲地区的人类社会和生物 270群落很大程度上都是我所谓的"生物旅行箱"繁殖和扩张失去控制的产物。我用它来统称欧洲人和他们带来的所有生物。熟悉生物旅行箱的成功是解开新欧洲崛起之谜的关键。

就这个生物旅行箱中一种较为重要的生物的成功，亚当·斯密曾这样说道："如果一个国家一半的土地没有人居住或耕种，牛的繁殖量自然会超过居民的消费量。"[1]他是个绝顶聪明的人，但他既不是历史学家也不是生态学家。我们倒想问问他，为什么上述所说的国家人烟稀少，鲜有耕作，并且进一步地指出，大多数地区在多数时候，无论人类存在与否，牛和事实上所有其他生物的增长都会受到食肉动物、寄生虫、病原菌和饥饿的制衡而自然地保持在一定合理的范围。在斯密的时代，和这相反的事件比比皆是，以至于引发了他的好奇心。

生物旅行箱在新欧洲已经取得了巨大成功，但多数19世纪的博物学家如 W. T. L. 特拉弗斯等人的极端预言，被证明有些言过其实。新欧洲的土著生活型鲜有绝种的，在北美洲和澳大拉西亚，土著人当前数量的增长已经超过了他们统治者的后代。然而，土著人依然只占总人口的一小部分，所以对在新欧洲欣欣向荣、数量众多的入侵生物也不可掉以轻心。今天这些土地上的生物群落和几代人之前的景象完全不同。人类受害者比受益者对这一变化的感受更深刻。19世纪末，北美大平原和西部山区的美洲印第安人，面对长期与白人作战的彻底失败，想象出一种新宗教，预言马上会有一种变化，就像过去300年发生的变化一样巨大：一个全新的世界将从西方升起，慢慢取代今天这个世界。在这个新世界，死去的美洲印第安人将会复活，野牛、美洲赤鹿和其他所有猎物的数量也会像以前一样多。跳着鬼舞的美洲印第安人将被他们神圣的舞蹈羽毛带向天空，再降临到这个更新了的世界。经历四天的昏迷，他们醒来后发现一切都回到了欧洲人来前的样子。[2]航海者和他们的生物旅行箱引发的革命远比更新世末的物种灭绝以来地球上所经历的任何事件影响重大，而失败者只能幻想通过巨大的奇迹来扭转这一切了。

究竟是什么因素引发了并正在推动着这场生物革命？让我们回到第一章推荐过的 C. 奥古斯特·杜平的技巧，来考虑一下最明显的因素：地理位置。新欧洲全处在同欧洲相似的气候带上。毋庸赘述，这对来自欧洲的生物来说是一个优势。新欧洲也都远离欧洲，至少位于大西洋的彼岸，有些甚至在世界的另一边。杜平先生抽着海泡烟斗，建议我们："从地处偏远和与世隔绝中找出问题的根源。"

原为一体的泛古陆于几千万年前解体，四处漂移。从那以后，包括欧洲在内的旧大陆和新欧洲的生物群落各自独立进化。这种趋势不时被出现的宽阔陆桥打断，物种通过它们可以迁徙。但总体上来说，这些地区生活型的历史一直迥然不同。

这几个独立生物群落的发展，本质上讲并没有好坏或高低之分——这些词语没有科学意义——但即将成为新欧洲的生物群落也许比欧洲的更简单，因为物种较少，而与未来的海外殖民地相比，欧洲属于一个更大地理板块的一部分。这一区别——当我们将欧洲和北美洲进行比较的时候，也许最好称它为所谓的区别——我们必须小心不应从中得出过多的结论。当航海者们到达的时候，这一区别要比几千年前新欧洲地区首次成为人类居住地时更明显。近来旧大陆的土著生物群落与美洲和澳大拉西亚的生物群落差异加大的问题引人深思。

在探讨这一问题之前，让我们先简要地描述一下美洲和澳大拉西亚与旧大陆隔绝以后最明显的后果。人类和类人猿都不是前两个地区的本土物种。当人类踏上这些地区时，他们进入了完全陌生的生态系统。在这些新土地上，没有任何能危害人类的土生食肉动物、寄生虫和病原菌。食肉动物兼具头脑和意志，可能会学得很快，但微生物则需要花上一段时间。据

272

我们所知，没有一种主要的人类疾病来自澳大拉西亚，起源于美洲的也很少。美洲本土的病原菌从来没有完全适应人类而在美洲以外的地方立足——可能唯一的例外就是性病梅毒的螺旋体。

我们不应忽略这一可能：第一批到达美洲和大洋洲的人本身携带病原菌和寄生虫，其中致命或使人虚弱的不会太多。这些病菌的携带者是游牧民族，随着牧群横穿冻土带从西伯利亚来到阿拉斯加，或越过印度尼西亚群岛，乘船从火山岩岛越过一个又一个环礁，跨过太平洋。除了那些最健壮的，其余的人都死了，生病的则被遗弃。至于游牧民族的害虫，这些人通过定期搬家丢下大部分垃圾，因此也把多数害虫留在了身后。毛利人可能是个特别健康的民族，因为当他们从波利尼西亚中部炎热的岛屿驶往凉爽的新西兰时，肯定摆脱了一大群的热带昆虫、害虫和病原菌，比如雅司病菌。

我们有理由相信，人类首次进入美洲和澳大拉西亚的人口增长率比通常的狩猎者和采集者要高得多。他们进入了没有特殊敌人的地区，也逃脱了很多旧敌的侵害，而且最初食物的供应肯定也是十分充裕的。

生态系统中每增加一个新物种，整个系统便会产生惊人的涟漪反应。作为在新大陆、澳大利亚和新西兰能够广泛应用智慧和工具的第一类物种，人类肯定引发了超过他们数量比例的影响。人类能够迅速地调整狩猎技巧，让一种动物可预见的防卫行为变得对自己有利。例如他们可以挑起领头的雄性动物和人对抗，从另一个角度攻击落在一边毫无抵抗力的雌性动物和幼崽。人类能够很快学会如何使成群的动物惊慌逃跑坠入悬崖或掉进沼泽，学会何时何地袭击那些聚集交配的动物，学会比一般食肉动物更优先地去袭击怀孕和年幼的动物。人类可以放火烧林和烧荒，如果他们经常这么做，就会彻底永远地改变他们的生物群落。即使只手持火把、石制武器和被火烤硬的棍棒，人类也是世界上最危险和最冷酷的食肉动物。

当人类首次进入美洲和澳大拉西亚时，他们发现当地并不缺少大型动 **274**
物。猛犸象、大型陆地树懒、剑齿虎以及其他可怕的庞大动物正主宰着新
大陆，大群的巨型野牛、土生野马和骆驼轰隆隆地驰骋在美洲草原上。在
澳大利亚，大型单孔类和有袋类动物占统治地位，包括袋鼠和袋狮。当时
的袋鼠比今天的袋鼠体型要大三分之一。袋狮是一种食肉动物，看上去更
像金花鼠，只不过长着尖牙和利爪，不包括尾巴在内的身长超过两米。毛
利人当时上岸后，并没有看见这样的大型哺乳动物，而最大的恐鸟有两个
人那么高，体重比三个人还要重。总的来说，人们可以认为美洲的大型动
物和旧大陆的一样丰富。澳大利亚稍逊一筹，但差距并不大，甚至连新西
兰也有自己的大型动物。[3]

当航海者出现在毛利人、澳大利亚土著人和美洲印第安人的地平线上
时，美洲和澳大拉西亚的巨型动物却不复存在。正如法国博物学家布丰伯
爵（Comte de Buffon）在 18 世纪轻蔑地指出的那样，没有任何美洲的哺乳
食肉动物在体型上可以与旧大陆的狮子和老虎相比，也没有任何美洲的食
草动物能和旧大陆的大象、犀牛或河马媲美。美洲最大的四足动物貘，"体
型不超过一头六个月大的牛犊或一头很小的骡子"。[4]热爱本土的美洲人会自
豪地指出他们的秃鹫，即现存最大的鸟。但无可否认的事实依然是，就大
型四足动物而言，新大陆的土生生物群落在历史上一直不如旧大陆。不过，
美洲人可以不屑地指着澳大利亚和新西兰的生物群落再自我膨胀一下，因
为后两者的四足动物甚至还不及美洲的。

总体上来说，在更新世即将结束的几千年里，世界上灭绝的大型陆地
动物比过去几百万年来在任何相似一段时期内灭绝的要多，而且没有一个 **275**
地区的损失像美洲和澳大利亚那么大。几千年以后，这股绝种的浪潮最后

席卷即将有人居住的新西兰和马达加斯加这样的大岛。就它们生物群落的
规模而言，它们的损失同样巨大，甚至更为惨重。[5]当航海者到来时，这些
贫瘠土地和岛屿上的田野和森林对入侵动物群比世界上任何地区都更开放。
如果这些地方就像首批人类抵达时，或像 17 世纪中叶荷兰人在南非定居时
那样，到处都是成群的食草和食肉动物，那么无论是对于野生还是家养的
欧洲牲畜来说，它们的扩张和获胜速度将会变慢，而且需要耗费比当时更
多的人类干预。欧洲人直到最近还是依赖马、牛、绵羊和其他所有牲畜，
他们当时在这些地区的胜利也许比在新欧洲其他地区都要进展迟缓，或者
像欧洲人在南非的成功一样，缓慢而不具有决定性。在南非，他们的牲畜
不得不与一些当时存在的最大最凶猛的动物共享草原，还要忍受比新欧洲
其他地方更多的当地野生动物身上和体内的寄生虫和病原菌的侵害。在第
一批马被引入南非 50 年之后，它们的总数也仅为 900 匹左右。而在引入南
美大草原半个世纪后，驰骋在那些草原上的马已经数不胜数了。[6]

　　大型动物灭绝的时间和方式，在新欧洲如何成为新欧洲人的天下的故
事里是很重要的问题。尤其是保罗·S. 马丁（Paul S. Martin）为代表的许
多科学家提出的一种解释动物灭绝的理论，在古生物学家、考古学家和其
他专家中引起了极大争议。如果这一理论成立的话，它会非常有助于解开
新欧洲地区的史前之谜。马丁指出，很多依据表明，在全世界范围里，人
类猎手的出现和大型动物的灭绝之间有一个时间点上的巧合，毕竟这些大
型动物是人类能够享用的最诱人的大餐。在那些人类和大型动物共同生活
了几千年的地方，如在旧大陆，后者已学会如何提防只有两足的猎人，很
多——不是所有，但有很多——较大动物很好地生存了下来，直到近代甚
至今天，例如非洲的大象和狮子以及亚洲的大象、老虎、野马和骆驼。在
那些大型动物几十万年来无缘适应人类存在的地方，例如在美洲和澳大拉

276

西亚，猎人大量地捕杀它们，造成当地多数动物彻底绝种。[7]

　　这一理论让有些人觉得荒诞不经。石器时代的猎人怎么能够灭绝整个物种或被认为是凶险的动物呢？不过，相对应的全球气候变化理论（更长的冬天，更干燥的夏天等）似乎更没有说服力：根本就没有这样的变化，至少在上述地区失去其大型动物的几个不同时期，根本就没有什么气候变化曾影响过它们。而且为什么气候变化会消灭大型动物而不是小型动物？也许小型动物吃得少，比大型动物更容易在艰难时期生存下来。也许有一定道理，但到目前为止，气候变化理论比过度捕杀理论似乎更缺乏依据。也许此前只在旧大陆存在的致命寄生虫和病原菌伴随着猎人和其他生物在同一时期，依靠同样的方式来到美洲和澳大拉西亚。但为什么这些寄生虫和病原菌仅仅导致大型动物而不是小型动物的死亡？我们得回到猎人身上，他们是我们了解大型动物消失的最佳人选。

　　当然，并不是非得依赖猎人袭击大型肉食动物的方式才能消灭它们，因为如果它们的猎物即大型草食动物消失了，肉食动物也会自然走向灭亡。至于大型草食动物，我们的确有考古证据——如猛犸象的骨头和附近散落的尖头抛掷武器——证明人类确实猎杀了其中一些，而且我们有非常确凿的证据表明，在公元 1000 年后不久，人类使用火导致了马达加斯加和新西兰的几种大型动物的灭绝。毛利人用火将南岛东半部从森林变为草地，换句话说，把一个恐鸟可以栖息的乐园变成了一个它无法生存的地区。[8]

　　动物不习惯人类捕杀，这一"愚钝"的特点应该很重要。在很大程度上说，动物学会如何躲避危险，并不是通过个体经验而是由遗传因素决定的。需要几代动物的进化才能把涉及的新危险烙印在基因数据上。猎人比大型动物曾经害怕过的动物都要小得多。实际上，人类一点不像美洲和澳大拉西亚大型动物以前看到的任何动物。这些巨型陆地动物几乎就像我们

277

这个时代的鲸鱼一样，面对人类的侵略毫无防范。19 世纪前半叶左右，欧洲和新欧洲的海上猎人虽然只能借助风力和人力驱动大小船只，也没有比手掷鱼叉更有效的武器，但也能捕光除了极少数几种之外大西洋和太平洋中所有的鲸鱼。从体力上说，这些体大、强壮和聪明的动物完全可以躲避或攻击猎人，但它们就是不知道如何去做，甚至不知道有必要这样做。[9]梅尔维尔笔下的白鲸莫比·狄克是个例外，与其说它是抽象邪恶的化身，不如说它是一个学得极快的动物。

278　　我们完全有理由认为，鲸鱼和捕鲸者之间以及美洲、澳大拉西亚的大型动物和入侵猎人之间的故事应该非常相似。如果猎人确实灭绝了这些没有像海洋那么辽阔的天地可以藏身的大型陆地动物，那么这对我们解释过去几百年来旧大陆野生牲畜在新欧洲的成功大有帮助。它可以解释 1788 年澳大利亚的神秘生态空位，也许我们可以称之为被腾出的小生境，入侵者于是很快乘机而入。例如在山羊、骆驼和其他长着坚硬的嘴巴和强大的胃的动物扩张到这里之前，澳大利亚没有以灌木和灌木丛为主食的大型食植动物。现在这里已有成千上万头。山羊已在澳洲内陆广泛分布，到 20 世纪中叶，澳大利亚的野骆驼数量已达 15000—30000 峰，位居世界第一。[10]

　　马丁的理论也有助于解释南美大草原动物群的历史，野化的欧洲牲畜在那里取得了最辉煌的成功。南美大草原与被认为是第一批人类来到美洲的进入地点——白令海峡在纬度上相差 100 度，所以我们因此推测它是猎人最后占领的地区之一，相对于肥沃的美洲其余地区，他们对当地生态系统的破坏是最近的事。当 16 世纪航海者到来以及旧大陆的牲畜局促登陆的时候，当地主要的小生境仍然是开放的。因此在接下来的几十年里，牛和马以惊人的速度繁衍生息，甚至温顺的绵羊也能在南美大草原上独自生存——即使没有几百万只，也有成千上万只。[11]

生物旅行箱甚至为南美大草原提供了它的主要肉食动物。当地的肉食
动物本来应该足以控制野生动物群的数量，但显然没有做到。也许它们还
没有从来自北方经由陆路到达的第一批人类的捕猎中恢复过来。无论是出
于什么原因，旧大陆的牲畜群大量涌入，数量超过了当地的肉食动物，达
到了数以千万头。如果没有"美味必将招徕食客"的丛林法则，这一数字
也许会更高。至少在18世纪中叶，很有可能在这以前很久，南美大草原上
最重要的食肉动物是旧大陆走失野化的狗。它们对人类和家畜的生活习性
很熟悉，像它们的远古祖先一样成群出没。它们以腐肉、野猪和能捕到的
任何动物为食。与狮子、美洲豹和欧亚大陆及北美洲的狼相比，这些狗并
不起眼。但它们数量众多，伊比利亚殖民者不得不每年组织猎杀活动来减
少它们的数量。[12]

1500年，南美大草原的生态系统由于被严重破坏和过度利用而变得支
离破碎，就像被粗心的巨人肆意摆弄过的一件破布偶。伊比利亚人重建了
它，尽管常常是无心之举。当生态系统中旧的部分丢失或不足时，他们就
用新的去替换并成为了它的主宰生物（虽然直到19世纪才实现了这一点）。

一个截然不同的例子是北美大平原。在那里，欧洲人在能够拥有一个
符合他们需要的生态系统之前，首先不得不肢解现有的系统。迟至白人到
来三个世纪之后，尽管外来四足动物有像在南美大草原一样多的机会来占
领这些地区，但这些大草原仍然被数以百万头美洲野牛所独据。18世纪和
19世纪早期，得克萨斯南部野牛成群。当得克萨斯牛仔向北驱赶着长角牛
以利用美国内战后不断扩大的东北部城市市场时，这些动物不负众望。但
它们似乎无法在大平原的中部和北部大片地区自主繁衍。野马从墨西哥到
加拿大都有分布，但它们从来没有像在南美大草原那样遍布北美大平原。
它们快速扩张的原因更有可能是美洲印第安人的贸易和盗马，而不是动物

自然迁徙使然。

在人类到来之前的数千年，自由徜徉在北美洲的野牛比我们今天所知道的任何野牛体型都要庞大。它们与猛犸象、马和骆驼在同一时期绝迹。我们今天的野牛幸存了下来，也许是因为它们跑得更快，也许是因为它们更聪明一些，也许是因为它们繁殖得更快，也许是因为它们对新来的只有两足的人类的威胁没有那么轻视。其中缘由我们不得而知，但历史上它们和其他中大型动物如驼鹿、美洲赤鹿、麝牛和灰熊在北美洲的存在确实引人猜测。这些大型动物并没有在南美或澳大拉西亚生存下来。比昂·库腾（Björn Kurtén）指出，北美洲生存下来的多数大型四足动物都源自欧亚大陆，认为它们能幸存下来是因为以前和猎人有过长期较量的经历。[13]欧洲人以及他们的动植物在北美大平原的生物群落里能够取得今天的地位前，他们不得不猎杀这些动物，尤其是美洲野牛。

在这里我们无法证明，或反驳马丁的理论，只能指出它确实可以在很大程度上解释新欧洲的史前之谜，否则，就无法阐述清楚。它以美洲印第安人、澳大利亚土著人和毛利人为一方，以欧洲入侵者为另一方，把二者置于一种全新的、发人深思的关系之中：被动的土著人和主动的白人不仅仅是敌对关系，而且是先后两批到来的同一物种的入侵者关系。第一批扮演的是突击队的角色，为经济体系更复杂、数量更大的第二批扫清障碍。

281　　　航海者出现前的几千年和各个时期发生的事件对新欧洲的影响就暂且谈到这里。让我们转向史料更为详实的最近这 500 年。

这个生物旅行箱的成员们至少拥有和第一批从欧亚大陆进入新大陆的人类及其相关生物一样的优势：进入处女地，幸运地把许多天敌留在身后。回看旧大陆，尤其是人口稠密的文明地区，许多生物利用与人类及其动植物接近的便利成为了他/它们的寄生虫和病原菌。这些不速之客常常比人类及其有意带来的生物进入新欧洲的速度要慢些。例如18世纪欧洲人把小麦引入北美洲，开辟了特拉华河流域上数个小麦产区中的第一个。小麦在那里没有天敌，生长得很好。后来它的天敌小麦黑森瘿蚊也到达了，迫使当地农夫不得不找到一种新的主要作物。人们把小麦黑森瘿蚊的引入错怪在了乔治三世雇佣兵的头上，据推测它是通过士兵的麦草寝具穿越大西洋的。这种害虫也传到了新西兰，它的学名"马亚提奥拉破坏者"（Mayetiola destructor）源于印象中它给人们造成的重大经济损失。但在澳大利亚和南美大草原，就算它存在的话，直到20世纪70年代仍然无关紧要。[14]

　　很多种牲畜病原菌在跨越大洋时远远地落在了通常的寄主后面。狂犬病是旧大陆的猫、蝙蝠和野生啮齿类动物的一种常见疾病，直到18世纪中叶才传入美洲，从来没有在澳大拉西亚立足。[15]牛瘟18世纪在西欧爆发，导致大批牛死亡，于19世纪晚期传播到非洲南部和东部，实际上造成数百万头家养和野生的有蹄类动物死亡，但它从来没有在新大陆、澳大利亚或新西兰获得永久性的立足之地。[16]口蹄疫为多数牲畜养殖大国的一种顽固的灾难，在新欧洲地区出现过数次，但它已经在北美洲和澳大拉西亚被永远地消灭了。它在南美扎根了，但那块大陆在旧大陆牲畜首次来到后长达几个世纪里都没有受到它的侵害。[17]在《大英百科全书》第15版的"动物疾病"条目下，有一张表格标题为"局限于世界某些地区的常见动物疾病"。它包括了13种主要动物传染病。其中只有两种在新欧洲安家落户：澳大利亚的传染性胸膜肺炎和南美洲南部的口蹄疫。通过检疫、烟熏、保持警觉，如果必要甚至宰杀生病或疑似生病牲畜，新欧洲人继续维持他们在动物疾病控制方面领先于泛古陆中部板块牧人的优势。[18]

　　多年来，新欧洲人在自身疾病控制方面取得的优势几乎同样显著，尽管漂洋过海的殖民地居民比他们的动物数量多而且反对使用上述所有的方

法来阻止自身病原菌的传播。从 15 世纪的加那利群岛到 19 世纪中叶的新
西兰，欧洲入侵者对他们新家园的健康环境赞不绝口，说这些地方既没有
新疾病可传染，也没有旧疾病困扰。正如它的名字所说（布宜诺斯艾利斯
在西班牙语中是"好空气"的意思——译者注），布宜诺斯艾利斯周围地
区气候宜人，那儿 16 世纪的西班牙人既长寿又健康。据胡安·洛佩斯·
德·韦拉斯科（Juan López de Velasco）说，有些人甚至可以活到 90—100
岁。[19]据 1653 年来自新法兰西的耶稣会会士布雷萨尼神父（Father Bressani）
的报道，16 年中与休伦布道团有联系的欧洲人没有一个死于自然原因，
"而在欧洲，如果教士团里人很多的话，没有死人的年份是很少的。"[20]第一
批新英格兰人推荐，"气色不佳的人都应该去新英格兰疗养，因为呼吸一口
新英格兰的空气胜过喝一大口英国啤酒。"这是房地产宣传吗？是的，但并
非全是虚假的。在马萨诸塞州的安多弗，第一批移民的平均寿命为 71.8
岁，这在那个时代就是非常了不起的长寿。[21] 1790 年，新南威尔士总督报告
说，"世界上再也找不出比这里更好、更宜人的气候了。"两年前随他一起
登陆上岸的 1030 人中有许多人患坏血病，一半人是囚犯，来自英国营养不
良的底层社会。他们中只有 72 人死亡，"根据医生的统计，其中 26 人死于
慢性病。如果在英国，这些病很可能早就让他们死了"。[22]在新西兰，帕基
哈人声称他们的土地是世界上最健康的地方，还引用数据加以佐证。1859
年，英国本土步兵的死亡率高达 16.8‰，而在新西兰只有 5.3‰。1898 年，
每 10000 名在新西兰出生时活着的男婴，9033 名能活过第一年；在新南威
尔士和维多利亚，这个数字是 8672；在英国则为 8414。[23]

　　这是日常饮食改善和生活水平提高的结果。还有一点很重要，那就是
旧大陆病原菌传播到海外比旧大陆人类移居到国外的速度慢，它们适应新
环境的速度更慢。天花病毒从来没有在澳大拉西亚永久安家，直到殖民时

代结束后才在南美大草原或北美洲扎根。这些地区人口稀少，无法维持这
样一个地方传染病。流行性天花在每一代新欧洲人中都或多或少带来恐慌，
但他们中躲过此传染病的百分比很可能比欧洲人高。直到 17 世纪 80 年代，284
疟原虫才适应了北美洲的环境，而什么时候到了南美洲的南部尚未可知。
尽管澳大利亚北部某些地区的气候对它们的传播媒介——蚊子来说近乎完
美，但它们从来没有在澳大拉西亚永久驻留。[24]

　　但我们切不可过分强调在某个特定的殖民地某种特定疾病什么时候是
否存在的重要性。病原菌的流行程度是更为重要的因素，比如说疾病环境
中的人口密度。很多年里，从旧大陆来到新欧洲的人比在他们家乡感染传
染病的几率更小。打一个比方，在科罗拉多州的丹佛和爱尔兰的都柏林都
有爱尔兰人生活。一个人在丹佛走十条街区都碰不到一个爱尔兰人，而在
都柏林不到十步就会遇到。

　　从出生起，欧洲人便从来没有远离过从瘟疫到流感的各种疾病的困扰。
有些疾病是人们痛苦的根源，有些则直接导致了经济危机、饥荒、战争等
的爆发。[25]他们中成千上万的人越过泛古陆的裂隙，领先折磨他们的微生物
一步。当然要付出一定代价，尽管代价很小，但不可完全被忽视。从欧亚
非生物群落中迁出仅仅一代人后，他们便极易患上传染病。例如在英属北
美殖民地出生的新欧洲人的成长环境里，天花是一种流行病而不是地方病，
他们通常在成年早期之前都不会接触到这种致命疾病。当他们中的贵族到
牛津和剑桥去镀金时，很有可能"在适应英国的气候之前，会感染上那个
讨厌、可恨和危险的疾病。我们的很多男女同胞因此丧命。"这一非常真实
的危险会产生很多影响，其中一些不是那么显而易见。例如，这一威胁通
常会削弱英国圣公会在殖民地的势力，因为只有主教才有权任命牧师，而
仅有的主教都住在不列颠群岛。一个人也许很想当个圣公会牧师来侍奉上

285　帝，但去英国的路途遥远且旅费昂贵，去那里的人还要冒着染上天花的危险。在不信奉国教的新教徒占统治地位的殖民地，已经处于劣势的英国教会艰难维持，而它的竞争者却能在大西洋彼岸安全地任命自己的牧师，昂首阔步向前进。[26]

　　如果离开那些病原菌一两代人后便会造成这样的脆弱性，那么离开一万、两万或三万年后又会怎样？美洲和澳大拉西亚的土著人对欧洲人带来的旧大陆病原菌的袭击几乎毫无抵抗力。美洲印第安人、澳大利亚土著人和新西兰毛利人已经把许多曾经折磨过他们祖先的病原菌抛在了身后，而且发现他们新家的病原菌很少。当新致命病原菌在旧大陆新石器革命后诞生的人口聚居中心出现时，这些人类的先驱者在泛古陆裂隙遥远的另一边却安然无恙。澳大利亚土著人和新西兰毛利人从来没有建立过像旧大陆城市那样的人口稠密中心，也没有大群家畜与之共患并滋生出新型病株。美洲印第安人建立了城市，但比中东地区晚得多，而且除了印加地区外，没有成群的家养牲畜。美洲印第安人在病原菌培养方面就像冶金一样，很可能远远落后于欧洲人。[27]

　　美洲和澳大拉西亚的土著居民突然要为他们过去健康度过的几千年付出代价。对旧大陆人们所带来的大多数病原菌，他们就像婴儿一样缺乏抵抗力。实际上，他们有可能比旧大陆襁褓中的婴儿更易感染上这些外来疾

286　病，因为这些婴儿的父辈世代都和那些传染疾病共同生活在一起。几千年来，后者一直从旧大陆的人口中挑选身体最脆弱的成员，把他们从基因库中清理出去。与此相反，旧大陆的病原菌还没有在美洲和澳大拉西亚的人身上做过尝试，因为他们至少像关契斯人一样与世隔绝，也许更甚。像关契斯人一样，据推测，从500年前开始，他们便有了远离欧亚大陆和非洲并因此远离人类主体几千年的种族所具有的一些血液特征：其成员中很少

或没有人是 B 型血，而在美洲印第安人中，O 型血的比例达到 100%。[28]美洲印第安人、澳大利亚土著人和澳大拉西亚人是真正与世隔绝的种族。几千年来，他们与欧洲人、亚洲人和非洲人一直完全不同，也许他们之间的免疫系统功能也有所不同。

不过这纯属推测，我们没有必要动用遗传学来解释为什么外来疾病的病原菌会如此轻而易举地在新欧洲的土著人中传播。传染病和潜在的受害者人群之间的关系就像火灾与森林。如果森林长时间没发生火灾，那么一旦发生就会是大火灾，甚至是风暴性大火。地球上任何人第一次接触致命的天花时，传染率会高达 100%，死亡率可以达到四分之一到三分之一，甚至更高。就算现代医药对此也束手无策。以前从来不了解的那些人的恐惧也很有可能会加剧，民间偏方从此应运而生。1972 年，一位朝圣者从麦加返回时把天花带到南斯拉夫。在那里，天花已销声匿迹了 42 年。在公共保健措施成功阻止它的传播之前，174 名南斯拉夫人受到感染，其中 35 人死亡。[29]当拥有先进科技的现代南斯拉夫人只能把感染者的死亡率降到五分之一，那么读到由于类似病原菌的袭击，悉尼土著人、纳拉干西特人（现已灭绝的北美印第安人——译者注）和阿劳干人（南美印第安人，分布在智利和阿根廷。——译者注）的死亡率为三分之一到二分之一时，我们就不应感到吃惊了。

应对世界主要传染病原菌的唯一有效的方式就是直接面对它们。如果患者活下来，这样就可以建立起抵抗这些病原菌的免疫力。要做到这一点，可以预防接种灭活疫苗、减毒活疫苗，或密切相关却比较弱的菌株，或直接染上这个疾病。不过，最好在儿童期，这样以后存活的几率会更大。前一种方法是 19 世纪左右发达社会的典型做法，后一种是有史记载以来多数人类社会的普遍做法。绝对的检疫——永久性的隔离——是一种表面上看

287

起来对付这种威胁很有吸引力的方法。它也许能挽救个体，却让整个群体最终难逃一劫，因为隔离从来不会是永久的。始于 19 世纪中叶发生在尤卡坦的卡斯特战争期间，信奉会说话的十字架的玛雅人分支即克鲁佐伯人，断绝了一切与外界的联系。他们这样做主要不是为了躲避天花，但他们的隐退起到了这样的效果。1915 年，他们的首领和墨西哥人开始谈判，结果很快染上了天花。类似于 16 世纪的一种处女地流行病接踵而至，导致克鲁佐伯人口从大约 8000 或 10000 减少到约 5000 人。[30]这些美洲印第安人受到了旧大陆新石器时代病原菌的两次猛烈袭击。

生物旅行箱的成功有一个非常简单但又容易被人忽视的重要因素。那就是它的成员们不是单兵作战，而往往是团队行动。有时它们会产生冲突，例如农夫和小麦黑森瘿蚊，但更多的时候，它们是互相帮助，至少从长远来看是这样。有时这种互相帮助很明显，就像欧洲人引入蜜蜂为他们的作物授粉。有时这种联系不是那么明显：在北美大平原，白人和他们的雇工猎杀了几乎所有的野牛——助长了性病病原菌的传播，其中一些病原菌显然是从外面传入的。19 世纪末在派克堡为苏族治病的一位医生认为，苏族妇女感染性病的悲剧不仅源于道德败坏，也是某种更普遍变化的结果："直到野牛消失之前，她们还是贞洁的。"[31]

为了寻找一个更清楚的例子来说明作为互助团队的生物旅行箱，让我们回顾一下牧草的历史。因为这些草（记住：一种草未必是让人讨厌的植物，它只是投机者而已）对欧洲牲畜的繁衍很重要，因而对欧洲人自身来说也是如此。今天约有 10000 种草，但其中的仅仅 40 种却占了全世界人工牧场面积的 99%。在这 40 种草里，即使有的话，也只有极少数是旧大陆之外大草原上的土生草。这 40 种草里有 24 种自然出现，显然很长时间以来就生长在除北斯堪的纳维亚之外的欧洲、北非和中东这一地带。这一地区很小，它的大部分曾经一度包括在罗马帝国的版图里。[32]我们最重要的饲料草在世界的大部分地区都可以生长。正是在这些地区，我们的大部分牲畜是最早被驯化的，自从新石器时代开始几千年以来它们便一直以这些草为食。

这些草和食草动物的相互适应甚至可以追溯到新石器时代很久以前。牛科动物包括家牛、绵羊、山羊、水牛和野牛，于上新世与更新世期间在欧亚大陆北部出现并且进化。其中很多迁徙到非洲，一些到北美洲，但没有一个到南美洲或澳大拉西亚。[33]几千年来，旧大陆食草动物和某些杂草以及欧亚大陆和北非的其他杂草一直在互相适应。旧大陆的四足动物被引入美洲、澳大利亚和新西兰以后，吃光了当地的禾本科植物和非禾本草本植物。而这些植物从前在多数情况下只经受过轻度放牧，恢复生长常常很慢。与此同时，旧大陆的杂草，尤其是那些来自欧洲以及毗邻亚洲和非洲部分地区的杂草，大量涌入，占领了这些裸露的地面。它们有许多繁殖和扩散的方式，能忍受暴晒的阳光、裸露的地面、近距离被啃食以及不断地被踩踏。例如，它们的籽常常有倒钩，能钩在过往牲畜的毛皮上，或非常坚硬，不能被牲畜的肠胃消化，于是被排泄在旅途中更远的某个地方。当这些牲畜下个季节回来觅食时，这些种子已经长成了草。当饲养员出来寻找他的牲畜时，它们也在那里，而且非常健康。

南美牧人和大群欧洲四足动物使当地植物群遭受美洲羊驼和鸵鸟在全盛期都不曾造成的严重破坏，欧洲牲畜通过蹄子和牙齿，把"高草牧场"变成"柔软、现代的牧场"。[34]菲力克斯·德·阿萨拉当时正好目睹了南美大草原发生的这一幕。托马斯·巴德（Thomas Budd）也见证了这一变化。他在17世纪的宾夕法尼亚写道："不用犁地，仅仅在地上撒一小粒英国干草籽，然后在上面放牧绵羊。用不了多久，英国草就会蔓延，覆盖整个地

289

面。"[35]在新南威尔士，殖民者不断地砍伐树木，很快让土生草暴露在烈日下，加上牲畜快速地啃食当地禾本科植物和非禾本草本植物，以致悉尼附近的袋鼠草在白人来临几十年后便绝迹了。只要有裸露的土地，无论是人工种植还是自然播种的欧洲植物就会四处蔓延。[36]在新西兰，欧洲杂草的传播似乎越过了白人开垦的边疆。1882 年，博物学家威廉·科伦索在七十英里森林一个茂密而人迹罕至的地方偶然发现了一种牛蒡——只有一株，"惊奇地盯着它，就像鲁滨逊·克鲁索在沙滩上发现了一只欧洲人的脚印一样!"他没有破坏它，直到第二年春天才返回此处。那时野牛已经进入这个地区，把这种植物黏糊糊带刺的种子带得到处都是，结果长出了数百株牛蒡："四英尺高，浓密茂盛，生机益然，几株长在一起就会挡住行人的去路。"[37]

旧大陆的杂草和旧大陆的食草动物在新欧洲扩张之后，这两者的共同进化为杂草提供了一个特殊的优势，最重要的是，这些植物一直和旧大陆的农业共同发展。犁作为一项旧大陆的发明，是一种具有破坏性，甚至残暴的工具，正如哥伦比亚河谷的美洲印第安人先知斯莫哈拉（Smohalla）认为的那样："你要我犁地。我会拿刀子去割裂我母亲的胸膛吗?"[38]自从犁于 6000 年前在美索不达米亚问世以来，[39]杂草开始适应犁下的生活，把自己伪装成小麦、亚麻和其他旧大陆的作物，藏身于它们的种子和穗子中。当欧洲农夫涌入新欧洲时，他们的杂草也紧随其后。

北美大平原地区是旧大陆杂草在新欧洲大获成功的一个最神秘的例外，就像它对野生四足动物在新欧洲所取得的成就来说是个例外一样。这片草原上的土生植物经受住了欧亚大陆的几千万头北美野牛数百代的放牧压力。在那里，这些野牛一直生活到了后航海者时代。它们与土生禾本科植物和非禾本草本植物形成了牢固的伙伴关系，相互支持，使彼此繁衍不息，共同抵御任何外来植物的大量入侵。欧洲牲畜和草类在新石器革命以来最初的几千年里在温带地区取得了一个又一个胜利，但它们却在那里停滞不前。那里大多数地区的气候，夏天过于炎热，冬天过于寒冷，对许多欧洲植物来说，气候总体上过于干燥。而北美野牛和它们的植物伙伴占了很大的地主优势。直到它们生物群落的统治者携带来福枪大批涌入之前，这些入侵植物的进展十分缓慢。美国内战后，成群的旧大陆步枪手进入大平原，灭绝了北美野牛，从而消除了当地生物群落中一个关键因素。随着北美野牛的消失，大平原上的美洲印第安人也丧失了独立生活及抵抗新秩序的能力。旧大陆的牧场主和农夫，牛和绵羊迅速涌入大平原。一些苏族妇女的生活方式像陶罐般被打碎了，被迫卖淫。性病细菌乘机而入，极大地降低了苏族的出生率，从而使这块土地变得对外来生物更安全。白人和黑人、牛、猪和马以及小麦和它的杂草欣欣向荣，在房前屋后、谷仓和饮水槽周围，旧大陆的大小老鼠，禾本科植物和非禾本草本植物也是如此。

　　从另外一个角度来看，生物旅行箱成员之间的合作关系也许对我们有益。与新欧洲的生物相比，旧大陆的生物本身很少有或根本没有优良之处。事实上，"优良"在这个语境里是个毫无意义的词语，除非指一种生物适应某个特定的生态系统而另一种不能。当竞争发生在本土环境时，旧大陆的生物几乎总是更为"优良"。因此只有极少数的新欧洲杂草、害虫和病原菌适应了旧大陆的环境，而生物旅行箱在任何欧洲化的殖民环境里都可以取得成功。

　　在这里，"欧洲化"该作何解释？它指的是一种持续瓦解的状态：犁过的土地、夷为平地的森林、过度放牧的牧场、烧毁的大草原、荒弃的村庄和扩展中的城市，以及一直独立进化的人类、动物、植物和微生物突然进入亲密接触。它指的是一个快速变化、持续很短的世界。所有门类的杂

291

292

草在这个世界里都茁壮成长，而其他生活型只能在附属的飞地或特别的公园里才能大量地找到。当欧洲人到来时，一些新欧洲的土生植物已经被归入杂草之列，因为每个生物群落都有一些生活型适应利用其他生活型的不幸而发展，而且这些生活型自从航海者到来后处在不断的地理扩张中。在新西兰，外来牲畜觉得不合胃口的土生植物却在荒废的丘陵牧场大量蔓延。[40]但这个例子是以下规律的一个例外：从这个词的最广义上说，杂草比其他物种更能体现以往受到旧大陆新石器时代影响地区的生物群落的特征。

我们需要一个具体的例子：在原始的澳大利亚，被称为蒲公英的杂草本来很可能已经消亡得只剩下很少一部分，甚至绝迹，就像被古斯堪的纳维亚人带到文兰的杂草一样。对此我们永远不得而知，因为那个澳大利亚的存在不到两百年。当蒲公英可以说是在另外一块大陆上蔓延时，这块大陆上有欧洲人和他们的植物、细菌、绵羊、山羊、猪以及马，而且已经被这些生物彻底改变。在那个澳大利亚，蒲公英比袋鼠有一个更安全的未来。

与土生的旅鸽相比，北美的旧大陆家雀和八哥可能是个更生动的例子。19 世纪早期，无论在北美洲哪里（或新欧洲其他任何地方）都没有这两者，而旅鸽则数以 10 亿计。这里所说的家雀和八哥生活在欧洲有人居住的城乡，并不生活在野外。它们生活于树林和孤立的矮树灌木丛边以及耕地和牧场附近，以垃圾、废弃物和大型动物带籽的粪便为食。它们是非常适应旧大陆人性化环境的鸟类——甚至连它们的肉也不适合人类的胃口。旅鸽现在已经绝迹。它们过去生活在茂密的森林里，主要以橡树果为食。随着带有火把、斧子和牲畜的欧洲拓荒者不断向前推进，北美洲变得越来越适合麻雀和八哥而非旅鸽生活。欧洲化的地貌使旅鸽分散而居，这显然让它们难以持续繁殖，而且新欧洲人很喜欢食用它们的肉——就好像他们的牲畜喜欢土生草一样（那些草太娇嫩，也不习惯在这样的压力下繁殖）。因此，正如在所有新欧洲地区一样，现在几千万只麻雀和八哥生活在北美洲，而旅鸽则彻底绝迹了。[41]

生物旅行箱及其占统治地位的成员即欧洲人的成功，是长期以来在进化冲突和合作的不同生物作为一个团队共同努力的结果。这个生物旅行箱借助帆船和马车在海外取得成功至关重要的那段共同进化发生在旧大陆新石器革命期间和之后，而这场多物种革命的余震至今仍在深刻影响着整个生物圈。

第十二章

结论

阡陌纵横、盛产粮食的大地！

煤和铁的大地！黄金的大地！棉花、糖料、稻米的大地！

小麦、牛肉和猪肉的大地！羊毛和大麻的大地！苹果和葡萄的大
地！

世界牧场和草原的大地！空气新鲜、一望无际高原的大地！

牧群、花园和宜人的土坯房舍的大地！

——沃尔特·惠特曼（Walt Whitman）："从巴门诺克开始"
（Starting from Paumanok）

在上一章，我用比喻描述了第一批到达美洲和澳大拉西亚的土著人以
及第二批到达的欧洲人和非洲人所分别扮演的角色。在我看来，美洲印第

安人、澳大利亚土著人和新西兰毛利人就像是突击部队——海军陆战队
——抢占滩头阵地，为第二批人的到来扫清道路。他们主要依靠步行：美
洲印第安人可能完全如此；澳大利亚土著人倚重双脚，只有几段时间在印
度尼西亚群岛间划桨穿梭；毛利人只能乘船。对这个比喻（请注意是比喻，
不是定理）再进行详细阐述，把第二批人分为连续两拨人也许对我们很有
帮助。我们也许可以把到达新欧洲的两拨人中的第一拨当作陆军（主要是
那些在大航海时代到来的人），配备有重型设备、广泛的后勤保障以及更多
兵力去接替海军陆战队。这支军队的成员携带武器，身经百战，并在严格
的约束下度过了他们人生大部分或全部时光。众所周知，第一批美洲黑人
是奴隶。但鲜为人知的是，美国独立战争之前移民北美的白人中有二分之
一到三分之二是契约佣工。他们签订契约，用最长可达七年的人身自由换
取前往新大陆的旅费。直到 1830 年，移民澳大利亚的绝大多数人还是囚
犯，只有新西兰是新欧洲中唯一由自由劳工建立的国家。[1]

　　紧接着大批来到新欧洲的旧大陆人几乎全是欧洲人，他们主要乘汽船
漂洋过海。我认为他们整体上是平民移民，因为他们是来收获以前入侵的
成果，而不是自己来发动侵略。他们来时没有携带武器，也没有多少超越
亲属关系的社会组织。除极少数情况外，他们都是作为自由、独立的个体
而来。他们以史无前例的数量涌入：1820—1930 年，超过 5000 万的移民跨
越大洋来到新欧洲。[2]

　　这 5000 万人之所以背井离乡，是因为身后的推动力——欧洲人口在增
长，但耕地面积却没有扩大——同时，19 世纪中叶蒸汽动力在远洋航行中
的运用，使海外旅程比以前任何时候都更安全和便宜。但这些移民的信念
也是一个推动力。他们深信，在泛古陆裂隙外的陌生土地上，他们的命运
会比在家乡更好。

18 世纪中叶，白人的澳大利亚和新西兰依然是一个未来时，欧洲人、他们的农业以及他们的动植物在北美显然进展得很好。殖民成功最强有力的证据可能是旧大陆人口在北美洲极高的自然增长率。18 世纪 50 年代早期，本杰明·富兰克林（Benjamin Franklin）曾自豪地写到，北美洲已经有了 100 万英国人，虽然其中仅有 80 000 人是从欧洲移民而来。到 18 世纪末，托马斯·马尔萨斯（Thomas Malthus）试图寻求在最佳条件下人类最快增长的证据。他把目光投向英属北美的北部殖民地，因为在那里，"贫困和罪恶"这两大抑制人口增长的因素似乎并不起作用。例如在新泽西，"截止 1743 年，每七年之间人口的出生和死亡平均比例为 300∶100。而在法国和英国，这一比例最高却是 117∶100。"[3]从弗吉尼亚到佐治亚的南部各殖民地，即位于新英格兰和中部殖民地这块凉爽有益健康的地区与西印度群岛炎热、潮湿的不利于健康的地区之间，统计数字并没有这么令人欢欣鼓舞。但总的来说，英属北美是一个令人瞩目的成功。

297　　伊比利亚南美大草原在 18 世纪末算不上失败，但也没有人会称它为成功典范。当地人口稀少而且增长得非常缓慢，一个具有丰富自然资源的社会却停滞不前。1790 年，受雇于西班牙的意大利航海家亚历山大·马拉斯皮纳（Alejandro Malaspina）对此现象非常恼火，把它归咎于当地人的主观原因：他们缺乏道德和自制力。[4]如果确实如此，那是因为南美大草原的大部分地区还未得到开发。布宜诺斯艾利斯城比费城早开发一个世纪，却比这个宾夕法尼亚首府更靠近边疆。南美大草原上数量庞大的牛和马为不友善的美洲印第安人提供食物，也吸引当地西班牙和葡萄牙国王的很多臣民回归以往骑马狩猎和采集的生活方式。南美牧人更像是澳大利亚的丛林居民，而不像是澳大利亚的牧民。尤为讽刺的是，这些轻而易举就可以获得的欧洲牧群却抑制了欧洲家庭甚至文明的发展。生物旅行箱中的牲畜和饲料植物的过度成功反而阻碍了人类社会成员的发展。另外，西班牙帝国几十年来的政策使南美大草原隶属于帝国的其他管辖区，这让它成为了一个经济、社会和文化落后的地区，强化了其生物独特性。[5]但对马拉斯皮纳和其他任何人来说，显然没有必要让南美大草原的欧洲社会永远滞后发展。数百万茁壮成长的欧洲动植物表明，这是一块注定会变得至少像北美洲那样欧洲化的土地。

欧洲生态帝国主义在美洲的成功是如此辉煌，以致于欧洲人开始想当然地认为，无论在哪里，只要气候和疾病环境不是特别恶劣，相似的胜利就会接踵而至。库克船长在新西兰短暂停留后就预言到，欧洲殖民地的开拓者在那里会有一个光明的未来。约瑟夫·班克斯是随他一起航行的科学家之一。当议会委员会询问班克斯对澳大利亚作为殖民地的看法时，他回答说，新南威尔士的殖民者"必定会增加。"至于这些殖民者可能会对母国带来什么可能的好处时，他认为他们将成为所生产商品的新市场；而比整个欧洲都大的澳大利亚必定会"提供丰厚的回报。"[6]肯定吗？这太自大了！丰厚的回报？那会是什么呢？当然，他单纯乐观的看法完全正确。

暂且不说短暂的淘金热，即将把库克、班克斯等人的预言变为现实的欧洲移民被吸引到海外这些殖民地是由于三个因素：首先，这些地区必须有温和适宜的气候，因为移民们想去那些在生活方式上比家乡更为欧洲化和舒适的地方，而不是去那些更不像欧洲的地方。其次，想要吸引大量的欧洲人，一个国家必须可以生产欧洲市场需要的商品，例如牛肉、小麦、羊毛、皮革和咖啡等，或明确显示有这样的潜力，并且当地居民的数量必须很小而不能满足这一劳动力需求。因此19世纪有那么多欧洲人不断地涌入富饶的北美洲、澳大拉西亚、巴西南部，特别是咖啡种植园像雨后春笋般冒出的圣保罗，以及更南部凉爽的农牧业省份。[7]他们大量涌入南里奥格

298

兰德、乌拉圭和阿根廷的南美大草原，把美洲印第安人和非洲人可能存在的所有痕迹擦除得一干二净。埃塞基耶尔·马丁内斯·埃斯特拉达（Ezequiel Martínez Estrada）说，多山的智利"也许是这个星球上地质构造和地理位置最为糟糕的国家，就像在两块石头缝隙里发芽的一株植物。"它生产不了几种在数量或价格上符合欧洲需要的东西。1907 年，它的人口中只有 5% 是在国外出生的，而在南美大草原这一比例超过 25%。[8]

299 　　另外一个因素则是个人的愿望和本能的驱使。19 世纪的农夫也许渴望政治和宗教自由，也许没有，但他们肯定渴望免于饥饿的自由。自古以来，饥荒和对饥荒的恐惧在他们祖先的生活中司空见惯。在古代欧洲，粮食短缺经常是地区性的，却非常致命，因为当时的分配制度很落后。至于大范围粮食短缺，18 世纪在欧洲农业最富裕的法国就发生了 16 次。饥饿和周期性的粮食匮乏是当时生活的一部分，而穷人甚至选择杀死婴儿来维持食物供应和人口之间的平衡。[9]在农夫简陋的童话故事中，胜利而归的英雄得到的奖赏未必是牵手公主，或是成堆的黄金，但总是会有大量的美食。在一个故事里，婚宴的高潮是，烤猪两边插着叉子，四处奔跑起来，以便渴望蛋白质的客人享用。[10]

　　对欧洲的农夫而言，大洋彼岸的土地就像一头架在炙热的余烬上烧烤的牛，非常诱人。在北美洲，除了在定居的开始几年、战时或遭遇大自然灾害外，饥荒一般不会发生。[11]在 19 世纪中叶欧洲的土豆饥荒中，100 万爱尔兰人死于饥饿和疾病，而在南美大草原的爱尔兰劳工，除了能吃到肉外，每天还能挣 10—12 先令。[12]19 世纪 60 年代在新西兰南岛牧羊的塞缪尔·巴特勒（Samuel Butler）描绘了一幅天堂般的殖民地生活景象。一两年后，他对那些有可能来这里定居的人说：你们会有奶牛和大量的黄油、牛奶和鸡蛋。你们将会有猪，而且如果你们愿意的话，还会有蜜蜂和大量的蔬菜。

事实上，你们依靠土地本身的肥力就可以生活，几乎不用花费什么气力，也几乎不用花什么钱。[13]

一个移民只需要带上点资金并祈求交上好运就能在仅仅一两年里过上 300
那种幸福的生活。数千万的欧洲人心怀这样的愿景而穿越泛古陆裂隙。安东尼·特罗洛普 19 世纪 70 年代就在澳大利亚，他把移民澳大拉西亚背后的原因概括为一句话："这些劳工，无论他们做什么工作，在殖民地一日三餐都能吃得到肉，而在家乡普遍没有肉吃。"[14]

上面说到的肉不是烤美洲赤鹿或澳大利亚袋鼠，而是羊肉、猪肉和牛肉。到达新欧洲后，无论是在北半球还是在南半球，很多移民一开始时很不适应所吃到的非欧洲食物，如浣熊、负鼠、甘白薯以及常见的玉米。但经过一段时间后，在所有地区，他们就能够回归以旧大陆主食为特点的饮食。在北美洲，来自旧大陆的先驱者喜欢食用玉米长达两个世纪之久，但即使在那里，小麦面包最终还是取代了玉米面包。这种变化是可以预见的：克雷夫科尔在他的杰作《一位美国农夫的来信》（1782 年）中以肯定的方式提到的每一种动植物以及食物都源于欧洲，当然除了旅鸽这个突出的例外。

正因为如此，从 19 世纪 40 年代直到第一次世界大战期间，欧洲人纷至沓来，形成了最大的人类越洋移民潮，很可能在未来依旧难以望其项背。这场如同海啸般的白人移民潮始于食不果腹的爱尔兰人、雄心勃勃的德国人和英国人。英国人虽然从来没有达到像其他民族那样的移民潮，但怀有抑制不住的渴望要离开家乡。斯堪的纳维亚人接着也加入了这股移民浪潮，然后到了 19 世纪末，是南欧和东欧的农民。意大利人、波兰人、西班牙人、葡萄牙人、匈牙利人、希腊人、塞尔维亚人、捷克人、斯洛伐克人和德系犹太人——第一次获得海外充满机遇的信息，借助铁路和汽船等交通 301

方式，告别过去贫穷的生活——涌入欧洲的港口，穿越泛古陆裂隙，来到对于他们的祖辈来说同中国一样陌生的土地上。俄国从 19 世纪 80 年代到第一次世界大战之间，向西伯利亚输入 500 万移民，向美国则是 400 万人。[15] 这几百万移民似乎意识到机遇的大门已经打开，而它不会永远敞开。

　　这 5000 万移民中，美国接收了三分之二，比其他国家的接收比例都高。前往其他国家的移民后来很多返回欧洲或前往别处，一般是去美国。这股移民潮永远地改变了美利坚合众国，为它中北部的边疆地区提供农夫，为新兴的工业革命提供需要的劳动力。这些移民，特别是从南欧和东欧来的"新移民"永久地改变了美国东海岸的大城市。今天，许多从西北欧来的"老移民"的后代会发现，纽约、匹兹堡和芝加哥具有异国风情，几乎很陌生，因为在这些地方随处可见意大利卤汁面和波兰烟熏红肠。阿根廷接收的移民比美国少，1857—1930 年，大约有 600 万，其中还有很多后来离开又去了别处，但移民对阿根廷的影响更大。在第一次世界大战即将爆发前夕，30% 的阿根廷人口是在外国出生的，而美国大约只有这个比例的一半。[16] 外来移民改变了南美大草原。爱尔兰和巴斯克人在牧羊方面处于领先水平，因此羊毛在 19 世纪 80 年代成为了阿根廷最重要的出口产品。意大利佃农犁耕草原，将其变成小麦地，到 19 世纪末，他们的新家阿根廷已成为世界上最大的盈余谷物出口国之一。[17] 巴西在 1851—1960 年吸收移民550 万，其中约有 250 万留了下来。他们大多数聚居在巴西南部正好从南回归线以北的里约热内卢到乌拉圭之间的地带。乌拉圭虽然面积小，但也接收了超过 50 万的欧洲人，加剧了它的欧洲化特点。[18] 在 1815—1914 年，400万欧洲人移民到加拿大，法国人仅占很少数。虽然大批人继续迁往别处，但那些留下来的人足以使这个国家英国化。这样从 19 世纪中叶开始，新法兰西缔造者的后裔们在他们自己的土地上反而成了苦恼的少数民族。[19] 从 19

世纪中叶直到第一次世界大战期间，成千上万的人移居澳大拉西亚，其中绝大多数来自不列颠群岛，从而确立了这个位于地球另一端的新欧洲地区成为新不列颠。新西兰基本上一直如此。但是自从第二次世界大战以来，就人口比例而言，澳大利亚所接收的移民比其他任何国家都多，除了以色列之外。今天，意大利卤汁面和波兰烟熏红肠在悉尼几乎就像在纽约市一样容易找到。[20]

欧洲人越过泛古陆裂隙迁移到新欧洲的影响不仅局限于那些移入地区。随着欧洲摆脱了数百万离去人口的压力，已经在猛增的人口——实际上，它的增长是欧洲人大量移民的身后推动力——继续增长。而这些移民一旦到了海外，会为欧洲工业提供新的市场、新的原材料来源和新的繁荣，帮助维持这种人口增长。1840—1930 年，欧洲的人口从 1.94 亿增长到 4.63 亿，是世界其他地区人口增长率的两倍。在新欧洲，人口数量的增长速度达到前所未有的地步，或至少史无记载。1750—1930 年，新欧洲的总人口几乎增长了 14 倍以上，而世界其他地区的人口只增长了 2.5 倍。[21] 由于欧洲和新欧洲的人口爆炸，1750—1930 年，白人的数量增加了 5 倍以上，而亚洲人只增加了 2.3 倍。非洲人和美洲黑人数量增加了不到两倍，尽管美国的黑人从 1800 年的 100 万增加到 1930 年的 1200 万。[22] 在过去的 50 年里，白种人过去超过其他人种的激增在很大程度上被其他人种缓慢却极大的增长抵消了，但那个激增仍然是人口历史上最大的偶发事件之一。白人获得的3000 万平方公里的土地既是自身人口激增的原因，也是自身人口激增的结果。这些土地今天依然掌握在他们手中，少数民族认为这个局面是永久的。

19 世纪，新欧洲的人口剧增不仅因为外来移民，还因为他们的常住人口正享受着这些国家从未有过的最高自然增长率。人口死亡率非常低，而且用旧大陆的标准来衡量，食物既丰富又美味。新欧洲人繁衍不息，生养众多，这让他们非常感恩。18世纪和19世纪初在北美洲，新欧洲人的出生率创有史记载以来最高记录之一，达到了每年50‰—57‰。[23] 19世纪60年代在澳大利亚，人口出生率为40‰左右，而在阿根廷，移民首次大批进入南美大草原，人口出生率约46‰。[24]在澳大利亚，1860—1862年的死亡率为18.6‰，出生率为42.6‰，每年的人口自然增长率为24‰。相比之下，英格兰和威尔士的人口自然增长率为13.8‰，而这些地方的人口当时被认为正在快速增长。[25]直到19世纪70年代，新西兰的帕基哈人还保持着相似的高出生率和自然增长率。[26]

304　　　在我们看来，那时新欧洲人口中青年人的数量过于庞大，这也有助于解释其高出生率和低死亡率的现象，但事实不完全是这样。除了北美洲外，他们也有男多女少比例极不平衡的人口问题。这常常会增加死亡率，无疑也降低出生率。的确，人类在新欧洲的生存优越性——对新近到达的移民来说——才是他们高自然增长率的最重要因素。

　　　如果那些比率得以保持，新欧洲在很多代以内不可能出现人口稀少的现象。达尔文比那些欣赏却没有拜读过他著作的人所了解的更幽默。他预测，如果美国人口继续以曾经在1860年达到3000万的速度增长，那么它将"在675年后覆盖整个地球的水陆表面，稠密到每平方码的面积上要站四个人。"[27]一个世纪后，这个笑话让我们觉得有些言过其实。如果新欧洲人占满了他们的土地，吃光了他们的粮食，谁来养活这个世界？幸运的是，19世纪人口的自然增长率很快就降了下来。一是移民人口的金字塔逐渐朝着正常的年龄分布发展，青年人逐渐衰老以致死亡。二是随着生活和城市化水平的提高，新欧洲人确信，孩子很少会在成年之前夭折，大家庭是富裕的敌人而不是盟友，因而出生率下降了。新欧洲的死亡率位居全世界最低之列，但出生率也是。新欧洲的自然增长率很低，这样新欧洲生产的大量粮食才可供出口。

　　新欧洲不论就整体还是个体而言对世界都很重要，比它们的面积、人口甚至财富所显示的更重要。它们的农业产量巨大。随着世界人口接近并将突破 50 亿，新欧洲攸关很多亿人的生存。生产力高的原因包括其农夫和农业科学家毋庸置疑的精湛技术，另外还有几个需要解释的幸运的环境因素。新欧洲无一例外拥有大片具有很高光合作用潜力的地区，充足的太阳能即阳光可以帮助把水和无机物转化成食物。热带地区的光照资源当然极其丰富，但比人们可能想象中的要少，因为潮湿的热带地区常常浓云密布、雾气弥漫而且昼长全年不变。热带地区没有漫长的夏日。以上这些因素，再加上热带害虫、疾病和土壤贫瘠等的影响，导致热带地区的农业发展潜力不及温带地区。而且大多数最善于利用热带强烈日照的作物所含蛋白质都太少，如甘蔗和菠萝。而缺乏蛋白质，营养不良就在所难免。至于世界其余地区的农业潜力，两极地区由于明显的原因而毫无价值。南纬 50° 到南极圈之间的区域几乎全被水覆盖。另一方面，北纬 50° 到北极圈之间的地带，主要是陆地。因为它的夏天白昼很长，通常阳光灿烂，因此这些陆地有很高的光合作用潜力。阿拉斯加和芬兰都能生产巨型蔬菜，比如草莓可以像李子一样大。然而那里的生长季太短，所以世界上很多重要粮食作物没有充足时间长出足够大的叶子来有效利用其丰富的光照资源。

　　从大体上看来，地球表面光合作用潜力最丰富的地带位于热带和南北纬度 50° 之间。那里多数需要八个月生长季的粮食作物都生长茂盛。在这些地域范围里，拥有肥沃土壤、最充足光照以及我们主要作物所需水量的地区——换句话说，世界上最重要的农业区——包括美国中部、加利福尼亚州、澳大利亚南部、新西兰以及由法国西南部和伊比利亚半岛西北部各占一半构成的欧洲楔形地区。除了欧洲楔形地区，所有这些地区都位于新欧

305

306

洲。新欧洲其余的许多地区，如南美大草原或加拿大的萨斯喀彻温省，在光合作用资源方面几乎同样丰富，如果从实际而不是从理论上来讲，它们的生产力也同样高。[28]

正如我在序言里所说的，1982 年世界上所有农业出口的总值为 2 100 亿美元。其中美国、加拿大、阿根廷、乌拉圭、澳大利亚和新西兰就占了 640 亿美元，或 30% 多一点。它们所占世界最重要的出口作物小麦的份额更大。1982 年，在价值 180 亿美元的过境小麦出口中，新欧洲就占了约 130 亿美元。[29]新欧洲所占世界谷物出口的份额——实际上，仅北美洲所占份额——比中东地区在石油出口中所占的份额高。[30]

世界上其他地区主要依赖新欧洲粮食的人数庞大得也许令人害怕。而且随着世界人口的增长，这样的人数似乎有增无减。这不是一个新趋势：加速的城市化、工业化和人口增长迫使大不列颠几乎在一个半世纪前就放弃了自给自足的希望。1846 年，英国废除《谷物法》，取消了所有外国谷物的进口关税。20 世纪初，每年英国农夫生产的小麦只够大不列颠维持八个星期。在两次世界大战中，潜艇封锁阻碍了它前往新欧洲的通道，差点让英国因为饥饿而战败。19 世纪，英国进口的大量谷物来自沙皇俄国。但迫使英国接受对他国粮食依靠的人口和经济等诸多因素，从此也同样对共产主义俄国产生了影响。20 世纪 70 年代，苏联开始从新欧洲购买数量巨大的谷物，今天仍然这样。第三世界也日益转向新欧洲进口粮食。[31]常常无视意识形态以及也许良好的判断力，越来越多的人正逐渐依靠世界上遥远地方的陌生白人生产出售的粮食。很多人不得不受制于新欧洲的坏天气、虫害、疾病、不稳定的经济、政治以及战争等的可能不良影响。

新欧洲人肩负的责任要求他们在生态和外交方面必须练就前所未有的精明老练：先进的农业技术和卓越的外交才能，再加上崇高的精神。人们想知道，新欧洲人对这个世界的了解是否能够应对人类和生物圈目前面临的挑战。这种认识是他们基于一到四个世纪的富足经历而形成的。那是一段独一无二的历史时期。我并没有说这种富足分配均衡。穷人在新欧洲还是穷人，而兰斯顿·休斯（Langston Hughes）唠叨的问题"当美梦延期到达 一切将会怎样？"还在一直被念叨。但我确实认为，新欧洲人几乎普遍相信，每个人都可以也应该获得极大的物质富裕，尤其是在饮食方面。在基督时代的巴勒斯坦，面包和鱼肉的倍增是一种奇迹，而在新欧洲，这是意料中的事。

美洲和澳大拉西亚曾经两次意想不到地造福人类，一次是在旧石器时代，另外一次是在过去的 500 年里。在全新世开始的几千年里，第一次进 308 入这些泛古陆裂隙较小板块时人类所获得的优势基本上被耗尽。今天，我们正利用第二次进入带来的优势，但普遍的水土流失、土壤肥力下降和依靠新欧洲土地生产力人数的快速增长提醒我们，这些红利是有限的。我们需要某种与新石器时代同样的创造力，即使做不到这一点，至少也应该有一个智慧的飞跃。

附录

1789 年出现在新南威尔士的"天花"究竟是什么？

正如它的影响所证明了的，1789 年突然侵袭澳大利亚土著人的疾病对他们来说毫无疑问是全新的，看起来以前不可能经常在他们的大陆盛行。但它是天花吗？天花是由天花病毒引起的一种烈性传染病，在人类或其他物种身上没有潜伏期——它只会流行，不会潜伏。甚至存在于受害者脓疱结痂中的天花病毒也会很快死掉，不会出现孢子状态那样的情况。因此，肯定是英国人带来了它。但他们不可能做到这一点——根据记载以及我们对这个疾病的认识，他们没有携带它。1789 年，无论是在公海上的英国第一舰队，还是在新南威尔士水域巡航的法国船只，都不存在天花活跃的病例。事实上，没有任何书面记载表明，1788 年或 1789 年任何在新南威尔士及其附近的船只上有这种疾病。这样的证据由于完全是负面的，所以通常不会有多大价值。但天花是一种可怕的疾病，当时新南威尔士及其附近的欧洲人十分清楚它的危害。如果他们中有一人或很多人感染了天花，却没有人想起在信件、日记或报告中提及它，那确实就太奇怪了。[1]

白人殖民者没有人染上该病，这一点并不令人吃惊，因为他们很有可能已经在欧洲就对这种"儿童疾病"产生了免疫力。但是很多白人孩子在悉尼出生，同样没有一个染上该病，即便在该殖民地居住的澳大利亚土著人中确有活跃病例。1789 年，唯一在悉尼感染上此病的非澳大利亚土著人是位来访船只上的海员。他是来自北美的美洲印第安人，这一点可能十分重要。他最后死于该病。[2]

这种疾病也许是天花，但却由造访澳大利亚最北部的马来海员传入。也许很巧合的是，比如说，携带天花的他们正好在海边碰上了英国人。也许它不是天花，而是水痘，一种有潜伏期的脓疱疾病。在今天，水痘会被认为是一种小病，不过严重的病例常会导致肺炎甚至死亡。[3]对一个像澳大利亚土著人这样的种族，因为以前从未接触过它或相关病毒性传染病，它的危害可能要比在经历过流行病的人口中更为严重。

不过水痘和天花的传染性几乎一样大。为什么个体上与澳大利亚土著人一样没有免疫经验的白人孩子，却没有感染上它呢？也许生病的澳大利亚土著人被隔离了。也可能是因为白人孩子还很小，他们母亲血液和母乳中所含的抗体还能保护他们。或者他们纯属走运，结果让所有的分析（尤其是那些复杂的分析）土崩瓦解。还有可能面对某种于欧洲人来说微不足道以致他们从来没有注意到的传染病，与世隔绝了数千年的澳大利亚土著人缺乏或者根本没有一点免疫力。如果是这样的话，那么无论"天花"首先出现在哪里，我们都将不得不重新审视它。

311

注　释

第一章　序言

1 The statistics for this brief discussion come from *The New Rand McNally College World Atlas* (Chicago: Rand McNally, 1983), *The World Almanac and Book of Facts*, 1984 (New York: Newspaper Enterprise Association, 1983), *The Americana Encyclopedia* (Danbury, Conn.: Grolier, 1983), and T. Lynn Smith, *Brazil, People and Institutions* (Baton Rouge: Louisiana Press, 1972), 70.

2 *Food and Agricultural Organization of the United Nations Trade Yearbook*, 1982 (Rome: Food and Agricultural Organization of the United Nations, 1983), XXXVI, 42-4, 52-8, 112-14, 118-20, 237-8; *The Statesman's Year-book*, 1983-84 (London: Macmillan, 1983), xviii; Lester R. Brown, "Putting Food on the World's Table, a Crisis of Many Dimensions," *Environment* 26 (May 1984): 19.

3 *The World Almanac and Book of Facts*, *1984* (New York: Newspaper Enterprise Association, 1983), 156.

4 For purposes of this book, I shall define North America as that part of the continent north of Mexico.

5 Colin McEvedy and Richard Jones, *Atlas of World Population History* (Harmondsworth: Penguin Books, 1978), 285, 287, 313-14, 327; Robert Southey, *History of Brazil*

(New York: Greenwood Press, 1969), III, 866.

6 Huw R. Jones, *A Population Geography* (New York: Harper & Row, 1981), 254.　　313

7 American buffalo are really bison (buffalo are ox-like animals that live in Asia and Africa), but pedantically accurate terminology in this context would only lead to confusion.

8 Joseph M. Powell, *Environmental Management in Australia*, 1788—1914 (Oxford University Press, 1976), 13-14.

第二章　重游泛古陆，再议新石器时代

1 Robert S. Dietz and John C. Holden, "The Breakup of Pangaea," *Continents Adrift and Continents Aground* (San Francisco: Freeman, 1976), 126-7.

2 John F. Dewey, "Plate Tectonics," *Continents Adrift and Continents Aground*, 34-5.

3 Björn Kurtén, "Continental Drift and Evolution," *Continents Adrift and Continents Aground*, 176, 178; Charles Elton, *The Ecology of Invasions by Animals and Plants* (Great Britain: English Language Book Society, 1966), 33-49.

4 E. C. Pielou, *Biogeography* (New York: Wiley, 1979), 28-31, 49-57.

5 Peter Kalm, *Travels into North America*, trans. John R. Forster (Barre, Mass. : The Imprint Society, 1972), 24.

6 Wilfred T. Neill, *The Geography of Life* (New York: Columbia University Press, 1969), 98, 104.

7 Brace C. Loring, *The Stages of Human Evolution*, 2nd ed. (Englewood Cliffs, N. J. : Prentice-Hall, 1979), 54, 59, 61, 68.

8 Loring, *Stages of Human Evolution*, 76-7; Bernard G. Campbell, *Humankind Emerging* (Boston: Little, Brown, 1976), 248; David Pilbeam, "The Descent of Hominoids and Hominids," *Scientific American* 250 (March 1984): 93-96.

9 Loring, *Stages of Human Evolution*, 78.

10 Campbell, *Humankind Emerging*, 383-4; Loring, *Stages of Human Evolution*, 95.

11 A. G. Thorne, "The Arrival and Adaptation of Australian Aborigines," *Ecological Biogeography of Australia*, ed. Allen Keast (The Hague: Dr. W. Junk, 1981), 178-9; D. Merrilees, "Man the Destroyer: Late Quaternary Changes in the Australian Marsupial Fauna," *Journal of the Royal Society of Western Australia* 51 (Part I 1968): 1-24; D. Mulvaney, "The Prehistory of the Australian Aborigine," *Avenues of Antiquity*, *Readings from the Scientific American*, ed. Brian M. Fagan (San Francisco: Freeman, 1976), 84; Geoffrey Blainey, *Triumph of the Nomads*, *A History of Aboriginal Australia* (Woodstock, N. Y. : Overlook Press, 1976), 6, 16, 51-66.

314   12 Paul S. Martin, "The Discovery of America," *Science* 179 (9 March 1973): 969; James E. Mosimann and Paul S. Martin, "Simulating Overkill by Paleoindians," *American Scientist* 63 (May-June 1975): 304; Paul S. Martin and H. E. Wright, eds. , *Pleistocene Extinctions*, *the Search for a Cause* (New Haven: Yale University Press, 1967), passim.

13 Francois Bordes, *The Old Stone Age* (New York: McGraw, Hill, 1968), 218.

14 *Encyclopaedia Britannica*, 11th ed. (Cambridge University Press, 1911), II, 348-51; XIX, 372; Gordon V. Childe, *Man Makes Himself* (London: Watts & Co. , 1956), passim.

15 Hereafter I shall refer to the indigenes of Australia simply as Aborigines, never using the word for other peoples.

16 Juliet Clutton-Brock, *Domesticated Animals from Early Times* (Austin: University of Texas Press, 1981), 66-8.

17 Clara Sue Kidwell, "Science and Ethnoscience: Native American World Views as a Factor in the Development of Native Technologies," *Environmental History*, *Critical Issues in Comparative Perspective*, ed. Kendall E. Bailes (Lanham, Md. : University Press of America, 1985), 277-87; Lynn White, Jr. , "The Historical Roots of Our Ecologic Crisis," *Science* 155 (10 March 1967): 1202-7.

18 Mark Nathan Cohen, *The Food Crisis in Prehistory, Overpopulation and the Origins of Agriculture* (New Haven: Yale University Press, 1977), 86-9, 279-84.

19 Clutton-Brock, *Domesticated Animals from Early Times*, 34.

20 Jack R. Harlan, "The Plants and Animals that Nourish Man," *Scientific American* 235 (September 1976): 94-5.

21 Samuel Noah Kramer, *Mythologies of the Ancient World* (Chicago: Quadrangle, 1961), 96-100.

22 Job 39: 19-25; *The New English Bible with Apocrypha* (Cambridge University Press, 1971), 607; Sophocles, *The Oedipus Cycle*, trans. Dudley Fitts and Robert Fitzgerald (New York: Harcourt Brace & World, 1949), 199.

23 Job 1: 2-3, *New English Bible*, 560.

24 Erik P. Eckholm, *The Picture of Health, Environmental Sources of Disease* (New York: Norton, 1977), 195; Paul Fordham, *The Geography of African Affairs* (Baltimore: Penguin Books, 1965), 26, 30.

25 *The Travels of Marco Polo*, trans. Ronald Latham (Harmondsworth: Penguin Books, 1958), 100.

26 Edward Hyams, *Soil and Civilization* (New York: Harper & Row, 1976), 230-72.

27 *Geoffrey Chaucer. A Bantam Dual-Language Book. Canterbury Tales, Tales of Canterbury*, eds. Kent Hieatt and Constance Hieatt (New York: Bantam Books, 1964), 384-5.

28 Robert McNab, ed., *Historical Records of New Zealand* (Wellington: John McKay, government printer, 1908), I, 14-15.

29 Frederick J. Simoons, "The Geographical Hypothesis and Lactose Malabsorption, A Weighing of the Evidence," *American Journal of Digestive Diseases* 23 (November 1978): 964; see also Gebhard Flatz, "Lactose Nutrition and Natural Selection," *Lancet* 2 (14 July 1973): 76-7.

30 Julius Caesar, *Caesar's Gallic War*, trans. F. P. Long (Oxford: Clarendon Press,

315

1911), 15.

31 Genesis 22: 17; Job 1: 2-3, *New English Bible*, 22, 560.

32 D. B. Grigg, *The Agricultural Systems of the World*, *An Evolutionary Approach* (Cambridge University Press, 1974), 50-1.

33 Edgar Anderson, *Plants*, *Man and Life* (Berkeley: University of California Press, 1967), 161-3; James M. Renfrew, *Palaeoethnobotany*, *The Prehistoric Food Plants of the Near East and Europe* (New York: Columbia University Press, 1973), 85, 96, 164-89; Michael Zohary, *Plants of the Bible* (Cambridge: Cambridge University Press, 1982), 92.

34 Proverbs 24: 30-4, *New English Bible*, 778.

35 Samuel Noah Kramer, *The Sumerians*, *Their History*, *Culture and Character* (University of Chicago Press, 1963), 105.

36 I Samuel 5-6; *New English Bible*, 307-8.

37 Frederick Dunn, "Epidemiological Factors: Health and Disease in Hunter-Gatherers," *Man the Hunter*, eds. Richard B. Lee and Irven DeVore (Chicago: Aldine, 1968), 223, 225; Francis L. Black, "Infectious Diseases in Primitive Societies," *Science* 187 (14 February 1975): 515-18.

38 William H. McNeill, *Plagues and Peoples* (Garden City, N. Y.: Anchor/Doubleday, 1976), 40-53.

39 T. A. Cockburn, "Where Did Our Infectious Diseases Come From?" *Health and Disease in Tribal Societies*, *CIBA Foundation Symposium* 49 (*New Series*) (London: Elsevier, 1977), 103-12.

40 Exodus 30: 11-12, *New English Bible*, 95

41 Deuteronomy 7: 15, *New English Bible*, 205

42 McNeill, *Plagues and Peoples*, 69-71; Henry F. Dobyns, *Their Number Become Thinned*, *Native American Population Dynamics in Eastern North America* (Knoxville:

University of Tennessee Press, 1983), 9, 11.

43 James B. Pritchard, ed., *Ancient Near Eastern Texts Relating to the Old Testament*　316
(Princeton University Press, 1969), 394-6.

44 Carol Laderman, "Malaria and Progress: Some Historical and Ecological Considera-
tions," *Social Science and Medicine* 9 (November-December 1975): 587-94.

45 Paul Ashbee, *The Ancient British, a Social-Archaeological Narrative* (Norwich: Geo Ab-
stracts, University of East Anglia, 1978), 70; Richard Elphick, *Kraal and Castle*,
Khoikhoj and the Founding of White South Africa (New Haven: Yale University Press,
1977), 11.

46 *Bede's Ecclesiastical History of the English People*, eds. Beltram Colgrave and
R. A. B. Mynors (Oxford: Clarendon Press, 1969), 311-12; J. F. D. Shrewsbury,
"The Yellow Plague," *Journal of the History of Medicine and Allied Sciences* 4 (Winter
1949): 5-47; Charles Creighton, *A History of Epidemics in Britain* (Cambridge Uni-
versity Press, 1891), 1, 4-8; Elphick, *Kraal*, 231-2.

47 A. E. Mourant, Ada C. Kopec, and Kazimiera DomaniewskaSobczak, *The Distribution
of the Human Blood Groups and Other Polymorphisms* (Oxford University Press, 1976),
maps 1, 2, 3.

48 A. P. Okladnikov, "The Ancient Population of Siberia and Its Culture," *The Peoples of
Siberia*, eds. M. G. Levin and L. P. Potapov (University of Chicago Press, 1956),
29.

49 *Goode's World Atlas*, 12th ed. (Chicago: Rand McNally, 1964), 11-13; James R.
Gibson, *Feeding the Russian Fur Trade, Provisionment of the Okhotsk Seaboard and the
Kamchatka Penninsula*, 1639—1856 (Madison: University of Wisconsin Press,
1969), xvii-xviii.

50 A. P. Okladnikov, *Yakutia Before Its Incorporation into the Russian State* (Montreal:
McGill-Queen's University Press, 1970), 444.

51 Terence Armstrong, George Rogers, and Graham Rowley, *The Circumpolar Arctic*, *A Political and Economic Geography of the Arctic and Sub-Arctic* (London: Methuen, 1978), 24.

52 "Introduction," *Peoples of Siberia*, 1.

53 Peter Simon Pallas, *A Naturalist in Russia*, *Letters from Peter Simon Pallas to Thomas Pennant*, ed. Carol Urness (Minneapolis: University of Minnesota Press, 1967), 60, 64, 86, 87.

54 L. P. Potapov, "The Altays," *Peoples of Siberia*, 311; William Tooke, *View of the Russian Empire* (New York: Arno Press and New York Times, 1970), III, 271-2.

55 Élisée & Reclus, *The Earth and Its Inhabitants*, *Asia*, *I*, *Asiatic Russia* (New York: D. Appleton & Co. , 1884), 357, 360, 396.

56 S. M. Shirokogoroff, *Social Organization of the Northern Tungus* (Shanghai: The Commercial Press, 1933), 208.

57 Shirokogoroff, *Social Organization of the Northern Tungus*, 208; W. G. Sumner, ed. , "The Yakuts," *Journal of the Anthropological Institute of Great Britain and Ireland* 31 (1901): 75, 79-80, 96; Waldemar Jochelson, "The Yukaghir and Yukaghirized Tungus," *Memoirs of the American Museum of Natural History* 13 (1926): 27, 62-8; Waldemar Jochelson, "The Yakut," *Anthropology Papers of the American Museum of Natural History* 30 (1934): 132; Waldemar Bogoras, "The Chukchi of North-eastern Siberia," *American Anthropologist* 3 (January-March 1901): 102-4; Stepan Petrovich Krasheninnikov, *Explorations of Kamchatka, 1735—1741*, trans. E. A. P. Crownhart-Vaughan (Portland: Oregon Historical Society, 1972), 272; Reclus, *Earth and Inhabitants*, *Asia*, I. *Asiatic Russia*, 341; Kai Donner, *Among the Samoyed in Siberia* (New Haven: Human Relations File, 1954), 86.

58 Gibson, *Feeding Russian Fur Trade*, 196; Tooke, *View of the Russian Empire*, I, 547, 591, 594; II, 86-9; August Hirsch, *Handbook of Geographical and Historical*

317

Pathology (London: New Sydenham Society, 1883), I, 133; Bogoras, "Chukchi," *American Anthropologist* 3 (January-March 1901): 91; Sumner, "Yakuts," *Journal of the Anthropological Institute of Great Britain and Ireland* 31 (1901): 104-5; JeanBaptiste Barthelemy de Lesseps, *Travels in Kamtschatka* (New York: Arno Press and *New York Times*, 1970), I, 94, 128-9, 199; II, 83-4; Waldemar Jochelson, "Material Culture and Social Organization of the Koryak," *Memoirs of the American Museum of Natural History* 10, Pt. 2 (1905-8): 418; Jochelson, "Yukaghir," *Memoirs of the American Museum of Natural History* 13 (1926): 26-7; Peter Simon Pallas, *Reise durch verschiedene Provinzen des Russischen Reichs* (Graz: Akademische Druck-u. Verlagsanstalt, 1967), III, 50.

59 Jochelson, "Yukaghir," *Memoirs of the American Museum of Natural History* 13 (1926): 27; M. V. Stepanova, I. S. Gurvich, and V. V. Khramova, "The Yukahirs," *Peoples of Siberia*, 788-9.

60 Frank Lorimer, *The Population of the Soviet Union, History, and Prospects* (Geneva: League of Nations, 1946), II, 26, 27; Donald W. Treadgold, *The Great Siberian Migration* (Princeton University Press, 1957), 32, 34; Robert R. Kuczynski, *The Balance of Births and Deaths*, II, *Eastern and Southern Europe* (Washington D. C. : The Brookings Institution, 1931), 101.

61 *The Cambridge Encyclopedia of Russia and the Soviet Union*, eds. Archie Brown, John Fennell, Michael Kaser, and H. T. Willetts (Cambridge University Press, 1982), 70-1.

62 Donner, *Among the Samoyed*, 138.

第三章　　古斯堪的纳维亚人和十字军　　　　　　　　　　318

1 George C. Vaillant, *Aztecs of Mexico: Origin, Rise and Fall of the Aztec Nation* (Harmondsworth: Penguin Books, 1965), 160.

2 David Day, *The Doomsday Book of Animals* (New York: Viking Press, 1981), 223-4.

3 It is worth noting here that another group of sailors, those of the Indian Ocean, had crossed an undersea ridge before the Norse and were doing so in numbers annually, riding the monsoon winds back and forth across the Carlsberg Ridge that extends southeast from Arabia under the waters that divide the ports of the Middle East and India from those of East Africa. This, too, is a Pangaean seam, but it is of minor importance compared with the Mid-Atlantic Ridge biogeographically, because it divides continents that have connections elsewhere.

4 G. J. Marcus, *The Conquest of the North Atlantic* (Oxford University Press, 1981), 63-70.

5 Marcus, *Conquest*, 67, 71-8; Bruce E. Gelsinger, *Icelandic Enterprise, Commerce and Economy in the Middle Ages* (Columbus: University of South Carolina Press, 1981), 239, n. 26.

6 Marcus, *Conquest*, 83-4; Gelsinger, *Icelandic Enterprise*, 47; C. N. Parkinson, ed. , *The Trade Winds: A Study of British Overseas Trade during the French Wars*, 1793—1815 (London: Allen&Unwin, 1948), 87.

7 Richard F. Tomasson, *Iceland, the First New Society* (Minneapolis: University of Minnesota Press, 1980), 60-2; Marcus, *Conquest*, 64; Finn Gad, *The History of Greenland*, trans. Ernst Dupont (London: C. Hurst Co. , 1970), I, 53, 84.

8 *The Vinland Sagas*, eds. and trans. Magnus Magnusson and Hermann Palsson (Baltimore: Penguin Books, 1965), 65-7, 71, 99.

9 *Vinland Sagas*, 55.

10 Frederick J. Simoons, "The Geographical Hypothesis and Lactase Malabsorption," *American Journal of Digestive Diseases* 23 (November 1978): 964-5.

11 *Vinland Sagas*, 65.

12 Samuel Eliot Morison, *The European Discovery of America. The Northern Voyages*, A. D.

500—1600 (Oxford University Press, 1971) , 49.

13 *Vinland Sagas*, 61.

14 *Vinland Sagas* , 65, 94; Marcus, *Conquest*, 64; Samuel Eliot Morison, *Admiral of the Ocean Sea*, *A Life of Christopher Columbus* (Boston: Little, Brown, 1942) , 395, 397; Tomasson, *Iceland*, 58; *The Australian Encyclopedia* (Sydney: The Grolier Society of Australia, 1979) , III, 25, 26.

15 Marcus, *Conquest*, 91-2, 99; Gelsinger, *Icelandic Enterprise*, 93.

16 *Vinland Sagas*, 66, 99, 100, 102.

17 Tomasson, *Iceland*, 63; P. Kubler, *Geschichte der Pocken und der Impfung* (Berlin: Verlag von August Hirschwald, 1901) , 45; August Hirsch, *Handbook of Geographical and Historical Pathology* (London: New Sydenham Society, 1883) , I, 135, 145; George S. MacKenzie, *Travels in the Island of Iceland During the Summer of the Year MDCCCX* (Edinburgh: Archibald Constable&Co. , 1811) , 409-10. Almost any infectious disease from the continents could cause havoc. Six hundred Icelanders died of measles in an epidemic in 1797. When that disease struck the people of the Faroes in 1846 after a respite of seventy-five years, 6, 100 of 7, 864 at risk fell ill: MacKenzie, *Travels in the Island of Iceland*, 410; Abraham M. Lilienfeld, *Foundations of Epidemiology* (Oxford University Press, 1976) , 24. The vulnerability of the North Atlantic Norse extends into our own time. Measles, which keeps fading away in Iceland, has been introduced from Europe and America at least eleven times in the twentieth century, igniting epidemics each time (because of modern nutrition and medical care, they are no longer deadly): Andrew Cliff and Peter Haggett, "Island Epidemics," *Scientific American* 250 (May 1984): 143.

18 Ronald G. Popperwell, *Norway* (London: Ernest Benn, 1972) , 94-5; Tomasson, *Iceland*, 63.

19 Marcus, *Conquest*, 89, 99, 121, 155.

20 Sigurdur Thorarinsson, *The 1000 Years Struggle Against Ice and Fire* (Reykjavik: Bokautgafa Menningarsjods, 1956), 24-5.

21 Marcus, *Conquest*, 90; Gelsinger, *Icelandic Enterprise*, 173.

22 Gelsinger, *Icelandic Enterprise*, 6; Thorarinsson, *1000 Years*, 13, 15-16, 18; Marcus, *Conquest*, 97-8, 156.

23 *Vinland Sagas*, 22.

24 Gelsinger, *Icelandic Enterprise*, 173; Marcus, *Conquest*, 159-60, 163.

25 *Vinland Sagas*, 60.

26 Marcus, *Conquest*, 78, 95-6, 106-7, 108-16; Gelsinger, *Icelandic Enterprise*, 52-8.

27 Marcus, *Conquest*, 50-4.

28 Marcus, *Conquest*, 103.

29 *Vinland Sagas*, 87, 97.

30 E. G. R. Taylor, *The Haven-Finding Art* (New York: Abelard-Schuman, 1957), 94; Joseph Needham, *Science and Civilisation in China*, IV, *Physics and Physical Technology*, Part III, *Civil Engineering and Nautics* (Cambridge University Press, 1971), 698.

31 R. W. Southern, *The Making of the Middle Ages* (London: Hutchinson's Library, 1953), 51; G. C. Coulton, ed., *A Medieval Garner, Human Documents from the Four Centuries Preceding the Reformation*, 10-16; *Vinland Sagas*, 71.

32 Robinson Jeffers, "The Eye," *Robinson Jeffers, Selected Poems* (New York: Random House, 1963), 85.

33 Marcus, *Conquest*, 64; Joshua Prawer, *The World of the Crusaders* (New York: Quadrangle Books, 1972), 73.

34 Prawer, *World*, 73.

35 Edward Peters, ed., *The First Crusade, the Chronicles of Fulcher of Chartres and Other Source Materials* (Philadelphia: University of Pennsylvania, 1971), 25.

36 *Chronicles of the Crusades* (London: Henry G. Bohn, 1848) , 89.

37 Hans E. Mayer, *The Crusades*, trans. John Gillingham (Oxford University Press, 1972) , 137-9.

38 Joshua Prawer, *The Latin Kingdom of Jerusalem*, *European Colonialism in the Middle Ages* (London: Weidenfeld and Nicolson, 1972) , 82; Prawer, *World*, 73-4; Jean Richard, *The Latin Kingdom of Jerusalem*, trans. Janet Shirley (Amsterdam: North Holland, 1979) , A, 131; Mayer, *Crusades*, 177.

39 William, archbishop of Tyre, *A History of Deeds Done Beyond the Sea*, trans. Emily A. Babcock and A. C. Krey (New York: Columbia University Press, 1943) , I, 507, n. 508.

40 Mayer, *Crusades*, 150, 153, 161.

41 James A. Brundage, ed. , *The Crusades*, *A Documentary Study* (Milwaukee: Marquette University Press, 1962) , 75.

42 Jacques de Vitry, *History of the Crusades*, *A. D.* 1180 (London: Palestine Pilgrims Society, 1896) , 67.

43 Vitry, *History of the Crusades*, 64-5.

44 Prawer, *The Latin Kingdom of Jerusalem*, 506-8.

45 Friedrich Prinzing, *Epidemics Resulting from Wars* (Oxford: Clarendon Press, 1916) , 13.

46 *Chronicles of Crusades*, 432.

47 *Chronicles of Crusades*, 55.

48 Darrett B. Rutman and Anita H. Rutman, " Of Agues and Fevers: Malaria in the Early Chesapeake," *William and Mary Quarterly*, 3rd series 33 (January 1976): 43.

49 Mayer, *Crusades*, 150, 177.

50 L. W. Hackett, *Malaria in Europe*, *an Ecological Study* (Oxford University Press, 1937) , 7; Carol Laderman, " Malaria and Progress: Some Historical and Ecological

Considerations," *Social Science and Medicine* 9 (November-December 1975): 589,

590-02; Milton J. Friedman and William Trager, "The Biochemistry of Resistance to

Malaria," *Scientific American* 244 (March 1981): 154, 159; "Prevention of Malaria

in Travelers, 1982," *United States Public Health Service, Morbidity and Mortality

Weekly Report*, Supplement 31 (16 April 1982): 10, 15; Israel J. Kligler, *The Epide-

miology and Control of Malaria in Palestine* (University of Chicago Press, 1930),

105; Thomas C. Jones, "Malaria," *Textbook of Medicine*, eds. Paul B. Beeson and

Walsh McDermott (Philadelphia: Saunders, 1975), 475.

321   51 T. A. Archer, ed. , *The Crusade of Richard I*, 1189-92 (London: David Nutt, 1900),

84-5, 88-9, 92, 115, 117, 132, 194, 199, 205, 243, 245, 247, 281, 305,

312-14, 318-19, 322; Ambroise, *The Crusade of Richard the Lion-Heart*,

trans. Merton Jerome Hubert (New York: Columbia University Press, 1941), 196,

198, 201, 203, 207, 219, 446; Kligler, *The Epidemiology and Control of Malaria in

Palestine*, 2, 111.

52 Archibald Wavell, *Allenby, a Study of Greatness* (London: George P. Harrap & Co. ,

1940), 195, 156.

53 Kligler, *The Epidemiology and Control of Malaria in Palestine* , 87; *History of the Great

War Based on Official Documents. Medical Services, General History*,

W. G. MacPherson, ed. (London: His Majesty's Stationery Office, 1924), III,

483.

54 Steven Runciman, *A History of the Crusades*, II, *The Kingdom of Jerusalem* (Cam-

bridge University Press, 1955), 323-4; Mayer, *Crusades*, 159.

55 Carol Laderman, "Malaria and Progress," *Social Science and Medicine* 9 (November-

December 1975), 588; H. M. Giles et al. , "Malaria, Anaemia and Pregnancy,"

Annals of Tropical Medicine and Parasitology 63 (1969): 245-63.

56 Mayer, *Crusades*, 274-5.

57 Needham, *Science and Civilisation in China*, IV, *Physics and Physical Technology*, Part III, *Civil Engineering and Nautics*, 698.

58 Noel Deere, *The History of Sugar* (London: Chapman & Hall, 1949), I, 73-258; Charles Verlinden, *The Beginnings of Modern Colonization*, *Eleven Essays with an Intro-duction*, trans. Yvonne Freccero (Ithaca: Cornell University Press, 1970), 18-24, 29, 47.

59 Marcus, *Conquest*, 67.

60 *Vinland Sagas*, 90.

第四章　幸运诸岛

1 John Mercer, *The Canary Islands*, *Their Prehistory*, *Conquest and Survival* (London: Rex Collings, 1980), 155-63, 198, 217; Raymond Mauny, *Les Navigations Médiévales sur les Côtes Sahariennes Antérieures à la Découverte Portugaise* (1434) (Lisbon: Centro de Estudos Historicos Ultramarinos, 1960), 44-8, 92-6.

2 Mercer, *The Canary Islands*, 2-13; W. B. Turrill, *Pioneer Plant Geography*, *The Phyto-geograpghical Researches of Sir Joseph Dalton Hooker* (The Hague: Nijhoff, 1953), 2-4, 206, 211; Sherwin Carlquist, *Island Biology* (New York: Columbia University Press, 1974), 180.

3 Pierre Bontier and Jean Le Verrier, *The Canarian*, *or*, *Book of Conquest and Conversion of the Canarians*, trans. Richard H. Major (London: Hakluyt Society, 1872), 92.

4 T. Bentley Duncan, *Atlantic Islands*: *Madeira*, *the Azores and the Cape Verdes in Seven-teenth Century Navigation* (University of Chicago Press, 1972), 12; Charles Verlin-den, *The Beginnings of Modern Colonization*, *Eleven Essays with an Introduction*, trans. Yvonne Freccero (Ithaca: Cornell University Press, 1970), 220.

5 A. H. de Oliveira Marques, *History of Portugal I*, *From Lusitania to Empire* (New York: Columbia University Press, 1972), 158; Duncan, *Atlantic Islands*, 12-16; Joel

322

Serrão, ed. , *Dicionário de História de Portugal* (Lisbon: Iniciativas Editoriais, 1971),
I, 20, 797.

6 Sidney M. Greenfield, "Madeira and the Beginnings of New World Sugar Cane Cultivation
and Plantation Slavery: A Study in Institution Building," *Comparative Perspectives on
Slavery in New World Plantation Societies*, eds. Vera Rubin and Arthur Tuden, *Annals of
the New York Academy of Sciences* 292 (1977): 537.

7 Duncan, *Atlantic Islands*, 26.

8 David A. Bannerman and W. Mary Bannerman, *Birds of the Atlantic Islands* (Edinburgh:
Oliver & Boyd, 1966), Ⅱ, ⅩⅩⅩⅤ-ⅩⅩⅩⅦ; Greenfield, "Madeira," *Compara-
tive Perspectives on Slavery*, 537-9.

9 Gomes Eannes de Azurara, *The Chronicle of the Discovery and Conquest of Guinea*,
trans. Charles R. Beazley and Edgar Prestage (New York: Burt Franklin, n. d.), Ⅱ,
245-6; *Voyages of Cadamosto*, trans. G. R. Crone (London: Hakluyt Society, 1937),
n. 7; Samuel Purchas, ed. , *Hakluytus Posthumus, or Purchas His Pilgrimes* (Glasgow:
James MacLehose & Sons, 1906), ⅪⅩ, 197; Edward Arber, ed. , *Travels and Works of
Captain John Smith* (New York: Burt Franklin, n. d.), Ⅱ, 471; Juan de Abreu de
Galindo, *Historia de la Conquista de las Siete Islas de Canaria*, ed. Alejandro Cioranescu
(Santa Cruz de Tenerife: Goya Ediciones, 1955), 60; Frank Fenner, "The Rabbit
Plague," *Scientific American* 190 (February 1954): 30-5.

10 *Voyages of Cadamosto*, 9; Azurara, *Chronicle*, Ⅱ, xcix.

11 Bannerman, *Birds*, Ⅱ, xxi; Azurara, *Chronicle*, Ⅱ, 246-7; *Voyages of Cadamosto*,
4, 7, 9-10.

12 Marques, *History of Portugal*, I, 153; Verlinden, *Beginnings*, 210, 212; *Voyages of
Cadamosto*, 10; Azurara, *Chronicle*, II, 247-8; Maria de Lourdes Esteves dos Santos de
Ferraz, "A Ilha da Madeira na Época Quatrocentista," *Studia*, *Centro de Estudos
Históricos Ultramarinos*, Lisbon, 9 (1962): 179, 188-90.

13 Greenfield, "Madeira," *Comparative Perspectives on Slavery*, 545, 547; Vitorino Ma-　323
galhaes Godinho, *Os Descobrimentos e a Economia Mundial* (Lisbon: Editora Arcádia,
1965), II, 430; see also Virginia Rau and Jorge de Macedo, *O Açúcar da Madeira
Nos Fins do Século XV, Problemas de Produção e Comercio* (Lisbon: Junta-Geral do
Distrito Autonomo do Funchal, 1962) .

14 Serrão, *Dicionário de História de Portugal*, II, 879.

15 Duncan, *Atlantic Islands*, 11.

16 Duncan, *Atlantic Islands*, 25.

17 Robin Bryans, *Madeira, Pearl of the Atlantic* (London: Robert Hale, 1959), 30.

18 Bentley, *Atlantic Islands*, 29.

19 Greenfield, "Madeira," *Comparative Perspectives on Slavery*, 541.

20 Maria de Lourdes Esteves dos Santos de Ferraz, "A Ilha da Madeira," *Studia* 9
(1962): 169; Serrão, *Dicionário de História de Portugal*, II, 879.

21 Francisco Sevillano Colom, "Los Viajes Medievales desde Mallorca a Canarias," *Anu-
ario de Estudios Atlánticos* 18 (1972): 41; Godinho, *Descobrimentos*, II, 521; Serrão,
Dicionário de História de Portugal, 879.

22 Ferdinand Columbus, *The Life of Admiral Christopher Columbus by His Son Ferdinand*,
trans. Benjamin Keen (New Brunswick: Rutgers University Press, 1959), 60; God-
inho, *Descobrimentos*, II, 520-1, 581.

23 Sherwin Carlquist, *Island Ecology* (New York: Columbia University Press, 1974), 180-
1; Mercer, *Canary Islands*, 4, 7, 18.

24 Ilse Schwidetzky, "The Prehispanic Population of the Canary Islands," *Biogeography
and Ecology in the Canary Islands*, ed. G. Kunkel (The Hague: Dr. W. Junk, 1976),
20; Mercer, *Canary Islands*, 17-18, 59, 64-5, 112.

25 Mercer, *Canary Islands*, 59-60, 64; Schwidetzky, "Prehispanic Population," *Biogeog-
raphy and Ecology in the Canary Islands*, 23; Ilse Schwidetzky, *La Población*

Prehispánica de las Islas Canarias (Santa Cruz de Tenerife: Publicaciones del Museo Arqueológico, 1963), 127-9.

26 Mercer, *Canary Islands*, 10; Leonard Huxley, *Life and Letters of Sir Joseph Dalton Hooker* (London: John Murray, 1918), II, 232; David Bramwell, "The Endemic Flora of the Canary Islands; Distribution, Relationships and Phytogeography," *Biogeograpky and Ecology in the Canary Islands*, 207.

27 Mercer, *Canary Islands*, 115-19.

28 Godinho, *Descobrimentos*, 520.

29 Mercer, *Canary Islands*, 160-8, 177-8; Bontier and Le Verrier, *Canarian*, 123, 131. For more complete documentation of the French invasion, with the originals plus modern Spanish translations, see Jean de Bethencourt, *Le Canarien*, *Crónicas Francesas de la Conquista de Canarias*, trans. Elias Serra and Alejandro Cioranescu (La Laguna de Tenerife: Fontes Canarium, 1959-64), 3 vols.

324 30 Greenfield, "Madeira," *Comparative Perspectives on Slavery*, 543.

31 Azurara, *Chronicle*, 238; Bontier and Le Verrier, *Canarian*, 128; Abreu de Galindo, *Historia de Conquista*, 145-6.

32 Mercer, *Canary Islands*, 188-93; Abreu de Galindo, *Historia de Conquista*, 145.

33 Mercer, *Canary Islands*, 195-6.

34 Mercer, *Canary Islands*, 198-203; Alonso de Espinosa, *The Guanches of Tenerife*, trans. Clements Markham (London: Hakluyt Society, 1907), 93.

35 Mercer, *Canary Islands*, 207-9.

36 Juan de Abreu de Galindo, *The History of the Discovery of the Canary Islands*, trans. George Glas (London: R. &J. Dodsley, 1764), 82.

37 Bontier and Le Verrier, *Canarian*, 135, 149; Espinosa, *Guanches*, 102; Azurara, *Chronicle*, 209.

38 Mercer, *Canary Islands*, 66-7.

39 Azurara, *Chronicles*, 238.

40 Gonzalo Fernández de Oviedo y Valdés, *Historia General y Natural de las Indias* (Madrid: Ediciones Atlas, 1959), I, 24.

41 Mercer, *Canary Islands*, 65-6, 201; Espinosa, *Guanches*, 89.

42 Mercer, *Canary Islands*, 148-59; Bontier and Le Verrier, *Canarian*, 137.

43 Abreu de Galindo, *Historia de Conquista*, 169.

44 Azurara, *Chronicles*, 240; Espinosa, *Guanches*, 83.

45 Abreu de Galindo, *Historia de Conquista*, 93; Mercer, *Canary Islands*, 178.

46 Abreu de Galindo, *Historia de Conquista*, 80; Mercer, *Canary Islands*, 182-3.

47 Espinosa, *Guanches*, x, 45-73; Abreu de Galindo, *Historia de Conquista*, 41, 301-13.

48 Espinosa, *Guanches*, 89, 96-7, 103.

49 Espinosa, *Guanches*, 106-7.

50 Espinosa, *Guanches*, 92; Abreu de Galindo, *Historia de Conquista*, 183.

51 Charles S. Elton, *The Ecology of Invasions by Animals and Plants* (London: Methuen, 1958), Ch. IV; Alfred W. Crosby, *Epidemic and Peace*, 1918 (Westport, Conn.: Greenwood Press, 1976), 235-6.

52 Abreu de Galindo, *Historia de Conquista*, 161.

53 Abreu de Galindo, *Historia de Conquista*, 154-5, 169; Leonard Torriani, *Descipción e Historia del Reino de las Islas Canarias*, trans. and ed. Alejandro Cioranescu (Santa Cruz de Tenerife: Goya Ediciones, 1978), 115.

54 Bontier and Le Verrier, *Canarian*, 92.

55 Torriani, *Descripción*, 116; Abreu de Galindo, *Historia de Conquista*, 169.

56 Espinosa, *Guanches*, 104-8; Jose de Viera y Clavijo, *Noticias de la Historia General de las Islas Canarias* (Santa Cruz de Tenerife: Goya Ediciones, 1951), II, 108.

57 Espinosa, *Guanches*, 108.

325

58 *Diccionario de la Lengua Española* (Madrid: Real Academia Española, 1970), 886, 1016; Elias Zerolo, *Diccionario Enciclopédico de la Lengua Castellana* (Paris: Casa Editorial Garnier Hermonos, n. d.), II, 324; Juan Bosch Millares, "Enfermedades y Terapéutica de los Aborígines," *Anales de la Clínica Médica del Hospital de San Martín* (Las Palmas, Canary Islands) I (1945): 172-3; Dr. Francisco Guerra, personal communication.

59 Alfred W. Crosby, "Virgin Soil Epidemics as a Factor in the Aboriginal Depopulation in America," *The William and Mary Quarterly*, 3rd series 33 (April 1976): 289-99. For a recent example, see Robert J. Wolfe, "Alaska's Great Sickness, 1900: An Epidemic of Measles and Influenza in a Virgin Soil Population," *Proceedings of the American Philosophical Society* 126 (8 April 1982): 92-121.

60 Torriani, *Descripción*, 46; Richard Hakluyt, ed. , *Voyages* (London: Everyman's Library, 1907), IV, 26.

61 Abreu de Galindo, *Historia de Conquista*, 60.

62 Thomas D. Seeley, "How Honeybees Find a Home," *Scientific American* 247 (October 1982): 158; Espinosa, *Guanches*, 61, 63; Abreu de Galindo, *Historia de Conquista*, 83, 262, 312; Felipe Fernández-Armesto, *The Canary Islands After the Conquest*, *The Making of a Colonial Society in the Early Sixteenth Century* (Oxford: Clarendon Press, 1982), 86.

63 Fernández-Armesto, *Canary Islands*, 70; Abreu de Galindo, *Historia de Conquista*, 239.

64 Hakluyt, *Voyages*, IV, 25-6; Fernández-Armesto, *Canary Islands*, 74; James J. Parsons, "Human Influences on the Pine and Laurel Forests of the Canary Islands," *Geographical Review*, 71 (July 1981): 260-4.

65 Ferdinand Columbus, *Columbus by His Son*, 143; Mercer, *Canary Islands*, 219; Bontier and Le Verrier, *Canarian*, 135; Fernández-Armesto, *Canary Islands*, 219; Parsons,

"Human Influences," *Geographical Review* 71 (July 1981): 259-60.

66 Gunther Kunkel, "Notes on the Introduced Elements in the Canary Islands Flora," *Biogeography and Ecology in the Canary Islands*, 250, 256-7, 259, 264-5.

67 Fernández de Oviedo y Valdés, *Historia General*, I, 24; Girolamo Benzoni, *History of* 326 *the New World*, trans. and ed. W. H. Smyth (London: Hakluyt Society, 1857), 260; Espinos, *Guanches*, 12; Fernández-Armesto, *Canary Islands*, 6.

68 Fernández-Armesto, *Canary Islands*, 39-40; Mercer, *Canary Islands*, 215, 230.

69 Mercer, *Canary Islands*, 213; Viera y Clavijo, *Noticias*, II, 394; Rafael Torres Campos, *Carácter de la Conquista y Colonización de las Islas Canarias* (Madrid: Imprenta y Litografia del Deposito de la Guerra, 1901), 71; Analola Borges, "La Región Canaria en los Orígenes Americanos," *Anuario de Estudios Atlanticos* 18 (1972): 237-8.

70 Mercer, *Canary Islands*, 222-32; *Oeuvres de Christophe Columb*, trans. and ed. Alexandre Cioranescu (No place: Editions Gallimard, 1961), 241; Fernández-Arrnesto, *Canary Islands*, 20, 40, 127-9, 174.

71 Fernández-Armesto, *Canary Islands*, II; Abreu de Galindo, *Historia de Conquista*, 298; Espinosa, *Guanches*, 34; Viera y Clavijo, *Noticias*, II, 156, 290, 348, 496-7, 511, 538; Alfred W. Crosby, *The Columbian Exchange, Biological and Cultural Consequences of* 1492 (Westport, Conn. : Greenwood Press, 1972), 122-64.

72 Abreu de Galindo, *Historia de Conquista*, 387; Benzoni, *History of New World*, 1, 260.

73 Mercer, *Canary Islands*, 27-41, 241-58; Espinosa, *Guanches*, xviii; Fernández-Armesto, *Canary Islands*, 5.

74 Fernández-Armesto, *Canary Islands*, 13, 15, 21, 31, 33, 35-7, 41.

75 Alexander de Humboldt and Aimé Bopland, *Personal Narrative of Travels to the Equinoctial Region of the New Continent* (London: Longman, Hurat, Rees, Orme & Brown,

1818），I, 293.

76 Viera y Clavijo, *Noticias*, 394.

77 Viera y Clavijo, *Noticias*, passim.

第五章　风

1 Two of their better-known books on the subject are，respectively，*The Discovery of the Sea*（Berkeley：University of California Press，1981 and *Admiral of the Ocean Sea*，*A Life of Christopher Columbus*（Boston：Little，Brown，1942）．

2 Joseph Needham，*Science and Civilisation in China*，IV，*Physics and Physical Technology*，Part III，*Civil Engineering and Nautics*（Cambridge University Press，1971），487-91，518，524，562-3，567，594-9.

327   3 Samuel Eliot Morison，*Admiral of the Ocean Sea*，*A Life of Christopher Columbus*（Boston：Little，Brown，1942），183-96；Carlo M. Cipolla，*Guns*，*Sails and Empires*：*Technological Innovation and the Early Phases of European Expansion*，1400—1700（New York：Pantheon Books，1965），75.

4 J. H. Parry，*The Discovery of the Sea*（Berkeley：University of California Press，1981）.

5 Aristotle，*Meteorologica*，trans. H. D. P. Lee（Cambridge：Harvard University Press，1952），179-81；*The Geography of Strabo*，trans. Horace L. Jones（London：Heinemann，1917），VIII，367-71.

6 Morison，*Admiral*，230.

7 J. C. Beaglehole，*The Life of Captain James Cook*（Stanford University Press，1974），107-8.

8 Pierre Chaunu，*European Expansion in the Later Middle Ages*，trans. Katherine Bertram（Amsterdam：North Holland，1979），106.

9 *The Voyage of John Huyghen van Linschoten to the East Indies*（New York：Burt Franklin，n. d.），II，264.

10 Raymond Mauny, *Les Navigations Médiévales sur les Côtes Sahariennes Antérieures à la Découverte Portugaise* (1434) (Lisbon: Centro de Estudos Históricos Ultramarinos, 1960), 16-17

11 Parry, *Discovery*, 101-2.

12 Joseph de Acosta, *The Natural and Moral History of the Indies*, trans. Edward Grimstone (New York: Burt Franklin, n. d.), I, 116.

13 Willy Rudloff, *World Climates: with Tables of Climatic Data and Practical Suggestions* (Stuttgart: Wissenschaftliche Verlagsgesellschaft, 1981), 15; Parry, *Discovery*, 119; Glenn T. Trewartha, *An Introduction to Climate* (New York: McGraw-Hill, 1968), 107-8; "Monsoons," *Encyclopaedia Britannica*, *Macropaedia* (Chicago: Encyclopaedia Britannica, Inc. , 1982), XII, 392.

14 *The Four Voyages of Christopher Columbus*, trans. J. M. Cohen (Baltimore: Penguin Books, 1969), 207.

15 Baily W. Diffie and George D. Winius, *Foundations of the Portuguese Empire, 1415— 1580* (Minneapolis: University of Minnesota Press, 1977), 147.

16 Parry, *Discovery*, 124-6; Chaunu, *European Expansion*, 130.

17 Eric Axelson, *Congo To Cape, Early Portuguese Explorers* (London: Faber & Faber, 1973), 100-1, 107-10, 114.

18 Charles M. Andrews, *The Colonial Period of American History* (New Haven: Yale University Press, 1934), I, 98; J. Franklin Jameson, ed. , *Narratives of New Netherland, 1609—1664* (New York: Scribner, 1909), 75.

19 Acosta, *Natural and Moral History*, I, 114; Samuel Purchas, ed. , *Hakluytus Posthumus, or Purchas His Pilgrimes* (Glasgow: James MacLehose & Sons, 1905-7), XIV, 433.

20 Ferdinand Columbus, *The Life of the Admiral Christopher Columbus by his Son Ferdinand*, trans. Benjamin Keen (New Brunswick: Rutgers University Press, 1959),

328

51; G. R. Crone, *The Discovery of America* (New York: Weybright & Talley, 1969), 90.

21 Purchas, *Pilgrimes*, XIX, 261.

22 Vincent Jones, *Sail the Indian Sea* (London: Gordon & Cromonesi, 1978), 40-7; G. R. Crone, *The Discovery of the East* (New York: St. Martin's Press, 1972), 28-9; Charles Ley, ed. , *Portuguese Voyages, 1498—1663* (London: Dent, 1947), 4-7.

23 Samuel Eliot Morison, *Portuguese Voyages to America in the 15th Century* (Cambridge: Harvard University Press, 1940), 95-7.

24 *The Travels of Marco Polo*, trans. Ronald Latham (Harmondsworth: Penguin Books, 1958), 300.

25 David Day, *The Doomsday Book of Animals* (New York: Viking Press, 1981), 19-21.

26 C. R. Boxer, *The Portuguese Seaborne Empire, 1415—1825* (London: Hutchinson & Co. , 1969), 44.

27 Jones, *Sail the Indian Sea*, 59-68; João de Barros, *Da Asia* , I, (Lisbon: Livraria San Carlos, 1973), 318.

28 Jones, *Sail the Indian Sea*, 68-73; Barros, *Da Asia*, I, 319.

29 *Travels of Polo*, 248.

30 R. G. Barry and R. J. Chorley, *Atmosphere, Weather and Climate* (London: Methuen & Co. , 1968), 157-8; Trewartha, *Introduction to Climate*, 89, 92, 102-8.

31 Crone, *Discovery of the East*, 36.

32 Jones, *Sail the Indian Sea*, 106-7.

33 Crone, *Discovery of the East*, 38; Jones, *Sail the Indian Sea*, 107; Chaunu, *European Expansion*, 132.

34 Samuel Eliot Morison, *The European Discovery of America, The Southern Voyages, A. D. 1492—1616* (Oxford University Press, 1974), 356-7; Charles E. Nowell, ed. , *Ma-*

gellan's Voyage Around the World, *Three Contemporary Accounts* (Evanston: Northwestern University Press, 1962), 91-4.

35 Morison, *Southern Voyages*, 359-97.

36 Morison, *Southern Voyages*, 405.

37 Morison, *Southern Voyages*, 406, 440.

38 Nowell, *Magellan's Voyage*, 122-3.

39 Nowell, *Magellan's Voyage*, 123-4.

40 Nowell, *Magellan's Voyage*, 172.

41 Morison, *Southern Voyages*, 444-5; Nowell, *Magellan's Voyage*, 199.

42 Nowell, *Magellan's Voyage*, 10; Morison, *Southern Voyages* 441, 451.

43 Morison, *Southern Voyages*, 406; Nowell, *Magellan's Voyage*, 255-6.

44 Norwell, *Magellan's Voyage*, 259; Morison, *Southern Voyages*, 460-2.

45 Morison, *Southern Voyages*, 467, 469.

46 Morison, *Southern Voyages*, 507-10, 531.

47 Carl Ortwin Sauer, *The Early Spanish Main* (Berkeley: University of California Press, 1969), 216.

48 Morison, *Southern Voyages*, 545-55.

49 William L. Schurz, *The Manila Galleon* (New York: Dutton, 1939), 19, 22, 32, 47, 219, 220-1.

50 J. E. Heeres, *The Part Borne by the Dutch in the Discovery of Australia*, *1606—1765* (London: Luzac & Co. , 1899), xiii-xiv.

51 Francesco Carletti, *Razonamientos de Mi Viaje Alrededor del Mundo (1594—1606)*, trans. Francisco Perujo (México: Instituto de Investigaciones Bibliográficas, Universidad Nacional Autónoma de México, 1983), 109.

52 Alfred W. Crosby, *The Columbian Exchange*, *Biological and Cultural Consequences of 1492* (Westport, Conn. : Greenwood Press, 1972), passim.

53 Purchas, *Pilgrimes*, I, 251.

第六章　可以抵达，却难以掌控

1 John Huyghen Linschoten, *The Voyage of John Huyghen Linschoten to the East Indies* (New York: Butt Franklin, n. d.), I, 235-40.

2 K. W. Goonewardena, "A New Netherlands in Ceylon," *Ceylon Journal of Historical and Social Studies* 2 (July 1959): 203-41; Charles Boxer, *Women in Iberian Expansion Overseas*, 1415—1812 (Oxford University Press, 1975), passim; Jean Gelman Taylor, *The Social World of Batavia, European and Eurasian in Dutch Asia* (Madison: University of Wisconsin Press, 1983), passim.

3 Richard Hakluyt, ed. , *Voyages* (London: Everyman's Library, 1907), IV, 98.

4 John W. Blake, ed. and trans. , *Europeans in West Africa, 1450—1560* (London: Hakluyt Society, 1912), I, 163-4.

5 William Bosman, *A New and Accurate Description of the Coast of Guinea* (London: Frank Cass, 1967), 236-8; Robin Law, *The Horse in West African History* (Oxford University Press, 1980), 44-5, 76-82; *Voyages of Cadamosto*, trans. G. R. Crone (London: Hakluyt Society, 1937), 30, 33.

6 *Voyages of Cadamosto*, 143, see also pages 96, 123, 125, 141.

7 Philip D. Curtin, "Epidemiology and the Slave Trade," *Political Science Quarterly* 83 (June 1968): 202-3.

8 Roger Tennant, *Joseph Conrad, a Biography* (New York: Atheneum, 1981), 76.

9 C. R. Boxer, *Four Centuries of Portuguese Expansion, 1415—1825* (Johannesburg: Witwatersrand University Press, 1965), 27; original on page 266 of the first volume of João de Barros, *Da Asia* (Lisbon: Livravia San Carlos, 1973) .

10 Philip D. Curtin, *The Image of Africa, British Ideas and Action, 1780—1850* (Madison: University of Wisconsin Press, 1964), 60, 88-9, 91, 94-5.

330

11 Curtin, *Image of Africa*, 89; Donald L. Wiedner, *A History of Africa South of the Sahara* (New York: Vintage Books, 1964), 75-8; Tom W. Shick, "A Quantitative Analysis of Liberian Colonization from 1820 to 1843 with Special Reference to Mortality," *Journal of African History* 12 (No. 1, 1971): 45-59.

12 Joseph de Acosta, *The Natural and Moral History of the Indies*, trans. Edward Grimstone (New York: Burt Franklin, n. d.), I, 233.

13 Alfred W. Crosby, *The Columbian Exchange, Biological and Cultural Consequences of 1492* (Westport, Conn: Greenwood Press, 1972), 64-121.

14 Francisco Guerra, "The Influence of Disease on Race, Logistics and Colonization in the Antilles," *Journal of Tropical Medicine and Hygiene* 69 (February 1966): 23-35.

15 Curtin, "Epidemiology," *Political Science Quarterly*, 83 (June 1968): 202-3.

16 John Prebble, *The Darien Disaster, A Scots Colony in the New World*, 1698—1700 (New York: Holt, Rinehart & Winston, 1968), passim; Herbert I. Priestly, *France Overseas Through the Old Regime* (New York: Appleton-Century, 1939), 104-6; Jean Chaia, "Échec d'une tentative de colonisation de la Guyane au XVIIIe Siècle," *Biologie Médicale* 47 (Avril 1958): i-lxxxiii.

17 Kenneth F. Kiple, *The Caribbean Slave: A Biological History* (Cambridge University Press, 1984), passim.

18 G. C. Bolton, *A Thousand Miles Away, A History of North Queensland to* 1920 (Sydney: Australian National University Press, 1970), vii, 76, 149, 249, 251; Raphael Cilento, *Triumph in the Tropics, a Historical Sketch of Queensland* (Brisbane: Smith & Paterson, 1959), 289, 291, 293, 421, 437; Bruce R. Davidson, *The Northern Myth, a Study of the Physical and Economic Limits to Agricultural and Pastoral Development in Tropical Australia* (Melbourne University Press, 1966), 112-46.

19 William Bradford, *Of Plymouth Plantation*, ed. Samuel Eliot Morison (New York: Knopf, 1963), 28. The British attitude toward the tropics is nicely set forth in Karen

Ordahl Kupperman's "Fear of Hot Climates in the Anglo-American Colonial Experience," *William and Mary Quarterly*, 3rd series, 41 (April 1984): 213-40.

331 20 Genesis, 22: 17-18, *New English Bible*, 22.

21 Walter Raleigh, *The Discovery of Guiana*, in *Voyages and Travels Ancient and Modern* (New York: Collier & Son, 1910), 389.

第七章 杂草

1 The statistics for this brief discussion come from *The New Rand McNally College World Atlas* (Chicago: Rand McNally, 1983), *The World Almanac and Book of Facts* (New York: Newspaper Enterprise Association, 1983), *The Americana Encyclopedia* (Danbury: Grolier, 1983), XXI, and T. Lynn Smith, *Brazil, People and Institutions* (Baton Rouge: Louisiana University Press, 1972), 70.

2 J. D. Hooker, "Note On the Replacement of Species in the Colonies and Elsewhere," *The Natural History Review* (1864): 125.

3 Jack R. Harlan, *Crops and Man* (Madison: American Society of Agronomy, Crop Science Society of America, 1975), 86, 89.

4 Herbert G. Baker, *Plants and Civilization* (Belmont, Calif. : Wadsworth Publishing, 1966), 15-18.

5 Harlan, *Crops*, 91; Noel Vietmeyer, "The Revival of the Amaranth," *Ceres*, 15 (September-October 1982): 43-6.

6 Harlan, *Crops*, 101.

7 Gonzalo Fernández de Oviedo, *Natural History of the West Indies*, trans. Sterling A. Stoudemire (Chapel Hill: University of North Carolina Press, 1959), 10, 97, 98.

8 Alfred W. Crosby, *The Columbian Exchange, Biological and Cultural Consequences of 1492* (Westport, Conn. : Greenwood Press, 1972), 66-7; Charles Darwin, *The Voyage of the Beagle* (Garden City, N. Y. : Doubleday, 1962), 120.

9 Bartolomé de las Casas, *Apologética Historia Sumaria* (México: Universidad Nacional Autónoma de México, Instituto de Investigaciones Historicas, 1967), I, 81-2.

10 Elinor G. K. Melville, "Environmental Degradation Caused by Overgrazing of Sheep in 16th Century Mexico," unpublished manuscript.

11 Alonso de Molina, *Aqui Comiença vn Vocabulario enla Lengua Castellana y Mexicana* (México: Juan Pablos, 1555), 238.

12 Jerzy Rzedowski, *Vegetación de México* (México: Editorial Limusa, 1978), 69-70.

13 G. W. Hendry, "The Adobe Brick as a Historical Source," *Agricultural History* 5 (July 　332
1931): 125.

14 Andrew H. Clark, "The Impact of Exotic Invasion on the Remaining New World Mid-Latitude Grasslands," *Man's Role in Changing the Face of the Earth*, ed. William L. Thomas, Jr. (University of Chicago Press, 1956), II, 748-51; Joseph B. Davy, "Stock Ranges of North-western California," United States Bureau of Plant Industry, Bulletin No. 12 (1902), 38, 40-2.

15 Michael Zohary, *Plants of the Bible* (Cambridge University Press, 1982), 93; Hendry, "Adobe Brick," *Agricultural History* 5 (1931): 125.

16 Donald Jackson and Mary Lee Spense, eds. , *The Expeditions of John Charles Frémont*, I, *Travels from* 1838 *to* 1844 (Urbana: University of Illinois Press, 1970), 649.

17 Clark, "Impact of Exotic Invasion," *Man's Role*, II, 750; R. W. Allard, "Genetic Systems Associated with Colonizing Ability in Predominantly Self-Pollinated Species," *The Genetics of Colonizing Species*, eds. H. G. Baker and G. Ledyard Stebbins (New York: Academic Press, 1965), 50; M. W. Talbot, H. H. Biswell, and A. L. Hormay, "Fluctuations in the Annual Vegetation of California," *Ecology* 20 (July 1939): 396-7; W. W. Robbins, "Alien Plants Growing without Cultivation in California," *California Agricultural Experiment Station*, *Bulletin No.* 637 (July 1940), 6-7; L. T. Burcham, "Cattle and Range Forage in California: 1770—1880," *Agricultural*

History 35 (July 1961): 140-9.

18 *Obras de Bernabé Cobo* (Madrid: Ediciones Atlas, 1956), I, 414; Garcilaso de la Ve-
   ga, *Royal Commentaries of the Incas and General History of Peru*, tran. Harold
   V. Livermore (Austin: University of Texas Press, 1966), I, 601-2; *Abundio Sagastegui
   Alva*, *Manual de las Malezas de la Costa Norperuana* (Trujillo, Peru: Talleres Gráficos
   de la Universidad Nacional de Trujillo, 1973), 229, 231, 234, 236.

19 John Fitzherbert, *Booke of Husbandry* (London: John Awdely, 1562), f. xiii verso,
   xiiii recto.

20 *Henry V* act V, sc. II; *I Henry IV*, act II, sc. III; *King Lear*, act IV, sc. IV.

21 John Josselyn, *An Account of Two Voyages to New England Made During the Years* 1638,
   1663 (Boston: William Veazie, 1865), 137-41; Edward Tuckerman, ed. "New-
   England's Rarities Discovered," *Transactions and Collections of the American Antiquarian
   Society* 4 (1860): 216-19. It would be very easy to supply the scientific names for most
   of these plants and others soon to be mentioned, but I have not done so for fear of giving
   an air of exactitude to what must be, no matter how freely I resort to Latin and Greek,
   all imprecise account.

22 Edmund Berkeley and Dorothy S. Berkeley, eds. , *The Reverend John Clayton*, *a Parson
   with a Scientific Mind. His Writings and Other Related Papers* (Charlottesville: Universi-
   ty Press of Virginia, 1965), 24; Josselyn, *Account*, 138. Henry Wadsworth Longfellow
   learned of this Algonkin name for this plant, which he wove into Hiawatha's dream of the
   coming of the whites: "Wheresoe'er they tread, beneath them/Springs a flower unknown
   among us, /Springs the White-man's Foot in blossom. " *The Poems of Longfellow* (New
   York: Modern Library, 1944), 259.

23 U. P. Hedrick, *A History of Horticulture in America to* 1860 (Oxford University Press,
   1950), 19, 119, 121-2; Peter Kalm, *Travels into North America* (Barre, Mass. :
   The Imprint Society, 1972), 70-1, 398; Robert Beverley, *The History and Present*

State of Virginia (Chapel Hill: University of North Carolina Press, 1947), 181, 314-15; Michel-Guillaume St. Jean de Crèvecoeur, *Journey into Northern Pennsylvania and the State of New York*, trans. Clarissa S. Bostelmann (Ann Arbor: University of Michigan Press, 1964), 198; Mark Catesby, *The Natural History of Carolina, Florida, and the Bahama Islands* (London: 1731-43), I, x; II, xx; John Lawson, *A New Voyage to Carolina* (London: 1709; Readex Microprint, 1966), 109-10; Joseph Ewan and Nesta Ewan, eds., *John Banister and His History of Virginia*, 1678—1692 (Urbana: University of Illinois Press, 1970), 355-6, 367.

24 Robert W. Schery, "The Migration of a Plant," *Natural History* 74 (December 1965): 44.

25 Kalm, *Travels*, 174, 264; Carl O. Sauer, "The Settlement of the Humid East," *Climate and Man*, *Yearbook of Agriculture* (Washington, D. C. : United States Department of Agriculture, 1941), 159-60.

26 Schery, "Migration of a Plant," *Natural History* 74 (December 1965): 41-4.

27 Lyman Carrier and Katherine S. Bort, "The History of Kentucky Bluegrass and White Clover in the United States," *Journal of the American Society of Agronomy* 8 (1916): 256-66.

28 Schery, "Migration of a Plant," *Natural History* 74 (December 1965): 41-9.

29 Douglas H. Campbell, "Exotic Vegetation of the Pacific Regions," *Proceedings of the Fifth Pacific Science Congress*, *Canada*, 1933, *Pacific Science Association* (University of Toronto Press, 1934), I, 785.

30 Lewis D. de Schweinitz, "Remarks on the Plants of Europe Which Have Become Naturalized in a More or Less Degree in the United States," *Annals Lyceum of Natural History of New York* 3 (1832): 148-55.

31 Gonzalo Fernández de Oviedo y Valdés, *Historia General y Natural de las Indias* (Madrid: Ediciones Atlas, 1959), II, 356.

334 32 Félix de Azara, *Descipción e Historia del Paraguay y del Río de la Plata* (Madrid: Imprenta de Sanchiz, 1847), I, 56-8.

33 Charles Darwin, *The Voyage of the Beagle* (Garden City, N. Y. : Doubleday, 1962), 119-20; Oscar Schmieder, "Alteration of the Argentine Pampa in the Colonial Period," University of California Publications in Geography, II, No. 10 (27 September 1927), 310; Mariano B. Berro, *La Agricultura Colonial* (Montevideo: Coleccion de Clasicos Uruguayos, v. 148, 1975), 138-40.

34 W. H. Hudson, *Far Away and Long Ago*, *A History of My Early Life* (New York: Dutton, 1945), 64, 68-9, 71-2, 148; U. P. Hedrick, ed. , *Sturtevant's Edible Plants of the World* (New York: Dover, 1973), 535; Alexander Martin, *Weeds* (New York: Golden Press, n. d.), 148; Berro, *Agricultura*, 140-1.

35 Francis Band Head, *Journeys Across the Pampas and Among the Andes*, ed. Harvey Gardiner (Carbondale: Southern Illinois Press, 1967), 3-4; Darwin, *Voyage*, 119.

36 Carlos Berg, "Enumeración de las Plantas Europeas que se Hallen como Silvestres en las Provincias de Buenos Aires y en Patagonia," *Anales de La Sociedad Científica Argentina* 3 (April 1877): 183-206.

37 Schmieder, "Alteration," University of California Publications in Geography, II, No. 10 (1927), 310.

38 W. H. Hudson, *The Naturalist in La Plata* (New York: Dutton, 1922), 2.

39 Commonweath of Australia, *Historical Records of Australia*, Series I, *Governors' Dispatches to and From England* (The Library Committee of the Commonwealth Parliament, 1914-25), IV, 234-41.

40 Joseph Dalton Hooker, *The Botany of the Antarctic Voyage of H. M. Discovery Ships Erebus and Terror in the Years* 1839—1843 (London: Lovell Reeve, 1860), I, pt. 3, cvi-cix.

41 *Historical Records of Australia*, Series III, X, 367.

42 Henry W. Haygarth, *Recollections of Bush Life in Australia* (London: John Murray, 1848), 131; see also *Historical Records of Australia*, Series III, X, 367.

43 Hooker, *Botany of Antarctic Voyage*, I, pt. 3, cvi-cix.

44 A. Grenfell Price, *The Western Invasions of the Pacific and Its Continents* (Oxford: Clarendon Press, 1963), 194.

45 Alex. G. Hamilton, "On the Effect Which Settlement in Australia Has Produced upon Indigenous Vegetation," *Journal and Proceedings of the Royal Society of New South Wales* 26 (1892): 234.

46 Hamilton, "Effect Which Settlement in Australia Has Produced," *Journal and Proceedings of the Royal Society of New South Wales* 26 (1892): 185, 209-14; Thomas Perry, *Australia's First Frontier, the Spread of Settlement in New South Wales, 1788—1829* (Melbourne University Press, 1963), 13, 27; R. M. Moore, "Effects of the Sheep Industry on Australian Vegetation," *The Simple Fleece: Studies in the Australian Wool Industry*, ed. Alan Barnard (Melbourne University Press and Australian National University, 1962), 170-1, 174, 182; Joseph M. Powell, *Environmental Management in Australia, 1788—1914* (Oxford University Press, 1976), 17-18, 31-2.

47 Edward Salisbury, *Weeds and Aliens* (London: Collins, 1961), 87.   335

48 Walter C. Muenscher, *Weeds* (New York: Macmillan, 1955), 23.

49 "Weeds, " *Australian Encyclopedia*, IV, 275-6.

50 Angel Lulio Cabrera, *Manual de la Flora de Los Alrededores de Buenos Aires* (Buenos Aires: Editorial Acme, 1953), passim; Arturo E. Ragonese, *Vegetación y Ganadería en la República Argentina* (Buenos Aires: Colección Científica del I. N. T. A. , 1967), 28, 30.

51 Hooker, *Botany of Antarctic Voyage*, I, pt. 3, cvi-cix.

52 Carlos Berg, "Enumeración de las Plantas Europeas," *Anales de la Sociedad Científica Argentina* 3 (April 1877): 184-204; Thomas Nuttall, *The Genera of North American*

Plants (New York: Hafner, 1971; facsimile 1818 ed.) , 2 vols. , passim; John Torrey and Asa Gray, *A Flora of North America* (New York: Hafner, 1969; facsimile 1838-43 ed.) , 2 vols. , passim.

53 Francis Darwin, ed. , *The Life and Letters of Charles Darwin* (London: John Murray, 1887) , II, 391; Jane Gray, ed. *Letters of Asa Gray* (Boston: Houghton Mifflin, 1894) , II, 492.

54 For background, see Janet Browne, *The Secular Ark*, *Studies in the History of Biogeography* (New Haven: Yale University Press, 1983) .

55 W. B. Turrill, *Pioneer Plant Geography*, *The Phytiogeographical Researches of Sir Joseph Dalton Hooke*r (The Hague: Nijhoff, 1953) , 183.

56 E. W. Claypole, "On the Migration of Plants from Europe to America, with an Attempt to Explain Certain Phenomena Connected Therewith," Montreal Horticultural Society and Fruit Growers' Association, Annual Report, No. 3 (1877-8) , 79-81; Hooker, *Botany of Antarctic Voyage*, I, pt. 3, cv.

57 Asa Gray, "The Pertinacity and Predominance of Weeds," *Scientific Papers of Asa Gray* (Boston: Houghton Mifflin, 1889) , 237-8.

58 Claypole, "On the Migration of Plants," *Montreal Horticultural Society*, No. 3 (1877-8) , 79.

59 Hooker, *Botany of Antarctic Voyage*, I, Pt. 3, cv.

60 Salisbury, *Weeds*, 22; Hugo Iltis, "The Story of Wild Garlic," *Scientific Monthly* 67 (February 1949): 124; Talbot, Biswell, and Hormay, "Fluctuations in Annual Vegetation of California," *Ecology* 20 (July 1939): 397.

336   61 Salisbury, *Weeds*, 97, 188.

62 Henry N. Ridley, *The Dispersal of Plants Throughout the World* (U. K. : L. Reeve & Co. , 1930) , 364; Peter Cunningham, *Two Years in New South Wales* (London: Henry Colburn, 1828) , I, 200.

63 Salisbury, *Weeds*, 147-8.

64 Otto Solbrig, "The Population Biology of Dandelions," *American Scientist* 59 (November-December 1971) : 686-7.

65 G. S. Dunbar, "Henry Clay on Kentucky Bluegrass, 1838," *Agricultural History* 51 (July 1977) : 522.

66 Salsbury, *Weeds*, 220-2; M. Grieve, *A Modern Herbal* (New York : Dover, 1971), II, 640-2; Leroy G. Holm et al. , eds. , *The World's Worst Weeds*, *Distribution and Biology* (Honolulu : University Press of Hawaii, 1977), 314-19.

67 John C. Kricher, "Needs of Weeds," *Natural History* 89 (December 1980) : 144; Robert F. Betz and Marion H. Cole, "The Peacock Prairie —A Study of a Virgin Illinois Mesic Black-Soil Prairie Forty Years after Initial Study," *Transactions of the Illinois State Academy of Science* 62 (March 1969) : 44-53.

第八章　动物

1 Ward. H. Goodenough, "The Evolution of Pastoralism and Indo-European Origins," *Indo-European and Indo-European Orig*ins (Philadelphia : University of Pennsylvania Press, 1970) , 255, 258-9.

2 Alfred W. Crosby, *The Columbian Exchange*, *Biological and Cultural Consequences of 1492* (Westport, Corm. : Greenwood Press, 1972), 65; Edgars Dunsdorfs, *The Australian Wheat-Growing Industry*, 1788—1948 (Melbourne : The University Press, 1956), 15-16, 34-5, 47.

3 Watkin Tench, *Sydney's First Four Years* (Sydney : Angus & Robertson, 1961) , 48-9.

4 Anthony Leeds and Andrew P. Vayda, eds. , *Man*, *Culture and Animals*, *the Role of Animals in Human Ecological Adjustments* (Washington, D. C. : Association for the Advancement of Science, 1965) , 233.

5 Victor M. Patiño, *Plantas Cultivadas y Animales Domésticos en América Equinoctial*, V ,

Animales Domésticos Introducidos (Cali: Imprenta Departmental, 1970), 308.

6 Mark Catesby, *The Natural History of Carolina*, *Florida and the Bahama Islands* (London: 1731-43), II, xx.

7 Thomas Morton, "New English Canaan," *Tracts and Other Papers Relating Principally to the Origin*, *Settlement*, *and Progress of the Colonies in North America*, ed. Peter Force (New York: Peter Smith, n. d.), II, 61.

8 E. M. Pullar, "The Wild (Feral) Pigs of Australia: Their Origin, Distribution and Economic Importance," *Memoirs of the National Museum of Victoria* No. 18 (18 May 1953): 8-9.

9 Pullar, "Wild (Feral) Pigs," *Memoirs of the National Museum of Victoria* No. 18 (18 May 1953): 16-18; Crosby, *Columbian Exchange*, 75-9; "Cerdo," *Gran Enciclopedia Argentina* (Buenos Aires: Ediar, 1956), II, 267; W. H. Hudson, *Far Away and Long Ago*, *a History of My Early Life* (New York: Dutton, 1945), 170-2; Joseph Sánchez Labrador, *Paraguay Cathólico. Los Indios: Pampas*, *Peulches*, *Patagones*, ed. Guillermo Fúrlong Cárdiff (Buenos Aires: Viau y Zona, Editores, 1936), 168.

10 Peter Martyr D'Anghera, *De Orbo Novo*, trans. F. A. MacNutt (New York: Putnam, 1912), I, 180; Bartolomé de las Casas, *Apologética Historia Sumario*, ed. Edmundo O'Gorman (México: Universidad Nacional Autónoma de México, Instituto de Investigaciones Históricas, 1967), I, 30; Antonio de Herrera, *The General History of the Vast Continents and Islands of America*, trans. John Stevens (London: Wood & Woodward, 1740), II, 157.

11 Bartolomé de las Casas, *Historia de las Indias*, ed. Agustín Millares Carlo (México: Fondo de Cultura Económica, 1951), I, 351; Patiño, *Plantas*, V, 312.

12 Crosby, *Columbian Exchange*, 79; Marc Lescarbot, *The History of New France*, trans. W. L. Grant (Toronto: Champlain Society, 1907), I, xi-xii.

13 Robert Beverley, *The History and Present State of Virginia* (Chapel Hill: University of

337

Carolina Press, 1947), 153, 318.

14 Crosby, *Columbian Exchange*, 78; Pullar, "Wild (Feral) Pigs," *Memoirs of the National Museum of Victoria* No. 18 (18 May 1953): 10-11; Tracy I. Storer, "Economic Effects of Introducing Alien Animals into California," *Proceedings of the Fifth Pacific Science Conference, Canada* I (1933): 779.

15 Henry W. Haygarth, *Recollections of Bush Life in Australia* (London: John Murray, 1848), 148.

16 Harry F. Recher, Daniel Lunney, and Irina Dunn, eds., *A Natural Legacy: Ecology in Australia* (Rushcutter's Bay, N. S. W.: Pergamon Press, 1979), 136; Eric C. Rolls, *They All Ran Wild, the Story of Pests on the Land in Australia* (Sydney: Angus & Robertson, 1969), 338.

17 Pullar, "Wild (Feral) Pigs," *Memoirs of the National Museum of Victoria* No. 18 (18 　338 May 1953): 13-15.

18 Hudson, *Far Away*, 170, 172. Today's pigs are no different from yesterday's in their ability to go wild. In 1983, an estimated 5, 000 wild pigs were roaming the Cape Kennedy Space Center in Florida, descendants of tame swine owned by local residents whose land the National Aeronautics and Space Administration bought in the 1960s to expand the base. "Space Center's Problem Pigs a Taste Treat at Florida Jail," *New York Times*, 12 September 1983, p. A20.

19 John E. Rouse, *The Criollo, Spanish Cattle in the Americas* (Norman: University of Oklahoma Press, 1977), 21, 24, 33, 44-6, 50, 52-3, 64-5.

20 Crosby, *Columbian Exchange*, 88.

21 Juan Agustín de Morfí, *Viaje de Indios y Diario Nuevo México* (México: Bibliófilos Mexicanos, 1935), 165.

22 Rollie E. Poppino, *Brazil, the Land and People*, 2nd ed. (Oxford University Press, 1973), 71, 109, 233.

23 Crosby, *Columbian Exchange*, 91; Horacio C. E. Gilberti, *Historia Económica de la Ganadería Argentina* (Buenos Aires: Solar/Hachette, 1974), 20-5; Paolo Blanco Acevedo, *El Gobierno Colonial en el Uruguay y los Orígines de la Nacionalidad* (Montevideo: 1936), II, 7, 15.

24 Esteban Campal, ed., *Azara y su Legado al Uruguay* (Montevideo: Ediciones de la Banda Oriental, 1969), 176; see also Thomas Falkner, *A Description of Patagonia* (Chicago: Armann & Armann, 1935), 38.

25 Hudson, *Far Away*, 288.

26 Martin Dobrizhoffer, *An Account of the Abipones, an Equestrial People* (London: John Murray, 1822), I, 219; Crosby, *Columbian Exchange*, 88.

27 Rouse, *Criollo*, 92; Ray Allen Billington, *Westward Expansion, a History of the American Frontier* (New York: Macmillan, 1974), 4, 60.

28 John Lawson, *A New Voyage to Carolina* (London: 1709; Readex Microprint, 1966), 4.

29 Lewis C. Gray, *History of Agriculture in the Southern United States to* 1860 (Washington, D. C. : Carnegie Institute of Washington, 1933), I, 141.

30 Frank L. Owsley, "The Pattern of Migration and Settlement on the Southern Frontier," *Journal of Southern History* II (May 1945): 151.

31 Michel Guillaume St. Jean de Crèvecoeur, *Journey into Northern Pennsylvania and the State of New York*, trans. Clarissa S. Bostelmann (Ann Arbor: University of Michigan Press, 1964), 333, 336.

32 *The Reverend John Clayton, A Parson with a Scientific Mind. His Writings and Other Related Papers*, eds. Edmund Berkeley and Dorothy S. Berkeley (Charlottesville: University Press of Virginia, 1965), 88.

339 33 John White, *Journal of a Voyage to New South Wales* (Sydney: Angus & Robertson, 1962), 142, n. 242, n. 257; Commonwealth of Australia, *Historical Records of Aus-*

tralia, Series I *Governors' Dispatches to and From England* (The Library Committee of the Commonwealth Parliament, 1914-25), I, 55, 77, 96.

34 *Historical Records of Australia*, Series I, I, 550-1.

35 *Historical Records of Australia*, Series I, I, 310, 461, 603, 608; II, 589; V, 590-2; VI, 641; VIII, 150-1; IX, 715.

36 *Historical Records of Australia*, Series I, IX, 349; X, 91-2, 280, 682; "Cowpastures," *Australian Encyclopedia*, II, 134.

37 Haygarth, *Recollections*, 55.

38 Peter Cunningham, *Two Years in New South Wales* (London: Henry Colburn, 1828), I, 272.

39 "Cattle Industry," *Australian Encyclopedia*, I, 483.

40 T. L. Mitchell, *Three Expeditions into the Interior of Eastern Australia* (London: T. & W. Boone, 1838), II, 306.

41 Haygarth, *Recollections*, 59-61, 65-6.

42 Peter Martyr D'Anghera, *De Orbo Novo*, I, 113; Robert M. Denhardt, *The Horse of the Americas* (Norman: University of Oklahoma Press, 1975), 27-84; Crosby, *Columbian Exchange*, 79-85.

43 Patiño, *Plantas*, V, 137-8.

44 Samuel Purchas, ed. , *Hakluytus Posthumus, or Purchas His Pilgrimes* (Glasgow: James MacLehose & Sons, 1905-7), XIV, 500.

45 Morfí, *Viaje*, 334; Frances Perry, ed. , *Complete Guide to Plants and Flowers* (New York: Simon & Schuster, 1974), 463; Oscar Sánchez, *Flora del Valle de México* (México: Editorial Herro, S. A. , 1969), 186-8; Robert T. Clausen, *Sedum of North America North of the Mexican Plateau* (Ithaca: Cornell University Press, 1975), 554.

46 Denhardt, *Horse*, 92.

47 Denhardt, *Horse*, 92, 126.

48 Frank G. Roe, *The Indian and the Horse* (Norman: University of Oklahoma Press, 1955), 64-65. See also William Bartram, *Travels of William Bartram*, ed. Mark Van Doren (New York: Dover, 1955), 187-8; Fairfax Harrison, *The John's Island Stud* (*South Carolina*), 1750—1788 (Richmond: Old Dominion Press, 1931), 166-71.

49 Peter Kalm, *Travels into North America* (Barre, Mass.: The Imprint Society, 1972), 115, 226, 255, 366; Denhardt, *Horse*, 92; John Josselyn, *An Account of Two Voyages to New England Made During the Years 1638, 1663* (Boston: William Veazie, 1865), 146.

50 Adolph B Benson, ed., *The America of 1750, Peter Kalm's Travels in North America* (New York: Wilson-Erickson, 1937), II, 737; *Rev. John Clayton*, 105; Gray, *History of Agriculture*, I, 140; Beverley, *History and Present State of Virginia*, 322.

51 Tom L. McKnight, "The Feral Horse in Anglo-America," *Geographical Review* 49 (October 1959): 506, 521; see also Hope Ryden, *America's Last Wild Horses* (New York: Dutton, 1978).

52 Crosby, *Columbian Exchange*, 84-5; Antonio Vazquez de Espinosa, *Compendium and Description of the West Indies*, trans. Charles Upson Clark (Washington, D. C.: Smithsonian Institution, 1942), 675, 694; Blanco Acevedo, *Gobierno Colonial en el Uruguay*, 7, 23.

53 William MacCann, *Two Thousand Mile Ride through the Argentine Provinces* (London: Smith, Elder & Co., 1852), I, 23.

54 Falkner, *Description of Patagonia*, 39.

55 *Historical Records of Australia*, Series I, I, 55.

56 "Horses," *Australian Encyclopedia*, III, 329.

57 "Brumby," *Australian Encyclopedia*, I, 409; A. G. L. Shaw and C. M. H. Clark, eds., *Australian Dictionary of Biography* (Cambridge University Press, 1966), I, 171; Rolls, *They All Ran Wild*, 349.

58 Haygarth, *Recollections*, 61, 74, 77-8, 83; "Vermin," *Walkabout*, 38 (September 1972): 4-7; Anthony Trollope, *Australia*, eds. P. D. Edwards and R. B. Joyce (St. Lucia: University of Queensland Press, 1967), 212.

59 Haygarth, *Recollections*, 77, 81; Trollope, *Australia*, 212.

60 Rolls, *They All Ran Wild*, 349-51.

61 *Judges* 14: 8; Rémy Chauvin, *Traité de Biologie de l'Abeille* (Paris: Masson et Cie, 1968), I, 38-9.

62 John B. Free, *Bees and Mankind* (London: Allen & Unwin, 1982), 115; Elizabeth B. Pryor, *Honey, Maple Sugar and Other Farm Produced Sweetners in the Colonial Chesapeake* (Accokeek, Md. : The Accokeek Foundation, 1983), passim; Patiño, *Plantas*, V, 23-5; *Obras de Bernabé Cobo* (Madrid: Ediciones Atlas, 1956), I, 332-6; Nils E. Nordenskiold, "Modifications on Indian Culture through Inventions and Loans," *Comparative Ethnographic Studies* No. 8 (1930): 196-210; Ricardo Piccirilli, Francisco L. Romay, and Leoncio Gianello, eds. , *Diccionario Histórico Argentino* (Buenos Aires: Ediciones Históricas Argentinas, n. d.), I, 4; Eva Crane, ed. , *Honey, a Comprehensive Survey* (New York: Crane, Russak & Co. , 1975), 126-7, 477.

63 Crane, *Honey*, 475; Everett Oertel, "Bicentennial Bees, Early Records of Honey Bees in the Eastern United States," *American Bee Journal* 116 (February 1976): 70-1; (March, 1976): 114, 128.

64 Crane, *Honey*, 476.

65 Crane, *Honey*, 476; Oertel, "Bicentennial Bees," *American Bee Journal* 116 (May 1976): 215; (June 1976): 260.

66 Washington Irving, *A Tour on the Prairie*, ed. John F. McDermott (Norman: University 341 of Oklahoma Press, 1956), n. 50.

67 Irving, *Tour*, 52-3.

68 Paul Dudley, "An Account of a Method Lately Found in New England for Discovering

where the Bees Hive in the Woods, in order to get their Honey," *Philosophical Transactions of the Royal Society of London* 31 (1720-1): 150; Crèvecoeur, *Journey*, 166. See also *The Portable Thomas Jefferson*, ed. Merril Peterson (New York: Viking Press, 1975), III; Irving, *Tour*, 50.

69 Crane, *Honey*, 4; "Beekeeping," *Australian Encyclopedia*, I, 275; "Bees," *Australian Encyclopedia*, I, 297; *Historical Records of Australia*, Series I, XI, 386.

70 Cunningham, *Two Years*, I, 320-1; James Backhouse, *A Narrative of a Visit to the Australian Colonies* (London: Hamilton, Adams & Co., 1843), 23; Henry W. Parker, *Van Dieman's Land, Its Rise, Progress and Present State, with Advice to Emigrants* (London: J. Cross, 1834), 193.

71 Crane, *Honey*, 68-70.

72 Trollope, *Australia*, 211.

73 Crane, *Honey*, 116-39.

74 *Obras de Bernabé Cobo*, I, 350-2; Garcilaso de la Vega, *Royal Commentaries of the Incas and General History of Peru*, trans. Harold V. Livermore (Austin: University of Texas Press, 1966), I, 589-90.

75 *Acuerdos del Extinguido Cabildo de Buenos Aires*, Series I (Buenos Aires: Talleres Gráficos de la Penitenciaria Nacional, 1907-34), I, 96; II, 406; III, 374; IV, 76-7; Alexander Gillespie, *Gleanings and Remarks Collected During Many Months of Residence at Buenos Aires* (Leeds: B. Dewirst, 1818), 120.

76 John Smith, *A Map of Virginia with a Description of the Country* (Oxford: Joseph Banks, 1612), 86-7. For the story of poor Bermuda and rats, See *Travels and Works of Captain John Smith*, ed. Edward Arber (New York: Burr Franklin, n. d.), II, 658-9.

77 Marc Lescarbot, *The History of New France* (Toronto: Champlain Society, 1914), III, 226-7.

78 *Historical Records of Australia*, Series I, I, 143-4.

79 Rolls, *They All Ran Wild*, 330.

80 "Mammals, Introduced," *Australian Encyclopedia*, IV, 111.

81 Paul L. Errington, *Muskrat Population* (Ames: Iowa University Press, 1963), 475-81; see also Hans Kampmann, *Der Waschbar* (Hamburg: Verlag Paul Parey, 1975) .

82 Albert B. Friedman, ed. , *The Penguin Book of Folk Ballads of the English-speaking World* (Harmondsworth: Penguin Books, 1976), 432-4.

第九章　疾病　　　　　　　　　　　　　　　　　　　　　　　342

1 Alfred W. Crosby, "Virgin Soil Epidemics as a Factor in the Aboriginal Depopulation in America," *William and Mary Quarterly*, 3rd series 33 (April 1976): 293-4.

2 Donald Joralemon, "New World Depopulation and the Case of Disease," *Journal of Anthropological Research* 38 (Spring 1982): 118.

3 This is, of course, a matter of ambiguities and controversies. See Calvin Martin, *Keepers of the Game. Indian-Animal Relationships and the Fur Trade* (Berkeley: University of California Press, 1978), 48; William Denevan, "Introduction," *The Native Population of the Americas in 1492*, ed. William Denevan (Madison: University of Wisconsin Press, 1976), 5; Marshall T. Newman, "Aboriginal New World Epidemiology and Medical Care, and the Impact of Old World Disease Imports," *American Journal of Physical Anthropology* 45 (November 1976): 671; Henry F. Dobyns, *Their Number Become Thinned, Native American Population Dynamics in Eastern North America* (Knoxville: University of Tennessee Press, 1983), 34.

4 Ronald M. Berndt and Catherine H. Berndt, *The World of the First Australians* (London: Angus & Robertson, 1964), 18; Peter M. Moodie, *Aboriginal Health* (Canberra: Australian National University Press, 1973), 29; A. A. Abbie, "Physical Changes in Australian Aborigines Consequent Upon European Contact," *Oceania* 31 (December 1960): 140.

5 Bartolomé de las Casas, *Historia de las Indias*, ed. Agustín Millares Carlo (México: Fondo de Cultura Economica, 1951), I, 332; *Journals and Other Documents of the Life and Voyages of Christopher Columbus*, trans. Samuel Eliot Morison (New York: Heritage Press, 1963), 68, 93; *Four Voyages of Christopher Columbus*, trans. T. M. Cohen (Baltimore: Penguin Books, 1969), 151. For slightly different numbers, see Peter Martyr D'Anghera, *De Orbo Novo*, trans. F. A. MacNutt (New York: Putnam, 1912), I, 66; Andrés Bernáldez, *Historia de los Reyes Católicos Don Fernando y Doña Isabel*, in *Crónicas de los Reyes de Castilla desde Don Alfonso el Sabio, Hasta los Católicos Don Fernando y Doña Isabel* (Madrid: M. Rivadeneyra, 1878), III, 660.

6 Bernáldez, *Historia de los Reyes Católicos*, III, 668; *Journals and Other Documents of Columbus*, 226-7.

7 Louis Becke and Walter Jeffery, *Admiral Phillip* (London: Fisher & Unwin, 1909), 74-5.

8 Macfarlane Burnet and David O. White, *Natural History of Infectious Disease* (Cambridge University Press, 1972), 100.

9 There are sequels galore to this story. For instance, Jacques Cartier returned to France from his 1534 voyage to Canada with ten Amerindians on board. In seven years all had died of European diseases but one, a young girl. See Bruce G. Trigger, *The Children of Aataentsic, A History of the Huron People to 1660* (Montreal: McGill-Queen's University Press, 1976), I, 200-1.

10 I shall always be referring to the often fatal variola major smallpox. The mild variola minor did not appear until late in the nineteenth century. Donald R. Hopkins, *Princes and Peasants, Smallpox in History* (University of Chicago Press, 1983), 5-6.

11 Michael W. Flinn, *The European Demographic System, 1500—1800* (Baltimore: Johns Hopkins Press, 1981), 62-3; Ann G. Carmichael, "Infection, Hidden Hunger, and History," *Hunger and History, The Impact of Changing Food Production and Consump-*

343

tion Patterns on Society, eds. Robert I. Rotberg and Theodore K. Rabb (Cambridge University Press, 1985), 57.

12 Alfred W. Crosby, *The Columbian Exchange, Biological and Cultural Consequences of 1492* (Westport, Conn. : Greenwood Press, 1972), 47-58.

13 Harold E. Driver, *Indians of North America* (University of Chicago Press, 1969), map 6; Jane Pyle, " A Reexamination of Aboriginal Population Claims for Argentina," *The Native Population of the Americas in 1492*, ed. William Denevan (Madison: University of Wisconsin Press, 1976), 184-204; Dobyns, *Their Number Become Thinned*, 259.

14 *The Merck Manual*, 12th ed. (Rahway, N. J. : Merck Sharp & Dohme Research Laboratories, 1972), 37-9; Martin Dobrizhoffer, *An Account of the Abipones, an Equestrial People of Paraguay* (London: John Murray, 1822), II, 338.

15 John Duffy, "Smallpox and the Indians in the American Colonies," *Bulletin of the History of Medicine* 25 (July-August 1951): 327.

16 William Bradford, *Of Plymouth Plantation*, ed. Samuel Eliot Morison (New York: Knopf, 1952), 171.

17 Trigger, *Children*, II, 588-602.

18 Dobyns, *Their Number Become Thinned*, 15.

19 Crosby, "Virgin Soil Epidemics," *William and Mary Quarterly*, 3rd series 33 (April 1976): 290-1.

20 Richard White, *Land Use, Environment, and Social Change. The Shaping of Island County, Washington* (Seattle: University of Washington Press, 1980), 26-7; Robert H. Ruby and John A. Brown, *The Chinook Indians, Traders of the Lower Columbia River* (Norman: University of Oklahoma Press, 1976), 80.

21 Juan López de Velasco, *Geografía y Descripción Universal de las Indias desde el Año de 1571 al de 1574* (Madrid: Establecimiento Tipografico de Fortanet, 1894), 552.   344

22 Pedro Lautaro Ferrer, *Historia General de la Medicina en Chile*, I, *Desde* 1535 *Hasta la*

Inauguración de la Universidad de Chile en 1843 (Santiago de Chile: Talca, de J. Martín Garrido C., 1904), 254-5; José Luis Molinari, *Historia de la Medicina Argentina* (Buenos Aires: Imprenta López, 1937), 98; Dauril Alden and Joseph C. Miller, "Unwanted Cargoes," unpublished manuscript, University of Washington, Seattle.

23 Roberto H. Marfany, *E*1 *Indio en la Colonización de Buenos Aires* (Buenos Aires: Talleres Gráficos de la Penitenciaría Nacional de Buenos Aires, 1940), 24; Molinari, *Historia de la Medicina Argentina*, 98-9; Pedro Leon Luque, "La Medicina en la Epoca Hispanica," *Historia General de la Medicina Argentina* (Córdoba: Dirección General de Publicaciones, 1976), 50-1; Eliseo Cantón, *Historia de la Medidna en el Río de la Plata* (Madrid: Imp. G. Hernández y Galo Saez, 1928), I, 369-74; Alden and Miller, "Unwanted Cargoes."

24 Rafael Schiaffino, *Historia de la Medicina en el Uruguay* (Montevideo: Imprenta Nacional, 1927-52), I, 416-17, 419; Dobrizhoffer, *Abipones*, 240.

25 Thomas Falkner, *A Description of Patagonia* (Chicago: Armann & Armann, 1935), 98, 102-3, 117; *Handbook of South American Indians*, ed. Julian H. Steward (Washington D. C. : United States Government Printing Office, 1946-59), VI, 309-10; see also Guillermo Fúrlong, *Entre las Pampas de Buenos Aires* (Buenos Aires: Talleres Gráficos "San Pablo," 1938), 59.

26 Cantón, *Historia de la Medicina*, I, 373-4.

27 Commonwealth of Australia, *Historical Records of Australia*, Series I, *Governors' Dispatches to and From England* (The Library Committee of the Commonwealth Parliament, 1914-25), I, 63, 144.

28 *Historical Records of Australia*, Series I, I, 159; J. H. L. Cumpston, *The History of Small-pox in Australia, 1788—1900* (Commonwealth of Australia, Quarantine Service, publication no. 3, 1914), 164.

29 John Hunter, *An Historical Journal at Sydney and at Sea* (Sydney: Angus & Robertson,

1968）, 93.

30 Cumpston, *History of Small-pox in Australia*, 3, 7, 147-8, 160; Peter M. Moodie, *Aboriginal Health* (Canberra: Australian National University Press, 1973), 156-7; Edward M. Curr, *The Australian Race* (Melbourne: John Ferres, 1886), I, 213-14.

31 Curr, *Australian Race*, I, 214, 226-7.

32 Henry Reynolds, *Aborigines and Settlers, the Australian Experience, 1788—1939* (North Melbourne: Cassell Australia, 1972), 72; Cumpston, *History of Small-pox in Australia*, 147-8, 154; George Angas, *Savage Life and Scenes in Australia and New Zealand* (London: Smith Elder & Co. , 1847), II, 226; see also W. C. Wentworth, *A Statistical Account of the British Settlements in Australia* (London: Geo. B. Whittaker, 1824), 311.

33 Quoted in abbreviated form from Alice Marriott and Carol Rachlin, *American Indian*　345 *Mythology* (New York: New American Library, 1968), 174-5.

34 *Winthrop Papers, 1631—1637* (Boston: Massachusetts Historical Society, 1943), III, 167.

35 Moodie, *Aboriginal Health*, 217-18.

36 Alvar Nuñez Cabeza de Vaca, *Relation of Nuñez Cabeza de Vaca* (United States: Readex Microprint Corp. , 1966), 74-5, 80.

37 Daniel Drake, *Malaria in the Interior Valley of North America, a Selection*, ed. Norman D. Levine (Urbana: University of Illinois Press, 1964), passim.

38 This is as good a place as any to deal with the old legend of intentional European bacteriological warfare. The colonists certainly would have liked to wage such a war and did talk about giving infected blankets and such to the indigenes, and they may even have done so a few times, but by and large the legend is just that, a legend. Before the development of modern bacteriology at the end of the nineteenth century, diseases did not come in ampules, and there were no refrigerators in which to store the ampules. Disease was,

in practical terms, people who were sick – an awkward weapon to aim at anyone. As for infected blankets, they might or might not work. Furthermore, and most important, the intentionally transmitted disease might swing back on the white population. As whites lived longer and longer in the colonies, more and more of them were born there and did not go through the full gauntlet of Old World childhood diseases. These people were dedicated to quarantining smallpox, not to spreading it.

39 Jacquetta Hawkes, ed. , *Atlas of Ancient Archeology* (New York: McGraw-Hill, 1974), 234.

40 Richard B. Morris, ed. , *Encyclopedia of American History* (New York: Harper & Bros. , 1953), 442.

41 Jesse D. Jennings, *Prehistory of North America* (New York: McGraw-Hill, 1974), 220-65; Melvin L. Fowler, "A Pre-Columbian Urban Center on the Mississippi," *Scientific American*, 223 (August 1975): 93-101; Robert Silverberg, *The Mound Builders* (New York: Ballantine Books, 1974), 3, 16-81.

42 *Narratives of the Career of Hernando de Soto*, trans. Buckingham Smith (New York: Allerton Book Co. , 1922), I, 65, 70-1.

346 43 Garcilaso de la Vega, *The Florida of the Inca*, trans. John Varner and Jeannette Varner (Austin: University of Texas Press, 1962), 315-25.

44 Dobyns, *Their Number Become Thinned*, 294.

45 John R. Swanton, *The Indians of the Southeastern United States* (Smithsonian Institution Bureau of American Ethnology, bulletin 137, 1946), 11-21; Driver, *Indians of North America*, map 6; Alfred Kroeber, *Cultural and Natural Areas of Native North America* (Berkeley: University of California Press, 1963), 88-91; William G. Haag, "A Prehistory of Mississippi," *Journal of Mississippi History* 17 (April 1955): 107; Dobyns, *Their Number Become Thinned*, 198.

46 Erhard Rostlund, "The Geographical Range of the Historic Bison in the Southeast," *An-*

nals of the Association of American Geographers 50 (December 1970): 395-407.

47 Narratives of the Career of De Soto, I, 66-7; Garcilaso de la Vega, Florida of the Inca, 298, 300, 302, 315, 325.

48 Narratives of the Career of De Soto, I, 27, 67; II, 14.

49 Charles Creighton, A History of Epidemics in Britain (Cambridge University Press, 1891), I, 585-9; Julian S. Corbett, ed., Papers Relating to the Navy During the Spanish War, 1585—1587 (Navy Records Society, 1898), XI, 26.

50 John R. Swanton, Indian Tribes of the Lower Mississippi Valley and Adjacent Coast of the Gulf of Mexico (Smithsonian Institution Bureau of American Ethnology, bulletin no. 43, 1911), 39. See also Dobyns, Their Number Become Thinned, 247-90; George R. Milner, "Epidemic Disease in the Postcontact Southeast: A Reappraisal," Mid-Continent Journal of Archeology 5 (No. I, 1980): 39-56. The archeologists are beginning to produce physical evidence that supports the hypothesis of fierce epidemics, swift population decline, and radical cultural change in the Gulf region in the sixteenth century. See Caleb Curren, The Protohistoric Period in Central Alabama (Camden, Ala.: Alabama Tombigbee Regional Commission, 1984), 54, 240, 242.

51 T. D. Stewart, "A Physical Anthropologist's View of the Peopling of the New World," Southwest Journal of Anthropology 16 (Autumn 1960): 266-7; Philip H. Manson-Bahr, Manson's Tropical Diseases (Baltimore: Williams & Wilkins, 1972), 108-9, 143, 579-82, 633-4. See also Newman, "Aboriginal New World Epidemiology," American Journal of Physical Anthropology 45 (November 1976): 669.

52 Crosby, Columbian Exchange, 122-64.

53 Crosby, Columbian Exchange, 209; J. R. Audy, "Medical Ecology in Relation to Geography," British Journal of Clinical Practice 12 (February 1958): 109-10.

第十章　新西兰 347

1 Graeme R. Stevens, New Zealand Adrift, the Theory of Continental Drift in a New Zeal-

and Setting (Wellington: A. H. & A. W. Reed, 1980), 240.

2 Gordon R. Williams, ed., *The Natural History of New Zealand, an Ecological Survey* (Wellington: A. H. & A. W. Reed, 1973), 4; Joseph Banks, *The Endeavour Journal of Joseph Banks, 1768—1771*, ed. J. C. Beaglehole (Sydney: Augus & Robertson, 1962), II, 8,

3 Stevens, *New Zealand*, 249-54. For a careful appraisal of New Zealand's vertebrates, see P. C. Bull and A. H. Whitaker, "The Amphibians, Reptiles, Birds and Mammals," *Biogeography and Ecology of New Zealand*, ed. G. Kuschel (The Hague: Dr. W. Junk, 1975), 231-76.

4 How the Amerindian sweet potato became a Polynesian staple is a fascinating and controversial matter; see D. E. Yen, *The Sweet Potato and Oceania* (Honolulu: Bernice P. Bishop Museum bulletin No. 236, 1974).

5 J. C. Beaglehole's *The Discovery of New Zealand* (Oxford University Press, 1961) is a fine little book on this period.

6 W. J. Wendelken, "Forests," *New Zealand Atlas*, ed. Ian Wards (Wellington: A. R. Shearer, 1976), 98; Janet M. Davidson, "The Polynesian Foundation," *Oxford History of New Zealand*, eds. W. H. Oliver with B. R. Williams (Oxford University Press, 1981), 7.

7 Peter Buck, *The Coming of the Maori* (Wellington: Whitcombe & Tombs, 1950), 19, 64, 103; W. Colenso, "Notes Chiefly Historical on the Ancient Dog of the New Zealanders," *Transactions and Proceedings of the New Zealand Institute* 10 (1877): 150. Hereafter I shall refer to this Journal as *TPNZI*.

8 D. Ian Pool, *The Maori Population of New Zealand, 1769—1971* (University of Auckland Press, 1977), 49-51.

9 Richard A. Cruise, *Journal of Ten Months' Residence in New Zealand* (Christchurch: Capper Press, 1974), 37.

10 *The Journals of Captain James Cook on His Voyages of Discovery*, I, *The Voyage of the Endeavour*, *1768—1771*, ed. J. C. Beaglehole (Cambridge: Hakluyt Society, 1955), 276-78.

11 Robert McNab, *Murihiku* (Wellington: Whitcombe & Tombs, 1909), 92-100, 208; *Historical Records of New Zealand*, ed. Robert McNab (Wellington: John MacKay, 1908-14), I, 459; Kenneth B. Cumberland, "A Land Despoiled: New Zealand about 1838," *New Zealand Geographer*, 6 (April 1950): 14.

12 *Irish University Press*, *British Parliamentary Papers. . . Colonies*, *New Zealand*, II, 100, 615. Hereafter the title of this source will be abbreviated to *BPPCNZ*.　348

13 Harrison M. Wright, *New Zealand*, *1769—1840. Early Years of Western Contact* (Cambridge: Harvard University Press, 1959), 27-8.

14 Wright, *New Zealand*, 44.

15 Herman Melville, *Omoo*, *a Narrative of Adventures in the South Seas* (Evanston: Northwestern University Press, 1968), 10, 71.

16 *Historical Records of New Zealand*, I, 553; Georg Forster, *Florulae Insularum Australium Prodromus* (Gottingae: Joann. Christian Dieterich, 1786), 7; Elmer D. Merrill, *The Botany of Cook's Voyages* (Waltham, Mass. : Chronica Botanica Co. , 1954), 227; T. Kirk, "Notes on Introduced Grasses in the Province of Auckland," *TPNZI* 4 (1871): 295.

17 John Savage, *Savage's Account of New Zealand in 1805 together with the Schemes of 1771 and 1824 for Commerce and Colonization* (Wellington: L. T. Watkins, 1939), 63.

18 Cruise, *Ten Months*, 315-16.

19 W. R. B. Oliver, "Presidential Address: Changes in the Flora and Fauna of New Zealand," *TPNZI*, 82 (February 1955): 829.

20 Wright, *New Zealand*, 67-8.

21 Wright, *New Zealand*, 65; *An Encyclopedia of New Zealand*, ed. A. H. McLintock

（Wellington: R. E. Owen, 1966）, II, 390; K. A. Wodzicki, *Introduced Mammals of New Zealand*, *An Ecological and Economic Survey* (Wellington: Department of Scientific and Industrial Research, 1950）, 227-8.

22 A. E. Mourant, Ada C. Kopec and Kazimiera DomaniewskaSobczak, *The Distribution of the Human Blood Groups and Other Polymorphisms* (Oxford University Press, 1976）, 105, map 2; R. T. Simmons, "Blood Group Genes in Polynesians and Comparisons with Other Pacific Peoples," *Oceania* 32 (March 1962）: 198-9, 209; J. R. H. Andrews, "The Parasitology of the Maori in Pre-Columbian Times," *New Zealand Medical Journal* 84 (28 July 1976）: 62-4; P. Houghton, "Prehistoric New Zealanders," *New Zealand Medical Journal* 87 (22 March 1978）: 213, 215; *Journals of Cook*, I, 278; Banks, *Endeavour Journal*, I, 443-4; II, 21-2.

23 Buck, *Coming of Maori*, 404-9; C. Servant, *Customs and Habits of the New Zealanders, 1838-42*, trans. J. Glasgow (Wellington: A. H. & A. W. Reed, 1973）, 41.

24 Buck, *Coming of Maori*, 365, 369-70; Banks, *Endeavour Journal*, I, 461; II, 13-14; Wright, *New Zealand*, 73-4.

349 25 Arthur S. Thomson, *The Story of New Zealand*: *Past and Present – Savage and Civilized* (London: John Murray, 1859）, II, 286-7, 334, 336-7.

26 René Dubos and Jean Dubos, *The White Plague*: *Tuberculosis, Man and Society* (Boston: Little, Brown, 1952）, 8-10.

27 J. C. Beaglehole, *The Life of Captain James Cook* (Stanford University Press, 1974）, 269; L. K. Gluckman, *Medical History of New Zealand Prior to* 1860 (Christchurch: Whitcoulls, 1976）, 26; James Watt, "Medical Aspects and Consequences of Cook's Voyages," in *Captain James Cook and His Times*, ed. Robin Fisher and Hugh Johnston (Vancouver: Douglas & McIntyre, 1979）, 141, 152, 156.

28 At that time, science did not differentiate between syphilis and gonorrhea and was inclined to think of all venereal infections in the singular.

29 Gluckman, *Medical History*, 191-5; *Historical Records of New Zealand*, II, 204.

30 Peter Buck, "Medicine amongst the Maoris in Ancient and Modern Times," thesis for doctorate of medicine, New Zealand, Alexander Turnbull Library, Wellington, New Zealand, 82-3; W. H. Goldie, "Maori Medical Lore," *TPNZI* 37 (1904): 84; Gluckman, *Medical History*, 167-8.

31 Robert C. Schmitt, "The Okuu - Hawaii's Epidemic," *Hawaii Medical Journal*, 29 (May-June 1970): 359-64.

32 Savage, *Journal of New Zealand*, 87.

33 Thomson, *Story of New Zealand*, I, 305-8.

34 *The Letters and Journals of Samuel Marsden*, ed. John R. Elder (Dunedin: Coulls Somerville Wilkie, 1932), 67; J. L. Nicholas, *Narrative of a Voyage to New Zealand* (Auckland: Wilson & Horton, n. d.), I, 84-5.

35 William Yate, *An Account of New Zealand* (Shannon: Irish University Press, 1970), 103.

36 Raymond Firth, *Economics of the New Zealand Maori* (Wellington: R. E. Owen, 1959), 443.

37 Cruise, *Ten Months*, 20.

38 *Encyclopedia of New Zealand*, I, 111-12; Wright, *New Zealand*, 97-9.

39 D. U. Urlich, "The Introduction and Diffusion of Firearms in New Zealand, 1800—1840," *Journal of the Polynesian Society* 79 (December 1970): 399-409.

40 Charles Darwin, *Voyage of the Beagle* (Garden City, N. Y.: Doubleday, 1962), 426.

41 J. S. Polack, *New Zealand: Being a Narrative of Travels and Adventures* (London: R. Bentley, 1838), I, 290-2.

42 Polack, *New Zealand*, I, 313.

43 *Letters and Journals of Marsden*, 230; Polack, *New Zealand*, I, 315; *The Early Journals of Henry Williams*, ed. Lawrence M. Rogers (Christchurch: Pegasus Press,

41 ... (London: 350

1961), 342.

44 Nicholas, *Narrative*, II, 249; Darwin, *Voyage*, 423; *BPPCNZ*, II, pt. 2, 64.

45 Yate, *Account*, 75.

46 Richard Sharell, *New Zealand Insects and their Story* (Auckland: Collins, 1971),
   176; William Charles Cotton, *A Manual for New Zealand Bee Keepers* (Wellington:
   R. Stokes, 1848), 7, 8, 51-2; *Encyclopedia of New Zealand*, I, 186;
   W. T. Travers, "On Changes Effected in the Natural Features of a New Country by the
   Introduction of Civilized Races," *TPNZI* 2 (1869): 312.

47 *Letters and Journals of Marsden*, 383.

48 Nicholas, *Narrative*, I, 121, 257; II, 396; *Letters and Journals of Marsden*, 63-70,
   76, 239, 246; *The Missionary Register* (August 1820): 326-7, 499-500; *Marsden's
   Lieutenants*, ed. John R. Elder (Dunedin: Otago University Council, 1934), 167;
   John B. Marsden, *Memoirs of the Life and Labours of Samuel Marsden* (London: Reli-
   gious Tract Society, 1858), 153-4, 157; H. T. Purchas, *A History of the English
   Church in New Zealand* (Christchurch: Simpson &Williams, 1914), 36-7; Gluck-
   man, *Medical History*, 209; Cruise, *Ten Months*, 20; Wright, *New Zealand*, 97-8.

49 Thomson, *Story of New Zealand*, I, 212.

50 Thomson, *Story of New Zealand*, I, 213; Pool, *Maori Population*, 119.

51 Augustus Earle, *Narrative of a Residence in New Zealand*, ed. E. H. McCormick (Oxford
   University Press, 1966), 121-2; *Early Journals of Williams*, 87-9, 92; Pool, *Maori
   Population*, 126; Joel Polack, *Manners and Customs of the New Zealanders* (Christ-
   church: Capper Press, 1976), II, 98.

52 *Historical Records of New Zealand*, I, 555; Cruise, *Ten Months*, 284.

53 Earle, *Narrative*, 178.

54 *Duperry's Visit to New Zealand in* 1824, ed. Andrew Sharp (Wellington: Alexander
   Turnbull Library, 1971), 55.

55 *BPPCNZ*, I, pt. 1, 19, 22.

56 *Historical Records of New Zealand*, I, 555.

57 Darwin, *The Voyage of the Beagle* (Garden City, N. Y.: Doubleday, 1962), 434; Judith Binney, "Papahurihia: Some Thoughts on Interpretation," *Journal of the Polynesian Society*, 75 (September 1966): 321-2.

58 *Letters and Journals of Marsden*, 441.

59 Ormond Wilson, "Papahurihia, First Maori Prophet," *Journal of the Polynesian Society*, 74 (December 1965): 473-83; J. M. R. Owens, "New Zealand before Annexation," *The Oxford History of New Zealand*, 38-9.

60 Darwin, *Voyage*, 424-5.

61 Michael D. Jackson, "Literacy, Communication and Social Change," *Conflict and Compromise*, *Essays on the Maori since Colonisation*, ed. I. H. Kawharu (Wellington: A. H. & A. W. Reed, 1975), 33; *Encyclopedia of New Zealand*, II, 869-70.

62 Jackson, "Literacy," *Conflict and Compromise*, 33, 37; Yate, *Account*, 239-40.

63 Judith Binney, "Christianity and the Maori to 1840—a Comment," *New Zealand Journal of History* 3 (October 1969): 158-9.

64 Marsden, *Memoirs of Samuel Marsden*, 130.

65 Wright, *New Zealand*, 174-5; Ernst Dieffenbach, *Travels in New Zealand* (Christchurch: Capper Press, 1974), II, 19; Edward Markham, *New Zealand, or the Recollection of It* (Wellington: R. E. Owen, 1963), 55.

66 J. Watkins, "Journal of 1840-44," typescript, Alexander Turnbull Library, Wellington, New Zealand.

67 T. Lindsay Buick, *The Treaty of Waitangi* (Wellington: S. & W. MacKay, 1914), 29.

68 *Historical Records of New Zealand*, II, 609-11.

69 Alan Ward, *A Show of Justice: Racial Amalgamation in Nineteenth Century New Zealand* (University of Toronto Press, 1973), 27.

351

70 Keith Sinclair, *A History of New Zealand* (Oxford University Press, 1961), 36-40;
   Buick, *Treaty*, 24-6.

71 *BPPCNZ*, II, 124.

72 *BPPCNZ*, I, 336; II, 7, 124; III, 78-9.

73 *BPPCNZ*, I, pt. 1, 119; pt. 2, 183; II, pt. 2, 106, 186; III, 27.

74 *BPPCNZ*, III, 27-8.

75 Buick, *Treaty*, 104-14.

76 Buick, *Treaty*, 118-20.

77 Buick, *Treaty*, 135FF.

78 E. Jerningham Wakefield, *Adventure in New Zealand*, ed. and abridged by Joan Stevens
   (Christchurch: Whitcombe & Tombs, 1955), 86-7.

79 Harold Miller, *Race Conflict in New Zealand, 1814—1865* (Auckland: Blackwood &
   Janet Paul, 1966), 220.

80 Dieffenbach, *Travels*, I, 393.

81 William Colenso, "Memorandum of an Excursion Made in the Northern Island of New
   Zealand," *The Tasmanian Journal* 2 (1846) 280.

82 Joseph Dalton Hooker, *The Botany of the Antarctic Voyage of H. M. Discovery Ships Ere-*
   bus and Terror in the Years 1839—1843 (London: Lovell Reeve, 1860), II, 320-2.

83 *Encyclopedia of New Zealand*, II, 213.

84 P. R. Stevens, "The Age of the Great Sheep Runs," *Land and Society in New Zealand,*
   Essays in Historical Geography, ed. R. F. Watters (Wellington: A. H. & A. W. Reed,
   1965), 56-7.

85 Ferdinand von Hockstetter, *New Zealand, Its Physical Geography, Geology and Natural*
   History, trans. Edward Sauter (Stuttgart: J. G. Cotta, 1867), 162, 284.

86 Muriel F. Loyd Prichard, *An Economic History of New Zealand* (Auckland: Collins,
   1970), 78.

87 Wodzicki, *Introduced Mammals*, 151; Robert V. Fulton, *Medical Practice in Otago and Southland in the Early Days* (Dunedin: Otago *Daily Times and Witness* newspapers, 1922), 13; Lady (Mary Anne) Barker, *Station Life in New Zealand* (Avondale, Auckland: Golden Press, 1973), 183-4.

88 T. D. Hooker, "Note on the Replacement of Species in the Colonies and Elsewhere," *The Natural History Review* (1864): 124.

89 W. T. L. Travers, "Remarks on a Comparison of the General Features of the Provinces of Nelson and Marlborough with that of Canterbury," *IPNZI* 1, pt. III (1868): 21.

90 Barker, *Station Life*, 83.

91 Pool, *Maori Population*, 234-5.

92 Thomson, *Story of New Zealand*, I, 212.

93 *New Zealand Gazette and Britannia's Spectator*, 21 November 1840; Thomson, *Story of New Zealand*, I, 212; Ralph W. Kuykendall, *The Hawaiian Kingdom*, 1778—1854 (Honolulu: University of Hawaii Press, 1938), 412-13; August Hirsch, *Handbook of Geographical and Historical Pathology* (London: New Sydenham Society, 1883), I, 134; *The Journal of Ensign Best, 1837—1843*, ed. Nancy M. Taylor (Wellington: R. E. Owen, 1966), 258; Richard A. Greer, "Oahu's Ordeal – the Smallpox Epidemic of 1853," *Hawaii Historical Review* I (July 1965): 221-42.

94 Thomson, *Story of New Zealand*, I, 214-16.

95 N. L. Edson, "Mortality from Tuberculosis in the Maori Race," *New Zealand Medical Journal* 42 (February 1943): 102, 105.

96 F. D. Fenton, *Observations on the State of the Aboriginal Inhabitants of New Zealand* (Auckland: W. C. Wilson, for the New Zealand government, 1859), 21, 29.

97 Thomson, *Story of New Zealand*, II, 285.

98 Pool, *Maori Population*, 234-6.

99 Wright, *New Zealand*, 165; David Hall, *The Golden Echo* (Auckland: Collins,

353

1971), 143.

100 *BPPCNZ*, VI, 195.

101 Thomson, *Story of New Zealand*, II, 293-4.

102 Ann Parsonson, "The Pursuit of Mana," *Oxford History of New Zealand*, 153.

103 Firth, *Economics*, 449.

104 *BPPCNZ*, VI. 167.

105 *BPPCNZ*, XIII, 127.

106 Miller, *Race Conflict*, 44.

107 I. H. Kawharu, "Introduction," *Conflict and Compromise, Essays on the Maori since Colonisation*, 43; Keith Sinclair, *The Origins of the Maori Wars* (Wellington: New Zealand University Press, 1957), 5.

108 Sinclair, *History of New Zealand*, 99-100.

109 Miller, *Race Conflict*, 54; Edgar Holt, *The Strangest War. The Story of the Maori Wars, 1860—1872* (London: Putnam, 1962), 168-9.

110 James Cowan, *The New Zealand Wars* (Wellington: R. E. Owen, 1956), II, 10.

111 Pool, *Maori Population*, 237; Prichard, *Economic History*, 97, 108, 408; Sinclair, *History of New Zealand*, 91.

112 Dieffenbach, *Travels*, II, 45, 185; J. D. Hooker, "Note on the Replacement of Species in the Colonies and Elsewhere," *Natural History Review* (1864): 126-7; Darwin, *Voyage*, 434; J. M. R. Owens, "Missionary Medicine and Maori Health: the Record of the Wesleyan Mission to New Zealand before 1840," *Journal of the Polynesian Society* 81 (December 1972): 429-30; Wodzicki, *Introduced Mammals*, 89; W. T. L. Travers, "Notes on the New Zealand Flesh-Fly," *TPNZI* 3 (1870): 119; T. Kirk, "The Displacement of Species m New Zealand," *TPNZII* 28 (1895): 5-6; Samuel Butler, *A First Year in Canterbury Settlement*, eds. A. C. Brassington and P. B. Maling (Auckland: Blackwood & Janet Paul, 1964), 50.

113 Charles Darwin, *The Origin of Species* (New York: Mentor, 1958), 332.

114 W. T. L. Travers, "On the Changes Effected in the Natural Features of a New Country by the Introduction of Civilized Races," *TPNZI* II (1869): 312-13.

115 Pool, *Maori Population*, 237; *New Zealand Official Yearbook* 1983 (Wellington: Department of Statistics, 1983), 85.

116 *New Zealand Official Yearbook 1983*, 81, 420, 423, 432, 436.

In preparing this chapter I should also have consulted Peter Adams, *Fatal Necessity. British Intervention in New Zealand, 1830—1847* (Auckland: Auckland University Press, 1977), which I did not find until too late, an inexplicable oversight on my part.

第十一章　解释 354

1 Adam Smith, *An Inquiry into the Nature and Cause of the Wealth of Nations* (Oxford: Clarendon Press, 1976), II, 577.

2 James Mooney, *The Ghost-Dance Religion and the Sioux Outbreak of* 1890, ed. Anthony F. C. Wallace (Chicago: University of Chicago Press, 1965), 28.

3 Paul S. Martin, "Prehistoric Overkill: The Global Model," *Quaternary Extinctions, A Prehistoric Revolution*, eds. Paul S. Martin and Richard G. Klein (Tucson: University of Arizona Press, 1984), 360-3, 370-3; Peter Murry, "Extinctions Downunder: A Bestiary of Extinct Australian Late Pleistocene Monotremes and Marsupials," *Quaternary Extinctions*, 600-25; Michael M. Trotter and Beverley McCulloch, "Moas, Men, and Middens," *Quaternary Extinctions*, 708-9.

4 *Was America a Mistake? An Eighteenth Century Controversy*, eds. Henry Steele Commager and Elmo Giordanetti (Columbia: University of South Carolina Press, 1967), 53.

5 Martin, "Prehistoric Overkill," *Quaternary Extinctions*, 358.

6 Daphne Child, *Saga of the South African Horse* (Cape Town: Howard Timmins, 1967), 5, 10, 14-15, 192-3; Michiel W. Henning, *Animal Diseases in South Africa* (South Afri-

ca: Central News Agency, 1956), 718-20, 785-91.

7 Martin, "Prehistoric Overkill," *Quaternary Extinctions*, 358.

8 Robert E. Dewar, "Extinctions in Madagascar, the Loss of Subfossil Fauna," *Quaternary Extinctions*, 574-93; Atholl Anderson, "The Extinction of Moa in Southern New Zealand," *Quaternary Extinctions*, 728-40.

9 George Perkins Marsh, *Man and Nature* (Cambridge: Harvard University Press, 1965), 99-100; Michael Graham, "Harvest of the Seas," *Man's Role in Changing the Face of the Earth*, ed. William L. Thomas, Jr. (University of Chicago Press, 1956), II, 491-2.

10 M. D. Fox and D. Adamson, "The Ecology of Invasions," *A Natural Legacy, Ecology in Australia*, eds. Harry F. Recher, Daniel Lunney, and Irina Dunn (Rushcutter's Bay, N. S. W. : Pergamon Press, 1979), 136; 142-3; Archibald Grenfell Price, *Island Continent, Aspects of the Historical Geography of Australia and Its Territories* (Sydney: Angus & Robertson, 1972), 106.

11 Herbert Gibson, *The History and Present State of the Sheep-Breeding Industry in the Argentine Republic* (Buenos Aires: Ravenscroft & Mills, 1893), 10, 12-13.

12 Alexander Gillespie, *Gleanings and Remarks Collected During Many Months of Residence at Buenos Aires* (Leeds: B. Demirst, 1818), 120, 136; Joseph Sánchez Labrador, *Paraguay Cathólico. Los Indios: Pampas, Peulches, Patagones*, ed. Guillermo Fúrlong Cárdiff (Buenos Aires: Viau y Zona, Editores, 1936), 168-9, 204; Richard Walter, *Anson's Voyage Round the World in the Years 1740-44* (New York: Dover, 1974), 63; Rafael Schiaffino, *Historia de la Medicina en el Uruguay* (Montevideo; Imprenta Nacional, 1927-52), III, 16-17.

13 Björn Kurtén, *The Age of Mammals* (London: Weidenfeld & Nicolson, 1971), 221.

14 O. W. Richards and R. G. Davies, *Imms' General Textbook of Entomology* (London: Chapman & Hall, 1977), II, 995; Percy W. Bidwell and John I. Falconer, *History of*

355

Agriculture in the Northern United States, *1620—1860* (Washington, D. C. : Carnegie Institution of Washington, 1925), 93, 95-6; E. L. Jones, "Creative Disruptions in American Agriculture, 1620—1830," *Agricultural History* 48 (October 1974), 523.

15 *The Merck Veterinary Manual* (Rahway, N. J. : Merck & Co. , 1973), 232; Folke Henschen, *The History and Geography of Disease*, trans. Joan Tate (New York : Delacorte Press, 1966), 41; Charles Darwin, *The Voyage of the Beagle* (Garden City, N. Y. : Doubleday, 1962), 354-5; Hilary Koprowski, "Rabies," *Textbook of Medicine*, 14th ed. , eds. Paul B. Beeson and Walsh McDermott (Philadelphia : Saunders, 1971), 701.

16 J. F. Smithcors, *Evolution of the Veterinary Art*, *a Narrative Account to* 1850 (Kansas City : Veterinary Medicine Publishing Co. , 1957), 232-5; *Merck Veterinary Manual*, 263; Helge Kjekshus, *Ecology*, *Control and Economic Development in East African History*: *the Case of Tanganyika* (London : Heinemann, 1977), 126-32.

17 United States Department of Agriculture, *Animal Diseases*, *Yearbook of Agriculture*, 1956 (Washington, D. C. : United States Government Printing Office, 1956), 186; Manuel A. Machado, *Aftosa*, *a Historical Survey of Foot-and-Mouth Disease and Inter-American Relations* (Albany : State University of New York Press, 1969), xi, xiii, 3, 15-16, 110.

18 *Encyclopaedia Britannica*, *Macropaedia* (Chicago : Encyclopaedia Britannica, 1982), V, 879.

19 Juan López de Velasco, *Geografía y Descripción Universal de las Indias desde el Año de 1571 al de 1574* (Madrid : Establecimiento Tipográfico de Fortanet, 1894), 281.

20 *The Jesuit Relations and Allied Documents*, ed. Reuben Gold Thwaites (Cleveland : Burrows Brothers, 1896-1901), XXXVIII, 225.

21 *The Founding of Massachusetts*, *Historians and Documents*, ed. Edmund S. Morgan (Indianapolis : Bobbs-Merrill, 1964), 144-45; Bernard Bailyn et al. , *The Great Republic* (Boston : Little, Brown, 1977), 88.

356

22 *Commonwealth of Australia*, *Historical Records of Australia*, Series I, *Governors' Dispatches to and From England* (The Library Committee of the Commonwealth Parliament, 1914-25), I, 144.

23 Arthur S. Thomson, *The Story of New Zealand: Past and Present – Savage and Civilized* (London: John Murray, 1859), II, 321; C. E. Adams, "A Comparison of the General Mortality in New Zealand, in Victoria and New South Wales, and in England," *Transactions and Proceedings of the New Zealand Institute* 31 (1898): 661.

24 John Duffy, *Epidemics in Colonial America* (Baton Rouge: Louisiana State University Press, 1953), 21-2, 104, 108; St. Julien R. Childs, *Malaria and Colonization in the Carolina Low Country, 1526—1696* (Baltimore: Johns Hopkins Press, 1940), 146-7, 202.

25 Michael W. Flinn, *The European Demographic System, 1500—1800* (Baltimore: Johns Hopkins Press, 1981), 47.

26 "Speeches of Students at the College of William and Mary Delivered May 1, 1699," *William and Mary Quarterly*, Series II, 10 (October 1930): 326; Daniel J. Boorstin, *The Americans, the Colonial Experience* (New York: Random House, 1958), 126.

27 T. D. Stewart, "A Physical Anthropologist's View of the Peopling of the New World," *Southwest Journal of Anthropology*, 16 (Autumn 1960): 257-79; Aidan Cockburn, *The Evolution and Eradication of Infectious Diseases of Man* (Baltimore: Johns Hopkins Press, 1963), 20-103; Frank Fenner, "The Effects of Changing Social Organization on the Infectious Diseases of Man, " *The Impact of Civilisation on the Biology of Man*, ed. S. V. Boyden (Canberra: Australian National University Press, 1970), 48-76.

28 A. E. Mourant, Ada C. Kopec, and Kazimiera DomaniewskaSobczak, *The Distribution of Human Blood Groups and Other Polymorphisms* (Oxford University Press, 1976), map 2, map 16; John Mercer, *The Canary Islanders, Their Prehistory, Conquest and Survival* (London: Rex Collings, 1980), 57.

29 Donald R. Hopkins, *Princes and Peasants*, *Smallpox in History* (University of Chicago Press, 1983), 98.

30 Nelson Reed, *The Caste War of Yucatan* (Stanford University Press, 1964), 250-1; Victoria Bricker, *The Indian Christ, the Indian King* (Austin: University of Texas Press, 1981), 117.

31 A. B. Holder, "Gynecic Notes Taken Among the American Indians," *American Journal of Obstetrics*, 25 (June 1892): 55.

32 W. Hardey and R. J. Williams, "Centres of Distribution of Cultivated Pasture Grasses and Their Significance for Plant Introduction," *Proceedings of the Seventh International Grassland Congress, Palmerston North, New Zealand* (Wellington: 1956), 190-2.

33 Edwin H. Colbert, *Evolution of Vertebrates*, 3rd ed. (New York: Wiley, 1980), 416, 419.

34 Oscar Schmieder, "Alteration of the Argentine Pampa in the Colonial Period," University of California Publications in Geography, II, No. 10 (27 September 1927), 309-10.

35 Thomas Budd, *Good Order Established in Pennsylvania and New Jersey* (Ann Arbor: University Microfilms, 1966), 10.

36 Joseph M. Powell, *Environmental Management in Australia, 1788— 1914* (Oxford University Press, 1976), 17-18; Peter Cunningham, *Two Years in New South Wales* (London: Henry Colburn, 1828), I, 194-200; II, 176; Thomas M. Perry, *Australia's First Frontier, the Spread of Settlement in New South Wales, 1788—1829* (Melbourne University Press, 1963), 13.

37 W. Colenso, "A Brief List of Some British Plants (Weeds) Lately Noticed. " *Transactions and Proceedings of the New Zealand Institute* 18 (1885): 289-90.

38 James Mooney, "The Ghost Dance Religion and the Sioux Out-break of 1890," *Annual Report of the Bureau of Ethnology to the Smithsonian Institution*, 1892-93, XIV, pt. 2, 72.

357

39 D. B. Grigg, *The Agricultural Systems of the World, An Evolutionary Approach* (Cambridge University Press, 1974), 50.

40 L. Cockayne, *New Zealand Plants and their Story* (Wellington: R. E. Owen, 1967), 197.

41 Frank M. Chapman, "The European Starling as an American Citizen," *Natural History* 89 (April 1980): 60-5; J. O. Skinner, "The House Sparrow," *Annual Report of the Smithsonian Institution for 1904*, 423-8; A. W. Schorger, *The Passenger Pigeon, Its Natural History and Extinction* (Madison: University of Wisconsin Press, 1955), 212-15.

第十二章 结论

1 David W. Galenson, *White Servitude in Colonial America, an Economic Analysis* (Cambridge University Press, 1981), 17; *Australian Encyclopedia*, III, 376.

2 Huw R. Jones, *A Population Geography* (New York: Harper & Row, 1981), 254.

358 3 *The Papers of Benjamin Franklin*, IV, *July* 1, *1750*, *Through June* 30, 1753, ed. Leonard W. Labaree (New Haven: Yale University Press, 1961), 233; Thomas R. Malthus, *First Essay on Population, 1798* (New York: Sentry Press, 1965), 105-7.

4 Alejandro Malaspina, *Viaje al Río de la Plata en el Siglo XVIII* (Buenos Aires: Sociedad de Historia Argentina, 1938), 296-8.

5 Nicolás Sánchez-Albornoz, *The Population of Latin America, a History*, trans. W. A. R. Richardson (Berkeley: University of California Press, 1974), 114-15, 134-5.

6 *Sources of Australian History*, ed. Clark Manning (Oxford University Press, 1957), 61-3.

7 Sánchez-Albornoz, Population of Latin America, 154.

8 Ezequiel Martínez Estrata, *X-Ray of the Pampa*, trans. Alain Swietlicki (Austin: University of Texas Press, 1971), 91; Arthur P. Whitaker, *The United States and the Southern*

Cone: *Argentina*, *Chile and Uruguay* (Cambridge: Harvard University Press, 1976), 63-4; Arnold J. Bauer, *Chilean Rural Society from the Spanish Conquest to* 1930 (Cambridge University Press, 1975), 62, 70-1.

9 Fernand Braudel, *Civilization and Capitalism*, *15th —18th Century*, I, *The Structure of Everyday Life*, *the Limits of the Possible*, trans. Sian Reynolds (New York: Harper & Row, 1981), 73-88; William L. Langer, "Infanticide: An Historical View," *History of Childhood Quarterly* I (Winter 1974): 353-65; Michael W. Flinn, *The European Demographic System*, 1500—1800 (Baltimore: Johns Hopkins Press, 1981), 42, 46, 49-51, 96.

10 Robert Darnton, "The Meaning of Mother Goose," *New York Review of Books*, 31 (2 February 1984): 43.

11 Robert W. Fogel et al. , "Secular Changes in American and British Stature and Nutrition," *Hunger and History*, *The Impact of Changing Food Production and Consumption on Society*, eds. Robert I. Rotberg and Theodore K. Rabb (Cambridge University Press, 1985), 264-6.

12 William MacCann, *Two Thousand Mile Ride through the Argentine Provinces* (London: Smith, Elder & Co. , 1852), I, 99.

13 Samuel Butler, *A First Year in Canterbury Settlement*, ed. A. C. Brassington and P. B. Maling (Auckland: Blackwood & Janet Paul, 1964), 126.

14 Anthony Trollope, *Australia*, eds. P. D. Edwards and R. B. Joyce (St. Lucia: University of Queensland Press, 1967), 284.

15 Donald W. Treadgold, *The Great Siberian Migration* (Princeton University Press, 1957), 34; Salvatore J. LaGumina and Frank J. Cavaioli, *The Ethnic Dimension in American Society* (Boston: Holbrook Press, 1974), 155.

16 William Woodruff, *Impact of Western Man*, *A Study of Europe's Role in the World Economy*, *1750—1960* (New York: St. Martin's Press, 1967), 80; Sánchez-Albornoz, 359

Population of Latin America, 163-4.

17 James R. Scobie, *Argentina, A City and a Nation*, 2nd ed. (Oxford University Press, 1971), 83-4, 118-19, 123.

18 Woodruff, *Impact of Western Man*, 77-78; Sanchez-Albornoz, *Population of Latin America*, 155.

19 Woodruff, *Impact of Western Man*, 69-70.

20 Woodruff, *Impact of Western Man*, 86; *Australian Encyclopedia*, III, 376-9; *New Zealand Encyclopedia*, II, 131-2.

21 The champion reproducers among the Neo-Europeans seem to be the French of Canada, who multiplied themselves eighty times over between 1760 and 1960, without any appreciable immigration and with considerable emigration. Jacques Henripin and Yves Perón, "La Transition Démographique de la Province de Québec," *La Population du Québec: Études Rétrospectives*, ed. Hubert Charbonneau (Montreal: Les Editions du Boréal Express, 1973), 24.

22 Kingsley Davis, "The Migrations of Human Populations," *Scientific American* 231 (September 1974): 99.

23 Joseph J. Bogue, *The Population of the United States* (Glencoe, Ill.: Free Press, 1959), 29; Robert V. Wells, *The Population of the British Colonies in America Before 1776* (Princeton University Press, 1975), 263 and *passim*; Henripin and Penon, "La Transition Démographique," *La Population du Québec*, 35-6.

24 Kingsley Davis, "The Place of Latin America in World Demographic History," *The Milbank Memorial Fund Quarterly* 42, pt. 2 (April 1964): 32.

25 W. D. Borrie, *Population Trends and Policies, A Study of Australian and World Demography* (Sydney: Australasian Publishing Co., 1948), 40.

26 Demographic Analysis Section of the Department of Statistics, New Zealand, *The Population of New Zealand, CICRED Series*, 23; Miriam G.. Vosburgh, "Population," *New*

Zealand Atlas, ed. Ian Wards (Wellington: A. R. Shearer, government printer, 1976), 60-1.

27 Charles Darwin, *The Origin of Species and the Descent of Man* (New York: Modern Library, n. d.), 428.

28 Jen-Hu Chang, "Potential Photosynthesis and Crop Productivity," *Annals of the Association of American Geographers*, 60 (March 1970): 92-101.

29 *Food and Agricultural Organization of the United Nations, Trade Yearbook*, 1982 (Rome: Food and Agricultural Organization of the United Nations, 1983), XXXVI, 42-4, 52-8, 112-14, 118-20, 237-8.

30 Lester R. Brown, "Putting Food on the World's Table, a Crisis of Many Dimensions," *Environment*, 26 (May 1984): 19. 360

31 Dan Morgan, *Merchants of Grain* (Harmondsworth: Penguin Books, 1980), 25.

附录

1 J. H. L. Cumpston, *The History of Small-pox in Australia, 1788—1900* (Commonwealth of Australia, Quarantine Service, publication no. 3, 1914), 165; Edward M. Curr, *The Australian Race* (Melbourne: Ferres, 1886), I, 223-6.

2 David Collins, *An Account of the English Colony in New South Wales* (Sydney: A. H. & A. W. Reed, 1975), I, 54.

3 Richard T. Johnson, "Herpes Zoster," *Textbook of Medicine*, eds. Paul B. Beeson and Walsh McDermott (Philadelphia: Saunders, 1975), 684-5.

索　引

(数字为原版书页码，在本书中为边码)

362

C

367

图书在版编目（CIP）数据

生态帝国主义：欧洲的生物扩张，900—1900/（美）阿尔弗雷
德·克罗斯比著；张谡过译. —北京：商务印书馆，2017
（生态与人译丛）
ISBN 978 - 7 - 100 - 14036 - 2

Ⅰ.①生…　Ⅱ.①阿…②张…　Ⅲ.①生态环境—历史—
研究—欧洲—900 - 1900　Ⅳ.①X321.5 - 09

中国版本图书馆 CIP 数据核字（2017）第 128365 号

生态与人译丛
生态帝国主义
欧洲的生物扩张，900—1900
〔美〕阿尔弗雷德·克罗斯比　著
张谡过　译

商 务 印 书 馆 出 版
（北京王府井大街36号　邮政编码100710）
商 务 印 书 馆 发 行
北 京 冠 中 印 刷 厂 印 刷
ISBN 978 - 7 - 100 - 14036 - 2

2017 年 11 月第 1 版　　开本 787×960 1/16
2017 年 11 月北京第 1 次印刷　印张 25
定价：62.00 元